| | | | | | ハロゲン | 希ガス |

JN000491

| 10 | 11 | 12 | 13 | 14 | 15 |

- 非金属の典型元素
- 金属の遷移元素
- 金属の典型元素

			5 B 10.81 ホウ素	6 C 12.01 炭素	7 N 14.01 窒素 気体	8 O 16.00 酸素 気体	9 F 19.00 フッ素 気体	10 Ne 20.18 ネオン 気体
			13 Al 26.98 アルミニウム	14 Si 28.09 ケイ素	15 P 30.97 リン	16 S 32.07 硫黄	17 Cl 35.45 塩素 気体	18 Ar 39.95 アルゴン 気体
28 Ni 58.69 ニッケル	29 Cu 63.55 銅	30 Zn 65.38 亜鉛	31 Ga 69.72 ガリウム	32 Ge 72.63 ゲルマニウム	33 As 74.92 ヒ素	34 Se 78.97 セレン	35 Br 79.90 臭素 液体	36 Kr 83.80 クリプトン 気体
46 Pd 106.4 パラジウム	47 Ag 107.9 銀	48 Cd 112.4 カドミウム	49 In 114.8 インジウム	50 Sn 118.7 スズ	51 Sb 121.8 アンチモン	52 Te 127.6 テルル	53 I 126.9 ヨウ素	54 Xe 131.3 キセノン 気体
78 Pt 195.1 白金	79 Au 197.0 金	80 Hg 200.6 水銀 液体	81 Tl 204.4 タリウム	82 Pb 207.2 鉛	83 Bi 209.0 ビスマス	84 Po (210) ポロニウム	85 At (210) アスタチン	86 Rn (222) ラドン 気体
110 Ds (281) ダームスタチウム 不明	111 Rg (280) レントゲニウム 不明	112 Cn (285) コペルニシウム 不明	113 Nh (278) ニホニウム 不明	114 Fl (289) フレロビウム 不明	115 Mc (289) モスコビウム 不明	116 Lv (293) リバモリウム 不明	117 Ts (293) テネシン 不明	118 Og (294) オガネソン 不明

64 Gd 157.3 ガドリニウム	65 Tb 158.9 テルビウム	66 Dy 162.5 ジスプロシウム	67 Ho 164.9 ホルミウム	68 Er 167.3 エルビウム	69 Tm 168.9 ツリウム	70 Yb 173.0 イッテルビウム	71 Lu 175.0 ルテチウム
96 Cm (247) キュリウム	97 Bk (247) バークリウム	98 Cf (252) カリホルニウム	99 Es (252) アインスタイニウム	100 Fm (257) フェルミウム 不明	101 Md (258) メンデレビウム 不明	102 No (259) ノーベリウム 不明	103 Lr (262) ローレンシウム 不明

有効数字4桁の原子量は、国際純正・応用化学連合（IUPAC）で承認された最新の原子量に基づき、
日本化学会 原子量専門委員会が作成したもの（「4桁の原子量表（2020）」）。
原子番号104番以降の超アクチノイドの周期表の位置は暫定的である。

飯島晃良 著

らくらく突破

甲種 危険物 取扱者

合格テキスト＋問題集

第2版

合格に必要な
重点項目を
わかりやすく
解説したテキスト

◉暗記項目をなるべく減らす
　→「考え方」で解説
◉小問題（572問）＋5肢択一問題
　（272問）で実力アップ
◉模擬問題（巻末1回分＋
　ダウンロード2回分付き）

技術評論社

■追加情報・補足情報について

本書の追加情報、補足情報、正誤表、資料、ダウンロードなどについては、インターネットの以下の URL からご覧ください。

https://gihyo.jp/book/2022/978-4-297-12571-4/support

スマートフォンの場合は、右の QR コードからアクセスできます。

■ダウンロード版「甲種危険物取扱者模擬試験（第 2 回目、第 3 回目）」について

・ダウンロード方法は、p.18 を参照してください。

はじめに

　甲種危険物取扱者は、消防法上のすべての類の危険物が取り扱える、危険物取扱者の最上位資格です。甲種危険物取扱者試験では、非常に多くの種類の危険物が対象となるため、多くの受験者の方が、それらの物品の性質を覚えるのに苦労をされていると思います。一方で、この試験の合格率は、例年30%〜40%くらいで安定しています。つまり、正しい学習をすれば、決して難関な資格ではありません。

　また、合格率が安定していることが示す通り、基本的な出題傾向は大きくは変わらない試験だといえます。出題傾向がわずかに変化したとしても、重要なポイントは変わりません。そのポイントをしっかり押さえておけば、合格ラインを確実に突破できます。また、それが合格への最短ルートでしょう。

　本書の特徴は、1冊で十分短期合格ができるように、以下のように構成されています。

---

① 合格に必要な重点項目を分かりやすく解説したテキスト
② 暗記項目をなるべく減らすように「考え方」を解説
③ 必要十分な質と量の問題集（844問＋ダウンロード模擬試験90問）
④ 試験直前で1問でも多く正答するための別冊「直前チェック総まとめ」

---

　①と②で重点を理解しながら効率的に学ぶことで、短期間で実力が付きます。

　単なる丸暗記ではなく、理解して覚えることは、忘れにくく、かつ忘れた場合でも思い出しやすいという利点があります。

　その後、③では、①および②で学んだ中で、試験で問われる項目の問題演習を行うことで、重点が自然と定着していくように工夫しています。特に重要な項目は、繰り返し演習するように構成しています。解けなかった項目については、再度本文を読んで問題演習を行うことで、短期間で合格ラインを突破可能な実力が付くでしょう。

　さらに、試験直前に④を用いて重点を整理することで、1問でも多く正解を増やせます。案外、この1問が合格の分かれ目になることもあります。

　本書を活用し、多くの方が甲種危険物取扱者試験に短期合格されることを願っております。

2022年2月　飯島晃良

目　次

第①章　危険物に関する法令 …………………… 19

目　次

目　次

甲種危険物取扱者試験とは

① 危険物取扱者試験とは

　危険物取扱者には、甲種、乙種、丙種という3つの免状があります。

　甲種危険物取扱者は全類の危険物について、乙種危険物取扱者は指定の類の危険物について、取り扱いと定期点検、保安の監督ができます。

　丙種危険物取扱者は、特定の危険物に限って、取り扱いと定期点検ができます。

▼取扱いのできる危険物

免状の種類		取扱いのできる危険物
甲種		全種類の危険物
乙種	第1類	酸化性固体
	第2類	可燃性固体
	第3類	自然発火性物質および禁水性物質
	第4類	引火性液体
	第5類	自己反応性物質
	第6類	酸化性液体
丙種		ガソリン、灯油、軽油、重油など

　本書で扱うのは、全種類の危険物を取り扱うことができる「甲種危険物取扱者」についてです。

　危険物取扱者試験は、指定試験機関である「一般財団法人 消防試験研究センター」が各都道府県の支部と中央試験センターで行っています。

> ●一般財団法人 消防試験研究センター　本部
> 〒100-0013　千代田区霞が関1-4-2大同生命霞が関ビル19階
> TEL：03-3597-0220　FAX：03-5511-2751
> ホームページ　https://www.shoubo-shiken.or.jp/

　以下の情報は、一般財団法人 消防試験研究センターが公表している情報をもとにまとめています。情報は変更されることもありますので、必ず消防試験研究センターのホームページ等をご覧ください。

② 甲種危険物取扱者試験の実施方法

▼試験の実施方法

試験方法	筆記試験
試験問題数	45問
試験時間	2時間30分
出題方法	五肢択一式
解答方式	マークシート方式
試験地	各都道府県
試験日	消防試験研究センターのホームページに掲示
受験手数料	6,600円（非課税）
試験の申込方法	書面による申請または電子申請 （証明書類の提出を必要とする場合は、電子申請できません）
合格基準	各科目ごとの成績が60%以上の方を合格とする
合格発表	・一般財団法人 消防試験研究センターの支部別に合格者の受験番号を 　公示するとともに、受験者には郵便ハガキで合否の結果を直接通知 ・合格者については、消防試験研究センターのホームページ上に掲示

※ 詳細な試験の日程などは、一般財団法人 消防試験研究センターホームページ（https://www.shoubo-shiken.or.jp/）でご確認ください。

■書面による申請 − 願書の入手

　願書・受験案内は、一般財団法人 消防試験研究センターの各道府県支部、関係機関、各消防本部から入手します。東京都では、一般財団法人 消防試験研究センター本部、中央試験センター、都内の各消防署から願書・受験案内を入手します。願書・受験案内は無料です。

■申請に必要な書類

・受験願書
・甲種危険物取扱者試験を受験する者は、受験資格を証明する書類［卒業証書、免状等のコピー（縮小したものも可）、卒業証明書、単位修得証明書等］
・「郵便振替払込受付証明書（受験願書添付用）」

③ 甲種危険物取扱者試験の試験科目

試験科目と合格ラインを次の表に示します。

▼試験科目と問題数

種類	試験科目	問題数	合格ライン	試験時間
甲種	危険物に関する法令	15問	9問以上	2時間30分
	物理学及び化学	10問	6問以上	
	危険物の性質並びにその火災予防及び消火の方法	20問	12問以上	

④ 甲種危険物取扱者試験の受験資格

甲種危険物取扱者には、次の[1]〜[4]のいずれかの受験資格が必要です。受験資格と受験申請に必要な書類を示します。

対象者	大学等および資格詳細	証明書類
[1] 大学等において化学に関する学科等を修めて卒業した者	大学、短期大学、高等専門学校、専修学校、高等学校の専攻科、中等教育学校の専攻科、防衛大学校、職業能力開発総合大学校、職業能力開発大学校、職業能力開発短期大学校、外国に所在する大学等	卒業証明書または卒業証書（学科等の名称が明記されているもの）
[2] 大学等において化学に関する授業科目を15単位以上修得した者	大学、短期大学、高等専門学校（高等専門学校にあっては専門科目に限る）、大学院、専修学校、「大学、短期大学、高等専門学校」の専攻科、防衛大学校、防衛医科大学校、水産大学校、海上保安大学校、気象大学校、職業能力開発総合大学校、職業能力開発大学校、職業能力開発短期大学校、外国に所在する大学等	単位修得証明書または成績証明書（修得単位が明記されているもの）
[3] 乙種危険物取扱者免状を有する者	乙種危険物取扱者免状の交付を受けた後、危険物製造所等における危険物取扱いの実務経験が2年以上の者	乙種危険物取扱者免状および乙種危険物取扱実務経験証明書
	次の4種類以上の乙種危険物取扱者免状の交付を受けている者 ○第1類または第6類 ○第2類または第4類 ○第3類 ○第5類	乙種危険物取扱者免状

12

[4] 修士・博士の学位を有する者	修士、博士の学位を授与された者で、化学に関する事項を専攻したもの(外国の同学位も含む。)	学位記等(専攻等の名称が明記されているもの)

※「化学に関する学科」、「化学に関する授業科目」についての詳細は、消防試験研究センターホームページでご確認ください。

※ 証明書類については、表の証明書類に加えて、さらに書面が必要になる場合があります。詳細は、消防試験研究センターホームページでご確認ください。

5 受験の注意事項

受験の注意事項を次にまとめます。

(1) 受験票について

受験票は、試験実施日の1週間から10日前までに郵送される予定です。万が一、到着しない場合は、受験願書を提出した一般財団法人 消防試験研究センターの支部等に照会すること。

(2) 当日持参するものおよび使用できないもの

写真を貼付した受験票、鉛筆(HBまたはB)、消しゴムを必ず持参すること。

試験会場では、電卓・テンプレート等の定規類およびポケットベル・携帯電話その他の機器の使用ができません。

本書の使い方

本書は、甲種危険物取扱者試験の各節の学習項目（テキスト）、演習問題、模擬試験問題および別冊「直前チェック総まとめ」で構成されています。

1 学習項目（テキスト）

本書は、甲種危険物取扱者試験の試験科目をもとに構成しています。覚えるのは苦手という方に配慮し、表や図を多数使い、やさしく、わかりやすく各項目を解説しています。

また、学習をする際に重要なのは問題への「慣れ」です。本書ではテキストをコンパクトにまとめつつ、問題を多数入れています。テキスト部分では学んだ項目を即座にチェックできるように、○×問題と穴埋め問題を中心にした「練習問題」を入れています。問題は短めの問題なので、通勤／通学時間、お昼休みの空いた時間、仕事の移動時間そして試験の直前など短い時間でも解くことができます。この練習問題は、実際の試験での正答のポイントになる重点をまとめたものです。短期間で効率的に得点力が向上します。

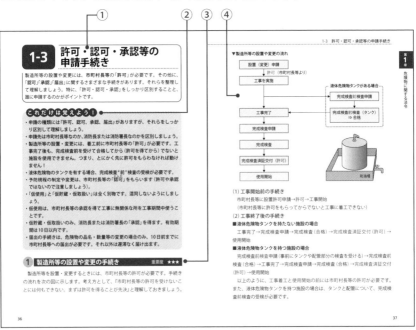

① **節のテーマ**：節のテーマとこの節で何を学習するかを示しています。

②「**これだけは覚えよう！**」：この節で最低限覚えることを列挙しています。試験直前のチェックなどにも使えます。

③ **重要度**：各項の重要度を示しています。各節の中でも項目によって重要度は違います。★★★は重要度が高いことを示し、逆に★は重要度が低いことを示しています。この重要度を参考に覚えましょう。

④ **図表**：本書では、イメージをつかむために図やイラストを、効率よく覚えるために表を、多数入れております。

⑤ **練習問題**：各節で学んだことと関連する事項を学習するための○×問題と穴埋め問題です。練習問題は、試験に出題されやすい事項に絞った理解度チェックです。重点の定着に役立ちます。

　はじめて読むときは、各節をはじめから終りまで読みましょう。復習するときは、「これだけは覚えよう！」を読んでから「練習問題」を解いてみましょう。もし、問題が解けない場合は本文をもう一度読みましょう。かなり学習時間が節約できるはずです。

2 演習問題

本書には演習問題が挟み込んであります。いままで学習した内容を確認しましょう。この演習問題は実際に出題された形式で作成しています。テキストでは○×問題と穴埋め問題がメインでしたが、本番の試験は五肢択一方式です。こちらの出題形式に触れ、出題パターンに慣れましょう。

3 模擬試験問題

　本書には模擬試験問題が1回分掲載されています。すべての学習が終わったら、解いてみましょう。また、もっと模擬試験問題を解いてみたい方には、インターネットより別途模擬試験問題を2回分ダウンロードで提供しています。詳細については「5 ダウンロードについて」をお読みください。

甲種危険物取扱者 模擬試験（第1回目）

○試験の概要とアドバイス

総まとめとして、実際の試験型式の模擬問題を解いてみましょう。

実際の試験における出題数、試験時間等を次の表にまとめます。

▼試験の概要

科　目	問題数	解答方法	合格基準正答率	試験時間
危険物に関する法令	15	五肢択一	60%（9問）以上	2時間30分
物理学及び化学	10		60%（6問）以上	
危険物の性質並びにその火災予防及び消火の方法	20		60%（12問）以上	

2時間30分で45問出題されます。合格基準は、科目ごとに正答率が60%以上となります。そのように考えると、しっかりと基本を押さえておくことが、合格ラインを突破するのに重要です。

また、「危険物の性質並びにその火災予防及び消火の方法」においては、個々の物品の特性に気をとらわれすぎないことも大切です。あくまでも、各類の共通の特性を理解していることが最優先です。一見、個々の物品の特性を問う問題であったとしても、実は類ごとの共通の特性を知っていれば正答できるものも少なくありません。

個々の物品特有の問題は、その物品に特徴的な個性（水溶性、禁水性、保護液中に保存、臭気、毒性など）が出題されやすいので、本書で学んだことで、自然と覚えになっている項目が多いと思います（そのような狙いでテキストおよび問題集を構成しています）。

危険物に関する法令

問題1

法令上、危険物に関する記述について誤っているものはいくつあるか。

A：危険物とは、別表第1の品名欄に掲げる物品で、同表に定める区分に応じ同表の性質欄に掲げる状を有するものをいう。

B：危険物の状態は、1気圧、0℃において固体または液体である。

C：危険物を含有する物品であっても、政令で定める試験において政令で定める性状を示さないものは危険物に該当しない。

D：引火の危険性を判断するための政令で定める試験において示される引火性によって、第1類から第6類に分類されている。

E：指定数量とは、危険物の危険性を勘案して政令で定める数量である。

(1) 1つ　(2) 2つ　(3) 3つ　(4) 4つ　(5) なし

問題2

予防規程に関する説明で正しいものはどれか。

(1) 予防規程を制定または変更するには、市町村長等の許可が必要である。

(2) 所轄消防署長は、火災予防のために必要であれば、予防規程の変更を命ずることができる。

(3) 予防規程は、製造所等の危険物保安監督者が定める。

(4) 予防規程に従う必要があるのは、当該施設で危険物の取扱業務に従事する者すべてである。

(5) 予防規程には、3年ごとに書き換える必要がある。

410

4 別冊「直前チェック総まとめ」について

本書では、巻末に別冊「直前チェック総まとめ」が付属しています。取り外し可能で、取り外すと小さな冊子になります。

試験直前にこの冊子を用いて重点を整理することで、1問でも多く正解を増やすことができます。案外、この1問が合格の分かれ目になることもあります。ぜひ試験前にご活用ください。

別冊

らくらく突破
甲種危険物取扱者
合格テキスト＋問題集
第2版

飯島　晃良【著】

直前チェック総まとめ

技術評論社　　　　取り外してお使いいただけます。

5 ダウンロードについて

　本書では、追加のコンテンツをインターネットからダウンロードで提供しています。ダウンロードで提供するコンテンツは、模擬試験問題などです。
　下記のURLからIDとパスワードを入力し、ダウンロードしてください。

> https://gihyo.jp/book/2022/978-4-297-12571-4/support
> ID：koukiken2022　　　　　password：KK417521

　ファイル形式はPDFです。PDFを開くときに下記のパスワードを入力してください。

> password：KK417521

注意！
- このサービスはインターネットからのみの提供となります。著者および出版社は印刷物としての提供は行っておりません。各自の責任でダウンロードし、印刷してご使用ください。
- ダウンロードしたファイルの著作権は、著者飯島晃良氏に所属します。無断配布は禁止いたしします。
- このサービスは予告なく終了することもございますので、あらかじめご了承ください。

第 **1** 章

危険物に関する法令

1-1 危険物と指定数量

この節では、消防法における危険物と規制のしくみを学びます。危険物の「類別」、「性質」、「具体的な物品名」、「指定数量とその倍数計算法」、「法規制適用の原理」を理解しましょう。

これだけは覚えよう！

- 消防法における危険物は、『第1類：酸化性固体、第2類：可燃性固体、第3類：自然発火性物質および禁水性物質、第4類：引火性液体、第5類：自己反応性物質、第6類：酸化性液体』に分類されます。
- 危険物は、常温常圧（20℃、1気圧）ですべて液体か固体です。気体のものは含まれません。
- 第1類と第6類のように、それ自体は不燃性のものもあります。
- 指定数量の倍数は『貯蔵量÷指定数量』で計算します。
- 代表的な品名の指定数量を知っておく必要があります。特に第4類は要チェックです。
- 指定数量以上の危険物を貯蔵・取扱いする場合には、消防法等による規制を受けます。許可された施設（製造所等）で扱う必要があります。
- 指定数量未満の危険物を扱う際にも、無規制ではありません。各市町村の火災予防条例（市町村条例）で規制されています。
- 危険物を運搬する場合は、数量に無関係に（指定数量以下でも）、消防法等による規制を受けます。

1 消防法上の危険物とは　　　　　　　　　　　　重要度 ★★★

　危険物とは、消防法第2条第7項において、「消防法別表第一の品名欄に掲げる物品で、同表に定める区分に応じて、同表の性質欄に掲げる性状を有するもの」と定義されます。

　危険物は、性質に応じて大きく第1類から第6類に分類されます。危険物の分類を次の表にまとめます。

▼危険物の分類

類　別	性　質 （覚え方）	状態	特　徴	具体例 （詳細は後述）
第1類	酸化性固体 サ　コ （サコ さん）	固体	・それ自体は不燃性 ・酸素を出して可燃物を燃焼させる	塩素酸塩類 硝酸塩類
第2類	可燃性固体 カネ　コ （カネコ さん）	固体	・低温で引火・発火しやすい固体	硫黄、赤りん、 金属粉
第3類	自然発火性物質 資 および禁水性物質 金 （資金）	固体 液体	・空気や水と激しく反応し発火もしくは可燃性ガスを発生する	カリウム ナトリウム 黄りん
第4類	引火性液体 印鑑 （印鑑）	液体	・引火しやすい液体	ガソリン 軽油、重油
第5類	自己反応性物質 持 （持）	固体 液体	・低温で発熱し爆発的に反応が進行する	有機過酸化物 ニトロ化合物
第6類	酸化性液体 参　え（へ） （参へ［え］）	液体	第1類と同様（ただし液体）	過酸化水素 硝酸

覚え方 『サコさん、カネコさん、資金と印鑑を持参へ』

状態の見分け方 性質名に固体・液体の区別がない、「第3類と第5類」は、液体と固体の両方があると理解すればよい。

　表中に示されている、『性質』をしっかり覚えましょう。性質を知っておけば、自ずと『特徴』の部分はイメージできます。

　また、「状態」に示すように、消防法上の危険物に気体は含まれません。

重要 消防法上の危険物
消防法上の危険物は、すべて固体か液体です！（常温常圧：20℃、1気圧にて）。

　プロパン、メタン、水素、液化石油ガス（LPG）、都市ガス、圧縮アセチレンガスなど、常温常圧で気体であるものは危険物に含まれません！ つまり、普段ガスボンベに入っているような可燃性ガスは、消防法上の危険物ではないと理解しておきましょう。

▼消防法上の「危険物」と「危険物ではないもの」

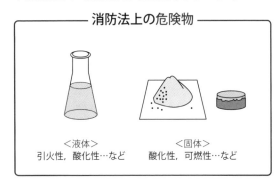

消防法上は
危険物でない

<気体>
可燃性ガスなど
（例：プロパン，メタン，水素）

2 危険物の分類　　　　　　　　　　　　　　　重要度 ★★

「法別表第一」に記されている内容を元に、具体的な危険物を説明します。色文字で示される部分は出題されやすいので覚えておきましょう。

(1) 第1類：酸化性固体

品　名	特　徴
1. 塩素酸塩類※　　　　　2. 過塩素酸塩類※ 3. 無機過酸化物　　　　4. 亜塩素酸塩類※ 5. 臭素酸塩類※　　　　　6. 硝酸塩類※ 7. よう素酸塩類※　　　　8. 過マンガン酸塩類※ 9. 重クロム酸塩類※ 10. その他のもので政令で定めるもの（過よう素酸塩類他） 11. 前各号に掲げるもののいずれかを含有するもの	固体であり、酸化力の潜在的な危険性を判断する試験または衝撃に対する敏感性を判断する試験において政令で定める性状を有するもの

　上の表中に※印で記されているように、『○○酸塩類』とよばれるものは第1類の危険物です。また、『3. 無機過酸化物』は第1類の危険物ですが、第5類には『有機過酸化物』があります。これらを混同しないように注意しましょう。

【例題】

　無機過酸化物は、第5類の危険物である。⇒×（第1類である）

(2) 第2類：可燃性固体

品　名	特　徴
1. 硫化りん　　　2. 赤りん　　　3. 硫黄 4. 鉄粉　　　　　5. 金属粉　　　6. マグネシウム 7. その他のもので政令で定めるもの（未制定） 8. 前各号に掲げるもののいずれかを含有するもの 9. 引火性固体	固体であり、火炎による着火の危険性を判断する試験または引火の危険性を判断するための試験において政令で定める性状や引火性を有するもの

　第2類には『2. 赤りん』がありますが、第3類には『黄りん』があります。両者は類が違いますので注意しましょう。また、『4. 鉄粉』は、目開きが53 μ m（0.053mm）のふるいを通過するものが50％未満のものは含まれません。つまり、粒径が大きいものは除外されます（着火の危険性が低下するため）。

　『5. 金属粉』には、銅粉とニッケル粉は含まれません。また、金属粉の対象となる金属種でも、目開き150 μ m（0.15mm）のふるいを通過するものが50％未満のサイズのものも除外されます。

　『9. 引火性固体』は、固形アルコールその他1気圧において引火点が40℃未満のものを指します。引火点が40℃以上のものは含まれないことを押さえておきましょう。

(3) 第3類：自然発火性物質 および 禁水性物質

品　名	特　徴
1. カリウム　　　　2. ナトリウム　3. アルキルアルミニウム 4. アルキルリチウム　5. 黄りん 6. アルカリ金属（カリウム、ナトリウムを除く）および 　　アルカリ土類金属 7. 有機金属化合物 　　（アルキルアルミニウムおよびアルキルリチウムを除く） 8. 金属の水素化物　　9. 金属のりん化物 10. カルシウムまたはアルミニウムの炭化物 11. その他のもので政令で定めるもの（塩素化けい素化合物） 12. 前各号に掲げるもののいずれかを含有するもの	固体または液体で、空気中での発火の危険性を判断する試験または水と接触して発火したり可燃性ガスを発する危険性を判断する試験で政令で定める性状を有するもの

　第2類で説明したように、『5. 黄りん』は第3類ですが、『赤りん』は第2類です。また、『7. 有機金属化合物』は第3類ですが、第5類に『有機過酸化物』があります。これらを混同しないように注意しましょう。

(4) 第4類：引火性液体

　第4類は、液体であり、引火の危険性を判断するための試験において引火性を有するものを指します。

品　名	特　徴
1. 特殊引火物（ジエチルエーテル、二硫化炭素 など）	発火点100℃以下 または 引火点−20℃以下で沸点40℃以下のもの
2. 第1石油類※　（ガソリン、アセトン など）	引火点21℃未満
3. アルコール類　（メタノール、エタノール など）	C_1〜C_3までの飽和一価アルコール （変性アルコールを含む）
4. 第2石油類※　（灯油、軽油 など）	引火点21℃ 以上70℃未満
5. 第3石油類※　（重油、クレオソート油① など）	引火点70℃ 以上200℃未満
6. 第4石油類※　（ギヤー油、シリンダー油 など）	引火点200℃以上250℃未満
7. 動植物油類　（ヤシ油、アマニ油 など）	引火点250℃未満のもの

　上の表中に※印で示されるように、『第1〜第4石油類』は、引火点の範囲で区分されます。引火点の範囲が問われることもあるので、覚えておきましょう。

　『1. 特殊引火物』は、引火点−20℃以下ですが、第1石油類も引火点21℃未満です。つまり、両者の引火点の範囲が重複しています。特殊引火物は、「発火点100℃以下または引火点−20℃以下でかつ沸点40℃以下」と定義されます。

　たとえば、ガソリンの引火点は−40℃以下です。しかし、沸点が40℃以下ではないので、ガソリンは第1石油類に分類されます。

　アルコール類は、1分子を構成する炭素原子の数が1〜3個まで（C_1〜C_3まで）の飽和1価アルコールと定義されます [p.228 (3) アルコールを参照]。つまり、C_4のアルコール（ブタノール）は、消防法上はアルコール類ではありません（ブタノールは第2石油類）。

　表中に①で示されるクレオソート油は第3石油類の危険物です。ギヤー油、シリンダー油、タービン油などの第4石油類の物品と響きが似ているため、混同しがちです。間違えないように注意しましょう。また、最も身近な燃料であるガソリン、灯油、軽油、重油が第何石油類なのかは、必ず知っておく必要があります。

アドバイス

引火点「○○未満」または「○○以下」、「○○を超える」または「○○以上」のように、その数値「○○」を含むか含まないかの表現があります。この後、引火点以外にも、数量、距離、長さ、期間など、さまざまな数値が出てきます。しかし、「未満なのか以下なのか」および「超えるのか以上なのか」の違いが問われるような問題が出題されることはないと考えられます。つまり、「未満」と「以下」並びに「超える」と「以上」を気にしなくても問題ありません。

(5) 第5類：自己反応性物質

品　名	特　徴
1. 有機過酸化物　　2. 硝酸エステル類　　3. ニトロ化合物 4. ニトロソ化合物　　5. アゾ化合物　　6. ジアゾ化合物 7. ヒドラジンの誘導体 8. ヒドロキシルアミン 9. ヒドロキシルアミン塩類 10. その他のもので政令で定めるもの（金属のアジ化物他） 11. 前各号に掲げるもののいずれかを含有するもの	固体または液体であって、爆発の危険性を判断する試験または加熱分解の激しさを判断するための試験において政令で定める性状を有するもの

　『1. 有機過酸化物』は第5類の危険物ですが、第1類に『無機過酸化物』、第3類に『有機金属化合物』があります。また、『硝酸エステル類』は第5類の危険物ですが、第6類に『硝酸』があります。これらの紛らわしい危険物名のものを混同しないように注意しましょう。

　その他、『○○化合物』と付くものは、第3類の『有機金属化合物』を除いて第5類に分類されると覚えるとスッキリするでしょう。

(6) 第6類：酸化性液体

品　名	特　徴
1. 過塩素酸　　2. 過酸化水素　　3. 硝酸 4. その他のもので政令で定めるもの（ハロゲン間化合物） 5. 前各号に掲げるもののいずれかを含有するもの	液体であって、酸化力の潜在的な危険性を判断するための試験において政令で定める性状を有するもの

③ 指定数量　　　　　　　　　　　　　重要度 ★★★

　危険物の種類によって、危険の度合いが違います。たとえば、ガソリン200Lと灯油400Lでは、どちらが危険でしょうか？ 数量の多い灯油のほうが危険でしょうか？ 実は、極めて引火しやすいガソリンは少量でも危険です。そこで、危険物の品名ごとに、その危険度合いを勘案して政令で基準となる数量が定められています。これを、指定数量とよびます。たとえば、ガソリンの指定数量は200L、灯油の指定数量は1,000Lです。

(1) 指定数量の倍数とその計算法

　「貯蔵・取扱いをする危険物が、指定数量の何倍なのか」を「指定数量の倍数」とよび、次の方法で計算されます。

●指定数量の倍数の計算法

■貯蔵する危険物が1種類（たとえば危険物A）のとき

$$指定数量の倍数 = \frac{危険物[A]の貯蔵量}{危険物[A]の指定数量}$$

■貯蔵する危険物が2種類以上（たとえば危険物A、B、Cの3種類）のとき

指定数量の倍数

$$= \frac{危険物[A]の貯蔵量}{危険物[A]の指定数量} + \frac{危険物[B]の貯蔵量}{危険物[B]の指定数量} + \frac{危険物[C]の貯蔵量}{危険物[C]の指定数量}$$

　つまり、それぞれの危険物の倍数を単独で計算し、それらを合計すればよい。

【例題】 指定数量の倍数の計算

　ガソリン（指定数量200L）を300L、エタノール（指定数量400L）を200L、灯油（指定数量1,000L）を1,500L貯蔵している場合の指定数量の倍数を求めなさい。

【解答】

$$指定数量の倍数 = \frac{ガソリンの貯蔵量}{ガソリンの指定数量} + \frac{エタノールの貯蔵量}{エタノールの指定数量} + \frac{灯油の貯蔵量}{灯油の指定数量}$$

$$= \frac{300}{200} + \frac{200}{400} + \frac{1500}{1000} = 1.5 + 0.5 + 1.5 = 3.5（倍）$$

　実際には、各危険物の指定数量が示されていない問題も多く出題されますので、よく出題される危険物の指定数量を知っておく必要があります。危険物の指定数量を次に示します。色文字部分は特に出題されやすいです。

▼危険物の指定数量（「危険物の規制に関する政令別表第三」改）

類別	品　名	性　質（重要物品名）	指定数量
第1類		第1種酸化性固体	50kg
		第2種酸化性固体	300kg
		第3種酸化性固体	1,000kg
第2類	硫化りん		100kg
	赤りん		
	硫黄		
		第1種可燃性固体	
	鉄粉		500kg
		第2種可燃性固体	
	引火性固体		1,000kg
第3類	カリウム		10kg
	ナトリウム		
	アルキルアルミニウム		
	アルキルリチウム		
		第1種自然発火性物質および禁水性物質	
	黄りん		20kg
		第2種自然発火性物質および禁水性物質	50kg
		第3種自然発火性物質および禁水性物質	300kg
第4類	特殊引火物	（ジエチルエーテル、二硫化炭素 など）	50L
	第1石油類	非水溶性（ガソリン、ベンゼン、トルエン、酢酸エチル、エチルメチルケトン など）	200L
		水溶性（アセトン など）	400L
	アルコール類	（メチルアルコール、エチルアルコール など）	400L
	第2石油類	非水溶性（灯油、軽油 など）	1,000L
		水溶性（酢酸、アクリル酸 など）	2,000L
	第3石油類	非水溶性（重油、クレオソート油、ニトロベンゼン など）	2,000L
		水溶性（グリセリン など）	4,000L
	第4石油類	（ギヤー油、シリンダー油 など）	6,000L
	動植物油類	（ヤシ油、アマニ油 など）	10,000L
第5類		第1種自己反応性物質	10kg
		第2種自己反応性物質	100kg
第6類	過酸化水素、硝酸 など		300kg

ポイント　指定数量の単位は、第4類のみ「L」で、それ以外は「kg」です。

▼第4類の指定数量の比較（抜粋）

第4類の第1、第2、第3石油類においては、水溶性の危険物の指定数量は非水溶性の2倍。
アルコール類は、第1石油類の水溶性と同じで400L。

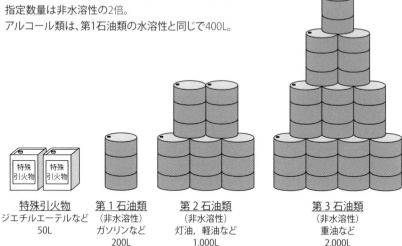

特殊引火物	第1石油類	第2石油類	第3石油類
ジエチルエーテルなど	（非水溶性）	（非水溶性）	（非水溶性）
50L	ガソリンなど	灯油，軽油など	重油など
	200L	1,000L	2,000L

4 危険物規制のしくみ　　　重要度 ★★★

指定数量の倍数に応じて、次のように規制の内容が異なります。

（1）指定数量以上の危険物を貯蔵または取扱う場合

・ 消防法等（法令）で規制されます。
・ 製造所等（1-2節 p.32 で説明します）とよばれる、許可を受けた施設内で貯蔵・取扱いを行う必要があります※。
・ 危険物取扱者による取扱い（または立会い）が必要です。

※【補足】

仮貯蔵・仮取扱いの承認を受ければ、定められた期間に限り、製造所等以外の場所での貯蔵・取扱いをすることもできます（1-3節 p.40 で説明します）。

> **適用除外**
> 航空機、船舶、鉄道または軌道による危険物の貯蔵・取扱い・運搬の場合、消防法による規制が適用されません（別に、航空法・船舶安全法・鉄道営業法・軌道法で規制されるため、二重には規制されません）。

 注意 航空機や船舶等に給油する場合は、適用除外は受けません。

第**1**章 危険物に関する法令

(2) 指定数量未満の危険物を貯蔵または取扱う場合

各市町村の火災予防条例（市町村条例）で技術上の基準が定められています。

 指定数量未満だからといって、ノールールではありません！

(3) 危険物の運搬

指定数量に無関係に、消防法等で規制されています。運搬とは、車両等（自動車やトラック等）で危険物を運ぶことを指します。

 ▼運搬

▼「貯蔵・取扱い」と「運搬」の規制

危険物取扱の内容	数　量	規制の仕組み
貯蔵・取扱い	指定数量以上	消防法等で規制
	指定数量未満	市町村条例（火災予防条例）で規制
運　搬	指定数量以上	消防法等で規制
	指定数量未満	（数量に無関係に消防法等で規制）

参考 危険物規制の法体系について

本書では、「法令」あるいは「消防法等」とは、以下の①〜④を指します。

法	法令名	略称	総合的な略称
法律 国会で制定される	①消防法	法	法令 消防法等
政令 内閣で制定される	②危険物の規制に関する政令	政令	
省令 各省の大臣が制定	③危険物の規制に関する規則 （総務省が担当）	規則	
告示※	④危険物の規制に関する技術上 の基準の細目を定める告示	―	

※ 行政機関等が一定の事項を周知させる行為

練習問題　次の問について、○×の判断または空欄を埋めてみましょう。

① 消防法における危険物は、20℃、1気圧で液体か気体である（○・×）。

② 第1類の危険物の性質は（　　　）である。

③ 第2類の危険物の性質は（　　　）である。

④ 第3類の危険物の性質は（　　　）である。

⑤ 第4類の危険物の性質は（　　　）である。

⑥ 第5類の危険物の性質は（　　　）である。

⑦ 第6類の危険物の性質は（　　　）である。

⑧ 過塩素酸塩類は、第（　）類の危険物である。

⑨ 危険物は、すべて可燃性物質である（○・×）。

⑩ 無機過酸化物は第（　A　）類、有機過酸化物は第（　B　）類、有機金属化合物は第（　C　）類の危険物である。

⑪ 目開き150μmの網ふるいを50％以上通過する粒径の銅粉およびニッケル粉は、第2類の金属粉に分類される（○・×）。

⑫ 第2類の引火性固体は、固形アルコールその他1気圧での引火点が（　）℃未満のものを指す。

⑬ 特殊引火物とは、1気圧で発火点が（　A　）℃以下のものまたは、引火点が（　B　）℃以下で沸点が（　C　）℃以下のものを指す。

⑭ 指定数量の単位は、すべてL（リットル）である（○・×）。

⑮ 特殊引火物の指定数量は（　）Lで、具体的な物品名にはジエチルエーテル、二硫化炭素などがある。

⑯ 第1石油類の引火点は（　A　）℃未満である。非水溶性の場合、指定数量は（　B　）Lで、具体的な物品名にはガソリン、ベンゼン、トルエン、酢酸エチル、エチルメチルケトンなどがある。

⑰ ブタノールは第4類のアルコール類に分類される（○・×）。

⑱ 第2石油類の引火点は（　A　）℃以上（　B　）℃未満である。非水溶性の場合の指定数量は（　C　）Lで、具体的な物品名には灯油、軽油などがある。

⑲ 第3石油類の引火点は（　A　）℃以上（　B　）℃未満である。非水溶性の場合の指定数量は（　C　）Lで、具体的な物品名には重油などがある。

⑳ クレオソート油は、第（　A　）類、第（　B　）石油類の危険物である。

㉑ 第4石油類の引火点は（　A　）℃以上（　B　）℃未満である。指定数量は（　C　）Lで、具体的な物品名にはギヤー油、シリンダー油などがある。

㉒ 動植物油類の引火点は（　A　）℃未満である。指定数量は（　B　）Lで、具体的な物品名にはヤシ油、アマニ油などがある。

㉓ 第1、2、3石油類のすべてにおいて、水溶性の場合の指定数量は非水溶性の場合の指定数量の（　）倍である。

解答 ••

① ✕ 消防法上の危険物は、常温常圧（20℃、1気圧）で固体か液体です。気体は含まれません。

② 酸化性固体　　　　　　　　　　酸固さん（サコ）

③ 可燃性固体　　　　　　　　　　可燃固さん（カネコ）

④ 自然発火性物質および禁水性物質　自禁（資金）

⑤ 引火性液体　　　　　　　　　　引火（印鑑）

⑥ 自己反応性物質　　　　　　　　自己（持）

⑦ 酸化性液体　　　　　　　　　　酸液（参へ(え)）　と覚えましょう。

⑧ 第1類　○○酸塩類（さんえんるい）と付くものは、第1類と覚えましょう。

⑨ ✕ 第1類、第6類は、それ自体は不燃性です。

⑩ A：第1類、、B：第5類、C：第3類。この3種は混同しやすいので注意しましょう。

⑪ ✕ そもそも銅粉とニッケル粉は、金属粉の対象外です。

⑫ 40℃（未満）

⑬ A：100、B：−20、C：40。

⑭ ✕ 第4類のみLで、それ以外はkgです。

⑮ 50

⑯ A：21、B：200。

⑰ ✕ ブタノール：$C_4H_{10}O$は、炭素数が4（C_4）です。第4類のアルコール類はC_3までが対象のため、ブタノールはアルコール類ではありません（ブタノールは、その性質により、第4類の第2石油類になります）。

⑱ A：21、B：70、C：1,000。

⑲ A：70、B：200、C：2,000。

⑳ A：第4類、B：第3石油類。
　クレオソート油は、第4石油類のギヤー油、シリンダー油などと響きが似ているため、第4石油類と思いがちですが、第3石油類です。

㉑ A：200、B：250、C：6,000。

㉒ A：250、B：10,000。

㉓ 2倍

製造所等の種類

指定数量以上の危険物を製造・貯蔵・取扱いをする場合、法令で定められた施設で扱う必要があります。それらを「製造所等」といい、全部で12種あります。本節では、12種ある施設の名称と概要を理解しましょう。個々の施設の基準は、1-8節でくわしく学びます。

これだけは覚えよう！

- 製造所等とは、製造所の他に、7種類の貯蔵所、4種類の取扱所を加えたものです（合計12種類）。
- 12種類ある製造所等の種類と名前を覚えましょう。
- 屋内タンク貯蔵所、簡易タンク貯蔵所、移動タンク貯蔵所（タンクローリー）にはタンクに容量制限があります。
- 屋外貯蔵所では、第2類の硫黄および引火点0℃以上の引火性固体ならびに第4類のうち引火点0℃以上のもののみが貯蔵可能です。つまり、特殊引火物、ガソリン（第1石油類：引火点0℃未満）、アセトン（第1石油類：引火点0℃未満）などは貯蔵できません。
- 第1種販売取扱所の取扱数量は指定数量の15倍以下です。また、第2種販売取扱所の取扱数量は、指定数量の15倍を超え40倍以下です。

① 製造所・貯蔵所・取扱所の区分　　重要度 ★★★

　製造所等とは、製造所の他に、7種ある貯蔵所と4種ある取扱所を加えた計12種の設備を総称しています。12種の設備の一覧を次の表に示します。

▼製造所等

製造所等（計12種）	製造所	①製造所	危険物を製造する施設	
		②屋内貯蔵所	屋内で貯蔵	

製造所等（計12種）	貯蔵所（計7種）	③屋外タンク貯蔵所	屋外のタンクで貯蔵	
		④屋内タンク貯蔵所	屋内のタンクで貯蔵	容量制限あり
		⑤地下タンク貯蔵所	地下のタンクで貯蔵	
		⑥簡易タンク貯蔵所	簡易タンクで貯蔵	容量制限あり
		⑦移動タンク貯蔵所	車両固定タンク（タンクローリー）で貯蔵	容量制限あり
		⑧屋外貯蔵所	屋外で貯蔵	貯蔵できる危険物が限られる！
	取扱所（計4種）	⑨給油取扱所	ガソリンスタンド等	
		⑩販売取扱所	店舗で容器入りのまま危険物を販売	取扱数量に応じて第1種と第2種に分かれる
		⑪移送取扱所	パイプラインで危険物を移送	
		⑫一般取扱所	⑨⑩⑪以外の取扱所	

　上の表に示すように、12種ある設施を総合して製造所等とよびます。12種ある施設の名称と、それらが何をする施設なのかを理解しておきましょう。よ

く出題されるポイントを次に記します。

(1) 容量制限がある貯蔵所

　屋内タンク貯蔵所、簡易タンク貯蔵所、移動タンク貯蔵所（タンクローリー）はタンクに容量制限があります。くわしくは1-8節で学びます。

(2) 屋外貯蔵所は貯蔵可能な危険物が限られる

　屋外貯蔵所で貯蔵・取扱いができる危険物は、次の危険物に限られます。

> ●屋外貯蔵所で貯蔵・取扱いができる危険物
> ① 第2類のうち硫黄または硫黄のみを含有するものおよび引火性固体（引火点0℃以上のもの）
> ②-1 第4類の第1石油類のうち引火点が0℃以上のもの
> ②-2 第4類のアルコール類、第2石油類、第3石油類、第4石油類、動植物油類

　②-2に示す危険物は、すべて引火点0℃以上です。つまり、②-1および②-2は、「引火点0℃以上の第4類の危険物」と同じ意味です。第1石油類は、引火点が0℃未満のものもあれば、0℃以上のものもあります。

　そのため、第1石油類で引火点が0℃未満のものを知っておくとよいでしょう。出題されやすい危険物は、「ガソリン（引火点−40℃以下）」、「アセトン（引火点−20℃）」、「ベンゼン（引火点−11℃）」です。これらは屋外貯蔵所で貯蔵できません。

(3) 販売取扱所は2種に分かれる

　販売取扱所は、指定数量の倍数に応じて次の2種に分類されます。

　第1種販売取扱所：指定数量の倍数が15以下の販売取扱所
　第2種販売取扱所：指定数量の倍数が15を超え40以下の販売取扱所

練習問題　次の問について、○×の判断または空欄を埋めてみましょう。

① 車両に固定されたタンクによって危険物を貯蔵または取扱いをする施設を移送取扱所とよぶ（○・×）。

② 固定した給油設備によって自動車等への燃料タンクに直接給油するために、危険物を取扱う施設を給油取扱所という（○・×）。

③ 第1種販売取扱所での危険物の取扱数量は指定数量の倍数で（　A　）以下である。第2種販売取扱所の場合は、指定数量の（　B　）倍を超え（　C　）倍以下である。

④ 地盤面下に埋没されたタンクにおいて危険物を貯蔵または取扱う施設を給油取扱所という（○・×）。

⑤ 屋外貯蔵所で貯蔵できるのは、第2類の硫黄と（　A　）（引火点0℃以上）、第4類のうち引火点（　B　）℃以上のもの。よって、特殊引火物と引火点0℃未満の第1石油類は貯蔵できない。

⑥ ガソリン、軽油、灯油、ギヤー油、アセトン、エタノール、硫黄、引火点0℃以上の引火性固体、黄りん、カリウム、硝酸、過酸化水素のうち、屋外貯蔵所で貯蔵できない危険物は（　）種類である。

解答 ･･

① × 移動タンク貯蔵所（タンクローリー等）の説明です。

② ○ ガソリンスタンドが代表例です。

③ **A：15、B：15、C：40**。第1種：15倍以下、第2種：15倍を超え40倍以下。

④ × 地下に埋没されたタンクで貯蔵・取扱いを行う施設は「地下タンク貯蔵所」です。多くのガソリンスタンドには地下タンクがあるので紛らわしいですが、間違えないようにしましょう。

⑤ **A：引火性固体、B：0**。引火性固体、引火点0℃以上の第4類危険物。

⑥ **6種類**。
　ガソリン（引火点−40℃以下）、アセトン（引火点−20℃）、黄りん（第3類）、カリウム（第3類）、硝酸（第6類）、過酸化水素（第6類）は貯蔵できません。

製造所等の設置や変更には、市町村長等の「許可」が必要です。その他に、「認可」「承認」「届出」に関するさまざまな手続きがあります。それらを整理して理解しましょう。特に、「許可・認可・承認」をしっかり区別することと、誰に申請するのかがポイントです。

これだけは覚えよう！

- 申請の種類には『許可、認可、承認、届出』がありますが、それらをしっかり区別して理解しましょう。
- 申請先は市町村長等なのか、消防長または消防署長なのかを区別しましょう。
- 製造所等の設置・変更には、着工前に市町村長等の「許可」が必要です。工事完了後も、完成検査前を受けて合格してから（許可を得てから）でないと施設を使用できません。つまり、とにかく先に許可をもらわなければ動けません！
- 液体危険物のタンクを有する場合、完成検査"前"検査の受検が必要です。
- 予防規程の制定や変更は、市町村長等の「認可」をもらいます（許可や承認ではないので注意しましょう）。
- 「仮使用」と「仮貯蔵・仮取扱い」は全く別物です。混同しないようにしましょう。
- 仮使用は、市町村長等の承認を得て工事に無関係な所を工事期間中使うことです。
- 仮貯蔵・仮取扱いのみ、消防長または消防署長の「承認」を得ます。有効期間は10日以内です。
- 届出の手続きは、危険物の品名・数量等の変更の場合のみ、10日前までに市町村長等への届出が必要です。それ以外は遅滞なく届け出ます。

① 製造所等の設置や変更の手続き　　重要度 ★★★

　製造所等を設置・変更するときには、市町村長等の許可が必要です。手続きの流れを次の図に示します。考え方として、『市町村長等の許可を受けないことには何もできない。まずは許可を得ることが先決』と理解しておきましょう。

▼製造所等の設置や変更の流れ

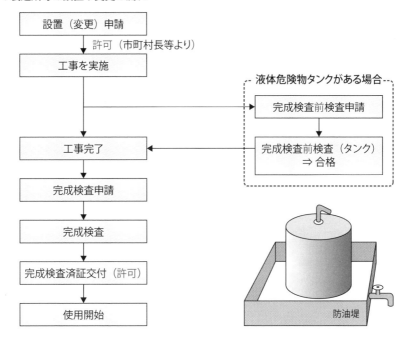

(1) 工事開始前の手続き

市町村長等に設置許可申請→許可→工事開始

(市町村長等に許可をもらってからでないと工事に着工できない)

(2) 工事終了後の手続き

■液体危険物タンクを持たない施設の場合

工事完了→完成検査申請→完成検査（合格）→完成検査済証交付（許可）→使用開始

■液体危険物タンクを持つ施設の場合

完成検査前検査申請（事前にタンクや配管部分の検査を受ける）→完成検査前検査（合格）→工事完了→完成検査申請→完成検査（合格）→完成検査済証交付（許可）→使用開始

以上のように、工事着工と使用開始の前には市町村長等の許可が必要です。また、液体危険物タンクを持つ施設の場合は、タンクと配管について、完成検査前検査の受検が必要です。

2 許可権者　　　　　　　　　　重要度　★★

　製造所等の設置や変更の許可権者である、市町村長等は、市長・町長・村長だけではありません。状況に応じて、都道府県知事と総務大臣が含まれます。ここでは、どのような場合に都道府県知事や総務大臣が許可権者になるのかを理解しましょう。考え方として、『管轄外にまたがる施設には許可できない』と理解しましょう。許可権者が異なるケースを次の表に示します。

▼製造所等の設置場所と許可権者

	製造所等の設置場所	許可権者（申請先）
ケース1	消防本部等を設置していない市町村内	都道府県知事
ケース2	消防本部等を設置する市町村内	市町村長
ケース3	2以上の市町村にまたがって設置（移送取扱所）	都道府県知事
ケース4	2以上の都道府県にまたがって設置（移送取扱所）	総務大臣

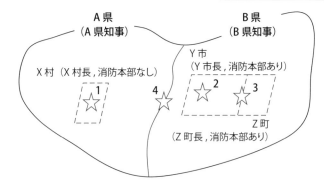

ケース1：X村には消防本部が**ない**→A県知事
ケース2：Y市には消防本部が**ある**→Y市長
ケース3：Y市とZ町にまたがっている（Y市長もZ町長も管轄外の部分がある）
　　　　　→B県知事
ケース4：A県とB県にまたがっている（A県知事もB県知事も管轄外の部分がある）
　　　　　→総務大臣

ケース1：消防本部を設置していない市町村内に設置する場合は、消防署を持たないため、その市町村長では許可が出せません。その場合、都道府県知事が許可権者になります。

ケース2：消防本部を設置する市町村内に設置する場合は、当該市町村長が許可権者になります。

ケース3：2以上の市町村にまたがって設置される施設（移送取扱所です）の場合は、どちらの市町村にも管轄外の部分が含まれてしまうため、それらの区域を一括で管轄している都道府県知事が許可権者になります。

ケース4：2以上の都道府県にまたがって設置される施設（移送取扱所です）の場合は、どちらの都道府県にも管轄外の部分が含まれてしまうため、総務大臣が許可権者になります。

3　各種申請手続きの比較　　重要度 ★★★

　製造所等の設置や変更手続きは、市町村長等の許可をもらうことが必要でしたが、それ以外の手続きについて比較しながら説明します。試験では、手続きの種類（「許可」、「認可」、「承認」、「届出」）、許可権者（「市町村長等」または「消防長・消防署長」）、申請の時期が問われます。

　危険物取扱者試験で問われる手続きの内容を次の表にまとめます。

▼各種の申請手続きの比較

	項目	説明	手続き	申請先（許可権者・届出先等）
許可・承認・認可	製造所等の設置・変更	-	許可	市町村長等
	予防規程の制定・変更	-	認可	
	仮使用	製造所等の変更工事期間中、工事に関係する部分以外の部分を仮に使用する際に行う	承認	
	仮貯蔵・仮取扱い	製造所等以外の場所で指定数量以上の危険物を10日以内、仮に貯蔵・取扱いを行う		所轄消防長または消防署長
届出	危険物の「品名・数量・指定数量の倍数変更」	変更しようとする日の10日前までに届出	届出	市町村長等
	危険物保安統括管理者の選任・解任	所有者等（所有者、管理者、占有者）が「遅滞なく届出」		
	危険物保安監督者の選任・解任			
	製造所等の譲渡または引渡し			
	製造所等の用途の廃止			

(1) 承認が必要な手続き

承認をもらう手続きには2種類あります。『仮使用』と『仮貯蔵・仮取扱い』です。両者は名前が似ているので混乱しがちですが、内容も許可権者も全く異なります。

■仮使用

仮使用とは、「製造所等の変更工事中に、工事に無関係な場所を仮に使用すること」をいいます。

仮使用ができるのは工事期間中で、許可権者は市町村長等です。

■仮貯蔵・仮取扱い

指定数量以上の危険物は、製造所等でしか扱えないのが原則ですが、仮貯蔵・仮取扱いの承認を受けた場合、10日以内の期間、製造所等以外の場所で指定数量以上の危険物を貯蔵・取扱いすることができます。

仮貯蔵・仮取扱いの許可権者は、管轄の消防長または消防署長です。

▼『仮使用』と『仮貯蔵・仮取扱い』の比較

手続き	項目	許可権者	有効期間
承認	仮使用	市町村長等	工事期間中
	仮貯蔵・仮取扱い	消防長または消防署長	10日以内

| 仮使用 |

ピット工事中も、給油の営業は続けたい…

| 仮貯蔵・仮取扱い |

製造所等以外の場所で
指定数量以上の危険物を一時貯蔵したい…

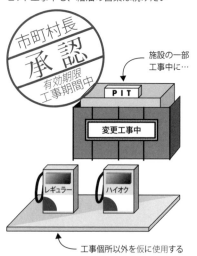

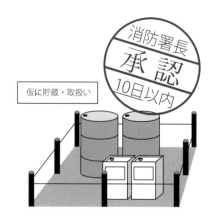

（2）認可が必要な手続き

　認可をもらう手続きは、『予防規程』を制定したり変更したりするときだけです。許可権者は市町村長等です。つまり、『予防規程は認可』と覚えておきましょう。予防規程とは「火災予防のために各製造所等で制定・遵守する自主保安基準」のことです。くわしくは、1-9節で学びます。

（3）届出が必要な手続き

　届出が必要な手続きは、前述の表中（p.39）に示した通り、次の5つです。

---
①貯蔵または取扱う危険物の『品名・数量・指定数量の倍数』変更
②危険物保安統括管理者の選任・解任
③危険物保安監督者の選任・解任
④製造所等の譲渡または引渡
⑤製造所等の用途の廃止

　以上のケースを理解しておきましょう。申請先は「市町村長等」です。よく問われるポイントは申請時期です。『危険物の品名・数量・倍数変更』の場合のみ、10日前までに届出が必要です。それ以外は遅滞なく届出ます。

> **注意**「危険物施設保安員の選任・解任時には届出が必要」と問われたら、それは誤りです。選任・解任時に届出が必要なのは、危険物保安監督者や危険物保安統括管理者の場合です。

練習問題　次の問について、○×の判断または空欄を埋めてみましょう。

① 製造所等の構造や設備を変更する場合、工事完了後遅滞なく市町村長等に許可をもらわなければならない（○・×）。

② 屋内貯蔵所を設置する際は、完成検査を受ける前に完成検査前検査を受けなければならない（○・×）。

③ 第4類の危険物を貯蔵するための地下タンク貯蔵所を設置する際は、完成検査前検査を受ける必要がある（○・×）。

④ 2以上の都道府県にまたがって設置される移送取扱所の構造を変更する際は、両県の都道府県知事双方の許可が必要（○・×）。

⑤ 製造所等以外の場所で、指定数量以上の危険物を仮に貯蔵し、または取扱うことを（　A　）という。この場合、（　B　）の（　C　）を得る必要がある。また、貯蔵・取扱いが可能な期間は（　D　）である。

⑥ 製造所等の変更工事期間中、工事に無関係な場所を仮に使用することを（　A　）という。この場合、（　B　）の（　C　）を得る必要がある。また、使用が可能な期間は（　D　）である。

⑦ 危険物の貯蔵・取扱い数量を変更する場合、変更後遅滞なく市町村長等に届ける（○・×）。

⑧ 予防規程を新たに制定したり、変更したりする際は、所轄消防長または消防署長の承認が必要である（○・×）。

解答

① × 市町村長等の許可をもらってからでないと着工できません。

② × 完成検査前検査は、液体危険物のタンクを有する施設の場合に受ける必要があります。屋内貯蔵所にはタンク設備がないので、受ける必要はありません。「完成検査前検査＝液体危険物タンクがある場合」と覚えておきましょう。

③ ○ 液体危険物タンクがあるので、完成検査前検査を受けます。

④ × この場合、総務大臣の許可が必要です。

⑤ A：仮貯蔵・仮取扱い、B：所轄消防長または消防署長、C：承認、D：10日以内。

⑥ A：仮使用、B：市町村長等、C：承認、D：工事期間中（10日以内等の、固定の日数制限はありません）。

⑦ × 10日前までに届出なければなりません。

⑧ × 市町村長等の認可が必要です（許可ではありません）。

1-4 危険物取扱者

危険物取扱者は、甲種、乙種、丙種の3種に大別されます。それらが扱える危険物や、できること、できないことを理解しましょう。また、免状関連の手続きはすべて都道府県知事宛です。手続きの内容に応じて、どの都道府県知事に申請できるかが違います。その考え方を理解しましょう。

これだけは覚えよう！

- 危険物取扱者免状関連の手続きは、すべて都道府県知事宛に行います。市町村長等や消防長などではありません。
- 甲種や乙種の危険物取扱者が立会えば、危険物取扱者ではない人が対象の危険物を扱うことができます（丙種危険物取扱者は立会できません）。
- 危険物取扱者免状は全国で有効です。
- 氏名が変わった、本籍の都道府県が変わった、顔写真撮影から10年が経つ際には、免状の書換えが必要です。
- 免状の書換えは、「交付地、居住地、勤務地」のいずれの都道府県でも可能です。
- 免状の再交付は、「交付または書換えをした」都道府県知事に申請します。

1 危険物取扱者の種類 　　　重要度 ★★★

　危険物取扱者とは、都道府県知事の行う危険物取扱者試験に合格し、都道府県知事から免状の交付を受けた者を指します。免状は全国で有効なので、どの県で取得しても問題ありません。

> ポイント 危険物取扱者免状関係の手続きは、すべて都道府県知事宛です。

（1）免状の種類と役割

　製造所等で危険物を取扱えるのは、危険物取扱者自身か、危険物取扱者の立会いを受けた者※です（ただし、丙種危険物取扱者は立会いはできません）。危険物取扱者の種類と条件を次の表に示します。

※セルフ式のガソリンスタンドで、危険物取扱者ではない一般のお客さんが自身で給油（危険物取扱）ができるのは、コントロールブース内で危険物取扱者（甲種か乙種第4類）が監視している（立会いにあたる）ためです。

▼免状の種類と役割

種	類	取扱い可能な 危険物	立会い可能な 危険物	危険物保安 監督者
甲	—	すべての危険物（第1類〜第6類）		実務経験6か月以上で あればなれる
乙	1	取得した類の危険物		実務経験6か月以上で あればなれる。ただし、 なれるのは取得した類 の監督のみである
	2			
	3			
	4			
	5			
	6			
丙	—	第4類のうちの 指定された危険物	×丙種危険物取扱者は 立会いはできない	×（なれない）

　危険物取扱者には、甲種・乙種・丙種の3種があり、それぞれ取扱える種類や立会可否などが異なります。

　甲種は、すべての類（第1〜6類）の危険物の取扱いおよび立会いができます。乙種は、1〜6類の危険物に応じて6種あります。たとえば、乙種第4類の危険物取扱者は、第4類の危険物の取扱いと立会いができます。

　丙種危険物取扱者が扱えるのは、「第4類」のうちの一部の危険物です。丙種危険物取扱者は、危険物取扱の立会いはできないので、注意しましょう。丙種が扱える危険物を次に示します。

> **丙種危険物取扱者が扱える危険物**
> 　ガソリン、灯油、軽油、第3石油類（重油、潤滑油および引火点130℃以上のものに限る）、第4石油類、動植物油類

■免状の携帯について

　『移動タンク貯蔵所』（タンクローリー）で危険物を移送する場合のみ、免状の携帯（コピーは不可）が義務付けられています。それ以外の施設では、特に免状の携帯を義務付けられている訳ではありません。

■危険物保安監督者について

　製造所等の種類や貯蔵・取扱い数量に応じて、『危険物保安監督者』を選任する必要があります（くわしくは1-6節で学びます）。危険物保安監督者になれるのは、『甲種か乙種の危険物取扱者で6か月以上の実務経験を有する者』です。丙種危険物取扱者は危険物保安監督者にはなれません。また、乙種の場合、取

得している類の危険物保安監督者にしかなれません。

2　免状の交付・書換え手続き　　　重要度　★★

　危険物取扱者免状には、主に『交付・書換え・再交付』の手続きがあります。手続き方法『どんなときに、誰に申請するか』がよく問われます。

　免状の交付・書換え・再交付の申請手続きを次の表にまとめます。

▼免状の「交付・書換え・再交付」手続き

手続	申請要件	申請先	考え方
交付	危険物取扱者試験に合格し、免状申請	受験した都道府県の知事	受験地の知事以外、合格の事実を知りません
書換え	氏名が変わった 本籍地※が変わった 免状の写真撮影日から10年を超えるとき	交付した都道府県知事 居住地の都道府県知事 勤務地の都道府県知事	元の免状の情報があるため、交付した知事以外でも書換え可能
再交付	免状を「亡失、滅失、汚損、破損」した	交付した都道府県知事 書換えをした都道府県知事	元の免状の情報が失われている（亡失，滅失等）ので、交付・書換えをした都道府県知事でないと再交付不能
亡失免状を発見	発見した免状を10日以内に提出する	再交付を受けた都道府県知事	

※ 本籍地の都道府県が変わった場合に書換えが必要。

　上の表で、申請先に示すように、免状関係の申請先は、すべて都道府県知事です。市町村長等、消防長などではありませんので、注意してください。また、表に示す通り、手続き内容によって申請先の都道府県が異なります。しっかり理解しましょう。

> **考え方**
> 　自分の都道府県に情報がない危険物取扱者の免状には手が出せません。そう考えると、どこの都道府県知事が手続きできるかは自ずと明らかです。

（1）免状の交付の場合『受験した都道府県知事に申請する』

　免状は、危険物取扱者試験に合格した者に対して、都道府県知事が交付します。試験は、都道府県ごとに実施しています。そのため、試験を受けた都道府

県以外の都道府県では、その人が合格者かどうか不明です。よって、申請先は『受験した都道府県』になります。

(2) 免状の書換えの場合『交付地、居住地、勤務地のいずれの都道府県知事に申請してもよい』

　書換えとは、免状の記載事項に変更がある際に行うものです。免状のイメージを図に示します。ここに示される通り、免状記載事項で変更される可能性があるのは次の3点です。

　　①氏名　　② 本籍地　　③ 顔写真 (10年ごとに更新が必要です)

　氏名や本籍が変わらない人も、顔写真変更のために10年ごと (10年を超える前) に書換えを行います。

　たとえば、『住所が変わった場合に書換えが必要かどうか』を問うような問題が出された場合、答えはノーです。そもそも、免状には住所の記載はありません (記載されているのは本籍地の都道府県です)。

　また、②の本籍地は、都道府県の表示が免状になされています。よって、書換えが必要なのは、「本籍地の都道府県が変わった」場合です。

▼危険物取扱者免状 (イメージ)

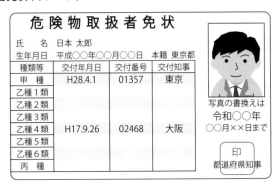

　さて、書換えの場合、元の免状があるので、交付をした都道府県知事以外でも書換えが可能です。そのため、『交付した』、『居住地の』、『勤務地の』いずれの都道府県でもよいのです。

(3) 免状の再交付の場合『交付を受けた都道府県か書換えをした都道府県知事に申請します』

　再交付は、免状が『亡失・滅失・汚損・破損』した際に行います。つまり、「元の免状の情報は失われている」と考えてください。そうなると、最初に免状を

交付した都道府県か、書換えをしたことがある都道府県以外は、その人の情報を持っていません（試験に合格しているかどうかすら不明です）。よって、必然的に、交付か書換えをした都道府県知事に申請をすることになります。

(4) 再交付後に亡失免状を発見した場合『発見後10日以内に、再交付を受けた都道府県知事に提出します』

　亡失により免状の再交付を受けた後、亡失した免状を発見した際には、10日以内に再交付を受けた都道府県知事に提出しなければなりません。再交付した都道府県知事以外、再交付の事実を知りませんので、それ以外の都道府県に提出することはできません。

(5) 免状の返納・不交付

■免状の返納

　次に該当する場合は、都道府県知事から免状の返納が命じられます。

・消防法または消防法に基づく命令の規定に違反しているとき

> **注意** 免状の返納命令を受けたら、直ちに危険物取扱者資格を喪失します！

■免状の不交付

　次に該当する場合は、免状が交付されません。

・過去に免状の返納を命じられ、その日から起算して1年が経過しない場合
・消防法または消防法に基づく命令の規定に違反して罰金刑以上の刑に課せられ、その執行が終わってから2年を経過しない者

練習問題　次の問について、○×の判断または空欄を埋めてみましょう。

① 免状は、危険物取扱者試験に合格した者に対して（　　　）が交付する。
② 危険物取扱者試験に合格すると、直ちに合格した類の危険物取扱者になる（○・×）。
③ 甲種危険物取扱者および乙種危険物取扱者で、（　）か月以上の実務経験を有する者は、危険物保安監督者になる資格を有する。
④ 丙種危険物取扱者で実務経験2年以上の者は、危険物保安監督者になれる（○・×）。
⑤ 丙種危険物取扱者の立会いがあれば、危険物取扱者以外が指定数量以上の軽油の取扱作業ができる（○・×）。
⑥ 丙種危険物取扱者は、アセトン、エタノールの取扱いが可能（○・×）。
⑦ 免状を亡失した場合、勤務地または居住地の都道府県知事であれば再交付が可能である（○・×）。

⑧ 免状の書換えが必要なのは、（　A　）または（　B　）を変更した場合と、免状の顔写真が撮影されてから（　C　）年を超える場合（超える前）である。

⑨ 免状を亡失して再交付を受けた後、亡失した免状が見つかった場合、1週間以内に居住地または勤務地の都道府県知事に提出しなければならない（○・×）。

⑩ 移動タンク貯蔵所にて危険物を移送する場合は、免状の原本またはコピーを携帯しなければならない（○・×）。

⑪ 都道府県知事より免状の返納命令を受けた場合、直ちに危険物取扱者の資格を失う（○・×）。

⑫ 免状の返納命令を受けてから（　）年を経過しない者には免状が交付されない。

⑬ 消防法等に基づく命令の規定に違反して罰金刑以上の刑が科されて、その刑の執行が終わってから（　）年を経過しない者には免状が交付されない。

解答

① **都道府県知事（試験に合格した都道府県の）**
免状関係の手続きはすべて都道府県知事です。市町村長等や消防長ではありません。

② × 合格した都道府県の知事に免状の交付申請を行い、免状の交付を受けなければ、危険物取扱者ではありません。

③ **6か月。**

④ × 丙種危険物取扱者は、実務経験の長さとは無関係に、危険物保安監督者になる資格を有しません。

⑤ × 丙種危険物取扱者は『立会い』はできません。

⑥ × 丙種が扱えるのは、「ガソリン、灯油、軽油、第3石油類（重油、潤滑油および引火点130℃以上のものに限る）、第4石油類、動植物油類」です。アセトン（第1石油類・水溶性）、エタノール（アルコール類）は取扱いできません。

⑦ × 免状の情報が失われているので、「交付地または書換えをした都道府県知事」でないと発行できません。勤務地や居住地が発行地や書換え地とは限らないので、答えは×です。

⑧ ○ **A：氏名、B：本籍地、C：10。**免状の書き換えが必要なのは、氏名または本籍地を変更した場合、写真撮影から10年を超える場合です。

⑨ × 1週間以内ではなく「10日以内」です。また、提出先は「再交付を受けた」都道府県知事です。

⑩ × 移動タンク貯蔵所で危険物を移送する場合は、免状の原本を携帯しなければなりません。コピーは不可です。それ以外の施設においては、特に免状を携帯しなければならない訳ではありません。

⑪ ○　⑫ **1年**　⑬ **2年**

1-5 保安講習

危険物取扱者で、かつ、危険物取扱作業に従事する人は、定期的に「保安講習」を受講する必要があります。保安講習の「受講対象者」と「受講時期」を理解しておきましょう。

これだけは覚えよう！

- 保安講習を受けなければならないのは、『危険物取扱者』でかつ『危険物取扱作業に従事している者』です。
- 保安講習は、原則3年ごとに受講します。ただし、危険物取扱業務に従事していなかった危険物取扱者が新たに取扱業務に従事するようになったときは、その時期に応じて受講時期が異なります。
- 保安講習は全国のどの都道府県で受けても有効です。

1 保安講習とその受講対象　　　　　重要度 ★★

(1) 受講の対象者

『危険物取扱作業に従事する危険物取扱者』は、定期的に保安講習を受ける必要があります。講習は、全国のどの都道府県で受けても有効です。

▼保安講習の受講対象者

	危険物取扱者	危険物取扱者でない
危険物取扱作業に従事している	A受講が必要	C受講不要
危険物取扱作業に従事していない	B受講不要	D受講不要

保安講習
受講対象者

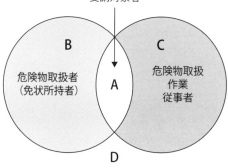

（2）受講の時期

①継続して危険物取扱作業に従事している場合

　免状が交付された日または保安講習受講日以降の最初の4月1日から3年以内に受講する。

▼継続して危険物取扱作業に従事している場合

②新たに危険物取扱作業に従事することになった場合

(i) 従事することになった日から1年以内に受講する。

▼新たに危険物取扱作業に従事することになった場合

　ただし、危険物の取扱作業に従事することになった日の過去2年以内に免状の交付または保安講習を受けている場合は、次の (ii) の通り受講する。

(ii) 免状交付日または保安講習受講日以降の最初の4月1日から3年以内に受講する。

▼危険物の取扱作業に従事することになった日の過去2年以内に免状の交付または保安講習を受けている場合

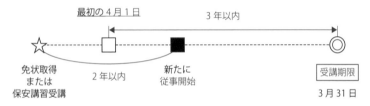

　この場合、まだ①の受講期限に達していません。たとえば、1年前に免状の交付を受けた人が、新たに危険物取扱作業に従事することになった場合に、②

の条件に従って1年以内に保安講習を受講すると、免状交付から2年以内に受講したことになってしまいます。よって、従事することになった日から2年以内に免状の交付または保安講習を受講済みの場合は、①の条件を適用すればよいのです。

練習問題　次の問について、○×の判断をしてみましょう。

① 危険物取扱作業に従事していなくても、すべての危険物取扱者は、定期的に保安講習を受講しなくてはならない。

② 危険物取扱作業に従事する者は、危険物取扱者でない者も含めて、定期的に保安講習を受講しなければならない。

③ 保安講習は、危険物取扱作業に従事する都道府県で受講する必要がある。

④ 免状の交付を受けて1年後に、危険物の取扱作業に従事することになった場合、従事することになった日から3年以内に保安講習を受けなければならない。

⑤ 5年前に免状の交付を受けた者が、新たに危険物の取扱作業に従事することになった場合、従事し始めた日から1年以内に保安講習を受講しなければならない。

⑥ 10年以上前に免状の交付を受けた者が、新たに危険物の取扱い業務に従事する場合、保安講習を受講した後でなければ従事できない。

解答

① × 危険物取扱作業に従事していない場合は、受講する必要はありません。

② × 危険物取扱者でない者は、危険物取扱作業に従事していたとしても、保安講習を受ける必要はありません。

③ × 保安講習はどの都道府県で受けても有効です。

④ × 免状交付日以降の最初の4月1日から3年以内に受講する必要があります。

⑤ ○ 免状交付から2年を超えているので、従事日から1年以内に受講する必要があります。

⑥ × そのような決まりはありません。この場合は、上記問⑤と同じ扱いになり、従事日から1年以内に受講すればよいとされています。

1-6 危険物施設での災害防止に向けた管理体制

危険物取扱施設での保安管理体制の構築のために、施設の種類、取扱数量に応じて「危険物保安監督者」「危険物保安統括管理者」「危険物施設保安員」の任命が必要です。それらの選任が必要な細かなケースを覚えることはせず、『必ず選任する必要がある施設』『選出不要な施設』だけを理解しておけば十分です。

これだけは覚えよう！

- 危険物保安監督者、危険物保安統括管理者、危険物施設保安員の役割の違いを整理しておきましょう。
- 危険物保安監督者になるには、甲種か乙種の免状＋6か月以上の実務経験が必要です。
- 危険物保安監督者と危険物保安統括管理者の選任・解任時には市町村長等への遅滞なき届出が必要です。法令違反等、必要があれば解任命令を受けます。
- 危険物保安監督者、危険物保安統括管理者、危険物施設保安員を「必ず選任しなければならない施設」を覚えておきましょう。

1 危険物保安監督者・危険物保安統括管理者・危険物施設保安員　　　重要度 ★★★

危険物保安監督者、危険物保安統括管理者、危険物施設保安員の大きな役割は次の通りです。

(1) 危険物保安監督者

製造所等ごとの保安管理および監督業務を行います。危険物施設保安員を置かない施設においては、危険物施設保安員の業務も行います。

【例】　給油取扱所内の保安管理と監督

(2) 危険物保安統括管理者

事業所内にある複数の製造所等間の統括した保安体制の構築（全体とりまとめ）をします。

【例】　事業所内に大量の第4類危険物を製造する製造所、移送取扱所、屋外タンク貯蔵所など、複数の施設を持つ事業所での、各施設を統括した保安管理

(3) 危険物施設保安員

危険物保安監督者の下で、製造所等ごとの施設（設備等）の保安業務を行います。

【例】 製造所、移送取扱所等の設備の保安業務

これらのくわしい条件を次の表にまとめます。色文字部分は要暗記です。

▼危険物保安監督者・危険物保安統括管理者・危険物施設保安員の比較

	危険物保安監督者	危険物保安統括管理者	危険物施設保安員
役割	製造所等ごとの保安管理・監督	事業所内の複数製造所等の統括した保安管理体制の構築	製造所等ごとの施設保安
なれる人	甲種・乙種危険物取扱者＋6か月以上の実務経験	特に資格なし	
選任を要する製造所等	製造所 屋外タンク貯蔵所 給油取扱所 移送取扱所 一般取扱所	第4類を指定数量の3,000倍以上扱う ・製造所 ・一般取扱所 第4類を指定数量以上扱う ・移送取扱所	指定数量の100倍以上の ・製造所 ・一般取扱所 すべての（数量に関係なく） ・移送取扱所
選任不要な製造所等	移動タンク貯蔵所	上記以外	
条件により選任を要する	上記以外	―	―
業務内容	基本は、製造所等内の日常の保安監督業務 ・危険物取扱作業の保安業務（作業者への指示等） ・災害時の応急処置、消防への通報 ・災害防止のための隣接製造所等との日頃の連絡 ・危険物施設保安員への必要な指示 →施設保安員を置かない製造所等では、施設保安員の業務も行う	事業所内の各製造所等の危険物保安監督者、危険物施設保安員を統括し、事業所全体での保安体制を総括管理する	基本は、製造所等内の設備の基準適合維持の保安業務 ・定期、臨時点検の実施と措置、記録の保存 ・設備異常発見時の連絡と措置 ・火災時の応急処置 ・計測器等の機能保持

（続き）

	危険物保安監督者	危険物保安統括管理者	危険物施設保安員
選任・解任手続	遅滞なく、市町村長等に届出		届出不要
解任命令	市町村長等は、消防法や消防法に基づく命令の規定に違反したときや、公共の安全や災害防止に支障があると認められる場合に、解任命令を出すことができる		特になし

2　対象となる施設　　　　重要度　★★

(1) 危険物保安監督者
■選任を要する製造所等

　単に暗記するのではなく、12種類ある施設の中で、「設備が複雑・事故時に周囲に与える影響が大きい」5施設が対象と理解すると覚えやすい。

　必ず選任する施設は次の5つです！

①製造所：「規模が大きい（災害規模も大）」
②一般取扱所：「多様な施設形態（業務内容が多様）である」
③屋外タンク貯蔵所：「大量の危険物を保管し、かつタンクが屋外にある」
④給油取扱所：「一般人が多く出入りし、住宅等とも隣接設置可能」
⑤移送取扱所：「パイプラインで長距離に渡り危険物を移送」

■選任が不要な製造所等

　「それ自身移動してしまう：移動タンク貯蔵所」

■条件によっては選任が必要な製造所等

　上で説明した必ず選任が必要な5施設および選任不要な1施設（移動タンク貯蔵所）以外の6施設は、取扱数量等によっては選任が必要になります。その細かい条件を覚えなくても問題ありませんが、選任が必要な施設の具体的な条件を次の表にまとめます。数量と引火点が基準になります。

▼危険物保安監督者の選任が必要となる取扱数量

種類		第4類				第4類以外	
指定数量倍数		30倍以下		30倍超え		30倍以下	30倍超え
引火点		40℃以上	40℃未満	40℃以上	40℃未満		
屋内貯蔵所			◯	◯	◯	◯	◯
屋内タンク貯蔵所			◯		◯	◯	◯
地下タンク貯蔵所			◯	◯	◯	◯	◯
簡易タンク貯蔵所			◯		◯	◯	◯
屋外貯蔵所				◯	◯		◯
販売取扱所	第1種		◯			◯	
	第2種		◯		◯	◯	◯

ポイント 危険物保安監督者の選任が必要となる取扱数量

① 「指定数量の倍数30倍」を基準に条件が変わります。第4類は、「引火点40℃」も基準に加わります。

② 指定数量の倍数30倍以下、引火点40℃以上の第4類の危険物の場合、すべて選任不要になります。

③ 屋外貯蔵所では、指定数量が30倍以下であれば、選任不要です（そもそも、屋外貯蔵所はガソリンなどの極めて引火点の低い物品の貯蔵はできません）。

　以上の①〜③を知っていれば、完璧でしょう。ただし、冒頭に説明した通り、この内容の出題率は低いと思いますので、覚えなくても合格できると思います。

（2）危険物保安統括管理者
■選任を要する製造所等

　第4類の危険物を指定数量の3,000倍以上扱う①製造所、②一般取扱所、および第4類の危険物を指定数量以上扱う③移送取扱所で選任が必要です。

（3）危険物施設保安員
■選任を要する製造所等

　危険物を指定数量の100倍以上扱う①製造所、②一般取扱所、およびすべての③移送取扱所で選任が必要です。

③ 選任資格　　　　　　　　　　　　　　　重要度 ★★

　危険物保安監督者になるには、甲種または乙種危険物取扱者で6か月以上の実務経験を有する必要がありますが、危険物保安統括管理者および危険物施設保安員には、特に資格は定められていません。つまり、危険物取扱者でなくてもなれます（当然、適任者を任命する必要はありますが、法令で資格が定められている訳ではありません）。

④ 選任・解任の届出と解任命令　　　　　　重要度 ★★

（1）選任・解任時の届出

　危険物保安監督者および危険物保安統括管理者の選任・解任の際には、遅滞なく市町村長等への届出が必要です。一方で、危険物施設保安員の選任・解任に際しては、市町村長等への届出義務はありません。

（2）解任命令

　市町村長等は、前記の市町村長等に届け出る必要がある「危険物保安監督者および危険物保安統括管理者」については、これらが消防法や消防法に基づく命令の規定に違反したときや、公共の安全や災害防止に支障があると認められる場合には、解任命令を出すことができます（p.39の表を参照）。

> **注意** そもそも、選任・解任に際して市町村長等への届出義務がない「危険物施設保安員」については、市町村長等から解任命令を受ける規定はありません。

⑤ 主な役割　　　　　　　　　　　　　　　重要度 ★★

（1）危険物保安監督者

　p.53の表中の「業務内容」に示されている内容が主な役割ですが、それらを暗記する必要はありません。要するに『製造所等内の日常の保安監督業務』が役割だと理解しましょう。つまり、1つの施設を任された保安の監督者です。

（2）危険物保安統括管理者

　事業所内に複数の製造所等を有し、大量の第4類の危険物を扱う事業所において、各製造所等ごとの連携した保安体制を構築するのが役目です。

（3）危険物施設保安員

　1つの危険物施設内での設備の基準適合維持業務を行います。つまり、点検・記録・異常発生時の連絡と処置・災害時の応急措置、計器類の維持管理など、施設内の設備保安業務に関するものです。危険物保安監督者の指示の下で業務に当たります。

▼保安管理体制の例

ABC 石油 株式会社
○○製油工場

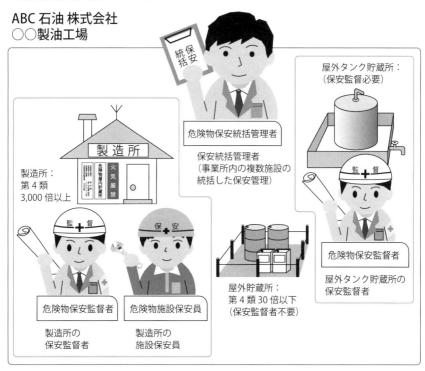

6 自衛消防組織　　　　　　　　　重要度　★

　規模が大きい危険物取扱施設では、自衛消防組織を編成することが義務付けられています。自衛消防組織の編成が必要な条件は、危険物保安統括管理者を置かなければならない条件と同じです。つまり、

　第4類の危険物を指定数量の3,000倍以上扱う①製造所、②一般取扱所、および第4類の危険物を指定数量以上扱う③移送取扱所で選任が必要です。

紛らわしい問題
・「危険物保安監督者は、施設保安員の指示の下、○○業務にあたる」という問題が出る場合がありますが、正しくありません（指示関係が逆です）。
・危険物保安監督者の災害時の役割として、「その場にいた人を利用して消火活動をする」などの記述がありますが、そのような役割は定められていません（消火活動をした方がよいと思い、正しいと思いがちですが、不特定多数の人を巻き込むことはありません）。

練習問題　次の問について、○×の判断または空欄を埋めてみましょう。

① 危険物の種類、取扱数量に関わらず、危険物保安監督者を選任する必要が**ある**施設は（　A　）、（　B　）、（　C　）、（　D　）、（　E　）の5施設である。
② 危険物の種類、取扱数量に関わらず、危険物保安監督者を選任する必要が**ない**施設は（　　）だけある。
③ 危険物保安監督者になるためには、（　A　）種または（　B　）種の危険物取扱者であることに加えて、実務経験が（　C　）以上必要である。
④ 丙種危険物取扱者が危険物保安監督者になるには、扱う危険物が限られた種類の危険物であることに加えて、1年以上の実務経験を要する（○・×）。
⑤ 製造所等の位置・構造を変更する際には、危険物保安監督者が手続きを行う必要がある（○・×）。
⑥ 所轄消防長は、危険物保安監督者の解任命令を出す権限を有する（○・×）。
⑦ 危険物保安監督者は、危険物施設保安員の指示のもと保安業務を行う（○・×）。
⑧ 危険物施設保安員の選任・解任には市町村長等への届出は不要である（○・×）。
⑨ 危険物保安統括管理者および危険物施設保安員は危険物取扱者でなくてもなれる（○・×）。
⑩ ガソリンの取扱量が指定数量の（　A　）倍以上の製造所および（　B　）は、

危険物保安統括管理者を置く必要がある。
⑪ ガソリンの取扱量が指定数量の3,000倍未満の移送取扱所は、危険物保安統括管理者を置く必要はない（○・×）。

解答

① A：製造所、B：一般取扱所、C：屋外タンク貯蔵所、D：給油取扱所、E：移送取扱所。順不同で可。

② 移動タンク貯蔵所。移動タンク貯蔵所（タンクローリー等）のみ、無条件に、危険物保安監督者の選任が不要です。

③ A：甲、B：乙（AとBは順不同）、C：6か月。**実務経験**6か月**以上**。

④ × 丙種は危険物保安監督者にはなれません。

⑤ × これらは所有者等が行う仕事です。危険物保安監督者の仕事は、1つの製造所等の日常の保安監督業務です。間違えやすい問題ですので注意しましょう。

⑥ × この権限を有するのは、市町村長等です。

⑦ × 立場が逆です。危険物保安監督者が指示を出す側です。

⑧ ○ 間違えやすい問題です。そもそも、危険物施設保安員の選任・解任に届出は不要です。危険物保安監督者および危険物保安統括管理者の場合は遅滞なく届出が必要です（p.39の表を参照）。混乱しないように注意しましょう。

⑨ ○ 危険物取扱者である必要はありません。

⑩ A：3,000、B：一般取扱所。

⑪ × 移送取扱所は、指定数量以上（倍数1以上）であれば選任する必要があります。

演習問題1-1　法令に関する問題（その1）

問　　題

■消防法上の危険物 ─────────────────

問題1　☑☑☑

　法別表第一の性質欄に掲げる危険物の性状として、次のうち該当しないものはどれか。

(1) 自己反応性物質
(2) 自然発火性物質および禁水性物質
(3) 酸化性液体
(4) 引火性気体
(5) 酸化性固体

問題2　☑☑☑

　法別表第一に危険物の品名として掲げられているもののみの組合せとして、次のうち正しいものはどれか。

(1) アルキルリチウム　　　　水素
(2) 黄りん　　　　　　　　　消石灰
(3) プロパン　　　　　　　　ニトロ化合物
(4) エタノール　　　　　　　過酸化水素
(5) 塩酸　　　　　　　　　　硝酸塩類

問題3　☑☑☑

　法別表第一に危険物の品名として掲げられているものは、次のA～Eの物質のうちいくつあるか。

　A：カリウム　B：硫黄　C：硝酸　D：液化石油ガス　E：液体酸素
　(1) 1つ　　　(2) 2つ　　　(3) 3つ　　　(4) 4つ　　　(5) 5つ

60

問題4

法別表第一に定める第3類に定められる危険物は、A～Gのうちいくつあるか。

A：過塩素酸塩類　B：ニトロ化合物　C：硫化りん　D：黄りん
E：硫黄　F：アルキルアルミニウム　G：有機過酸化物

(1) 1つ　　(2) 2つ　　(3) 3つ　　(4) 4つ　　(5) 5つ

問題5

法別表第一に定める第4類の危険物の品名について、次のうち誤っているものはどれか。

(1) 二硫化炭素は特殊引火物に該当する。

(2) アセトン、ガソリンは第1石油類に該当する。

(3) 灯油は第2石油類に該当する。

(4) 重油は第3石油類に該当する。

(5) クレオソート油は第4石油類に該当する。

問題6

次の文の（　　）内に当てはまるものはどれか。

「特殊引火物とは、ジエチルエーテル、二硫化炭素その他1気圧において発火点が100℃以下のものまたは（　　）のものをいう。」

(1) 引火点が－40℃以下で沸点が40℃以下

(2) 引火点が－20℃以下で沸点が40℃以下

(3) 引火点が－40℃以下で沸点が70℃以下

(4) 引火点が－20℃以下で沸点が70℃以下

(5) 引火点が0℃以下

問題7

アルコール類の定義に関する以下の文章中の空欄に入る語句の組合せとして正しいものを選びなさい。

「アルコール類とは、1分子を構成する炭素原子の数が1個から（ A ）個までの飽和1価アルコール（変性アルコールを含む。）をいい、その含有量が（ B ）未満の水溶液を除く。」

	(1)	(2)	(3)	(4)	(5)
A	2	3	2	3	4
B	60%	60%	70%	70%	70%

■指定数量

問題8

ガソリン50Lを貯蔵している貯蔵庫に以下の危険物を貯蔵した場合、指定数量の倍数が1以上となるものはどれか。

(1) 灯油500L

(2) 二硫化炭素25L

(3) エタノール300L

(4) 酢酸1,000L

(5) クレオソート油1,000L

問題9

次の品名、物品名の指定数量で間違っている組合せはどれか。

	品 名	物品名	指定数量
（ア）	特殊引火物	ジエチルエーテル	50L
（イ）	第1石油類	アセトン	200L
（ウ）	アルコール類	メタノール	1,000L
（エ）	第3石油類	重油	4,000L
（オ）	第4石油類	ギヤー油	5,000L

(1) （ア）のみ

(2) （ア），（イ），（ウ）

(3)（イ），（ウ），（エ），（オ）

(4)（ウ），（エ），（オ）

(5) すべて違う

問題10

以下の危険物を貯蔵する場合の指定数量の倍数はいくらか。

ガソリン 400L	軽油 500L	灯油 1,000L
重油 4,000L	アマニ油 5,000L	

(1) 6.0倍　(2) 7.0倍　(3) 8.5倍　(4) 9.0倍　(5) 10.0倍

問題11

以下の危険物を貯蔵する場合の指定数量の倍数はいくらか。

第1種可燃性固体	200kg
第1種酸化性固体	100kg
第1種自然発火性物質	100kg
第2種可燃性固体	250kg
第2種酸化性固体	150kg

(1) 10倍　(2) 15倍　(3) 20倍　(4) 25倍　(5) 30倍

■危険物規制の法体系

問題12

　製造所等以外の場所で指定数量以上の危険物を仮に貯蔵する場合の基準について、正しいものを選びなさい。

(1) 所轄消防長または消防署長の承認を受けなければならない。

(2) 市町村長等の許可をもらわなければならない。

(3) 貯蔵する10日前までに都道府県知事に届出をする。

(4) 市町村条例で定める基準に従い、貯蔵する。

(5) 所轄消防長または消防署長の認可を受けなればならない。

問題13

✓ ✓ ✓

危険物の貯蔵・取扱いに関して、次のうち正しい記述はどれか。

(1) 製造所等以外の場所で指定数量以上の危険物の取扱いはできない。ただし、仮貯蔵・仮取扱いの承認を受けると、7日以内に限り貯蔵・取扱いができる。

(2) 指定数量未満の危険物の取扱いに関しては、規制はない。

(3) 製造所等で危険物を取扱う場合は、危険物取扱者は不要である。

(4) 指定数量未満の危険物の取扱いは、市町村条例で規制される。

(5) 取扱う類の危険物取扱者自らが取り扱う場合は、指定数量以上の危険物を製造所等以外の場所で取扱える。

■製造所等の区分 ─────────────────────

問題14

✓ ✓ ✓

製造所等の区分に関する以下の説明で誤っているものはどれか。

(1) 地盤面下に埋没されているタンクで危険物を貯蔵しまたは取扱う施設を地下タンク貯蔵所という。

(2) 屋外に設置されたタンクにおいて危険物を貯蔵しまたは取扱う施設を屋外タンク貯蔵所という。

(3) 車両に固定されたタンクにおいて危険物を貯蔵しまたは取扱う施設を移動タンク貯蔵所という。

(4) 店舗において容器入りのまま販売するために危険物を取扱う施設を一般取扱所という。

(5) 簡易タンクにおいて危険物を貯蔵しまたは取扱う貯蔵所を簡易タンク貯蔵所という。

問題15

✓ ✓ ✓

製造所等の区分に関する説明で誤っているものはどれか。

(1) 店舗において容器入りのまま販売するために、指定数量の15倍以下の危険物を取扱う施設を第1種販売取扱所という。

(2) 車両に固定されたタンクにおいて、危険物を貯蔵し、または取扱うもの

を移送取扱所という。

（3）屋外にあるタンクにおいて危険物を貯蔵し、または取扱う施設を屋外タンク貯蔵所という。

（4）屋内にあるタンクにおいて、危険物を貯蔵し、または取扱う施設を屋内タンク貯蔵所という。

（5）屋内において、危険物を貯蔵し、または取扱う施設を屋内貯蔵所という。

問題16

次の物品のうち、屋外貯蔵所で貯蔵できるもののみを挙げている組合せはどれか。

（1）ギヤー油、軽油、ガソリン

（2）重油、軽油、硫黄

（3）アセトン、クレオソート油、動植物油類

（4）過酸化水素、硝酸、エタノール

（5）黄りん、赤りん、硫黄

■製造所等の設置（変更）許可 ─────────────────

問題17

製造所等を設置または変更する際の手続で、正しいものはどれか。

（1）消防長または消防署長の許可を受ける。

（2）市町村長等の許可を受ける。

（3）工事に着手する10日以上前に市町村長等に届出る。

（4）工事に着手する10日以上前に消防長または消防署長に届出る。

（5）都道府県知事の承認を受ける。

問題18

製造所等の設置または変更工事が終了後、その施設を使用するのに必要な手続きとして、正しいものはどれか（タンク設備を除く）。

(1) 完成検査を受け、消防長または消防署長の許可を受ける。
(2) 完成検査を受け、市町村長等の許可を受ける。
(3) 工事が終了次第、使用できる。
(4) 都道府県知事の承認をもらう。
(5) 市町村長等に工事完了届を出せば使用できる。

問題19

次のA～Cに入る語句の組合せで正しいものはどれか。

「製造所等（移送取扱所を除く）を設置しようとする者は、消防本部および消防署を置く市町村の区域においては（　A　）、それ以外の区域においては（　B　）の許可をもらう必要がある。また、工事終了後には、許可内容の通りに設置されているかどうか（　C　）を受けなければならない。」

	A	B	C
(1)	消防長または消防署長	市町村長等	完成検査前検査
(2)	都道府県知事	総務大臣	完成検査
(3)	消防長	都道府県知事	機能検査
(4)	市町村長	総務大臣	完成検査前検査
(5)	市町村長	都道府県知事	完成検査

■製造所等の完成検査・仮使用・各種届出 ─────

問題20

危険物施設を設置する際、完成検査前検査が必要な施設は次のうちいくつあるか。

(ア) 第4類の危険物を貯蔵する屋内貯蔵所
(イ) 第4類の危険物を貯蔵する屋内タンク貯蔵所
(ウ) 第4類の危険物を貯蔵する屋外貯蔵所
(エ) 第4類の危険物を貯蔵する屋外タンク貯蔵所

（オ）第4類の危険物を貯蔵する地下タンク貯蔵所

(1) 1つ　　(2) 2つ　　(3) 3つ　　(4) 4つ　　(5) 5つ

問題21

仮使用の説明として正しいものは次のうちどれか。

(1) 指定数量以上の危険物を、製造所等以外の場所で10日間以内に限り仮に貯蔵し、または取扱いすることをいう。
(2) 製造所等の設置工事中に、完成した部分のみを仮に使用することをいう。
(3) 製造所等の一部を変更する際、工事に無関係の場所を仮に使用することをいう。
(4) 製造所等の完成検査で、一部分の不適合により完成検査済証が交付されなかったとき、不適合部以外を仮に使用することをいう。
(5) 製造所等の工事が完了した後、完成検査を受ける前に試験的にその施設を使用することをいう。

問題22

以下の文章の空欄に入る語句の組合せで正しいものはどれか。

製造所等の設置工事中、工事に無関係な部分を使用することを（A）という。その場合、（B）の（C）が必要である。また、製造所等以外の場所で、指定数量以上の危険物を貯蔵・取扱うことを（D）という。この場合、（E）の（F）が必要である。

語句一覧：(イ)仮使用　(ロ)仮貯蔵・仮取扱い　(ハ)市町村長等
　　　　　 (ニ)消防長または消防署長　(ホ)許可　(ヘ)認可　(ト)承認

	（A）	（B）	（C）	（D）	（E）	（F）
(1)	ニ	ロ	ヘ	イ	ハ	ホ
(2)	イ	ハ	ホ	ロ	ニ	ヘ
(3)	ニ	ロ	ト	イ	ハ	ト
(4)	イ	ハ	ト	ロ	ニ	ト
(5)	イ	ハ	ホ	ロ	ニ	ト

演習問題

問題23

10日以内や10日前の制限があるものの組合せは次のうちどれか。

(A) 市町村長等から承認をもらい、製造所等を仮使用できる期間。

(B) 消防署長から仮貯蔵の承認をもらい、仮に貯蔵できる期間。

(C) 予防規程を定めてから、市町村長等に認可申請する期間。

(D) 危険物保安監督者の変更を、市町村長等に届出する期間。

(E) 貯蔵する危険物の品名・数量・指定数量の倍数を変更する際に、事前に市町村長等に届出なければならない期間。

(1) A、B　　(2) B、E　　(3) C、D　　(4) B、D　　(5) C、E

問題24

市町村長等に届け出る必要がないものは次のうちどれか。

(1) 危険物保安統括管理者を定めたとき。

(2) 危険物施設保安員を定めたとき。

(3) 製造所等の譲渡を受けたとき。

(4) 危険物保安監督者を定めたとき。

(5) 貯蔵する危険物の数量を変更したいとき。

■危険物取扱者制度

問題25

危険物取扱者について、次のうち正しいものはどれか。

(1) 危険物取扱者試験に合格すると、その日より危険物取扱者になる。

(2) 甲種危険物取扱者のみ、危険物保安監督者になれる。

(3) 丙種危険物取扱者が立会っても、危険物取扱者以外の者が危険物を取扱うことはできない。

(4) 危険物施設保安員の立会いがあれば、危険物取扱者以外の者が危険物を取扱うことができる。

(5) 丙種危険物取扱者はメタノールを自ら取扱うことができる。

問題26

丙種危険物取扱者が取扱えない危険物は次のうちどれか。

(1) ガソリン
(2) エタノール
(3) 重油
(4) 第3石油類のうち引火点が130℃以上のもの
(5) 動植物油類

問題27

危険物取扱者以外の者が危険物を取扱うことができるのは次のうちどれか。

(1) 甲種危険物取扱者が立会えば取扱うことができる。
(2) 危険物保安監督者をおく製造所では、危険物取扱者の立会いは不要である。
(3) 危険物施設保安員の立会いがあれば取扱うことができる。
(4) 丙種危険物取扱者の立会いがあれば取扱うことができる。
(5) 製造所等の所有者が立会えば取扱うことができる。

■危険物取扱者免状

問題28

危険物取扱者免状を亡失・滅失・破損した際の再交付申請について誤っているものは次のうちどれか。

(1) 勤務地の都道府県知事には再交付の申請ができない。
(2) 免状の交付を受けた都道府県知事に再交付の申請ができる。
(3) 免状の書換えをした都道府県知事に再交付の申請ができる。
(4) 居住地の都道府県知事に再交付の申請ができる。
(5) 再交付後、亡失した免状が見つかった場合、10日以内に免状を再交付した都道府県知事に提出しなければならない。

問題29　☑ ☑ ☑

免状の書換えが必要なのは次のうちどれか。

(1) 勤務地が変わった。
(2) 本籍地の都道府県が変わった。
(3) 危険物保安講習を受講した。
(4) 現住所が変わった。
(5) 顔写真が撮影されてから3年が経過した。

問題30　☑ ☑ ☑

危険物取扱者について、誤っているのは次のうちどれか。

(1) 免状を亡失した場合、10日以内に交付を受けた都道府県知事に届け出なければならない。
(2) 免状には、甲種、乙種、丙種がある。
(3) 免状は、交付を受けた県だけでなく全国で有効である。
(4) 免状を亡失・滅失・破損した場合、免状の交付を受けたまたは書換えをした都道府県知事に再交付の申請ができる。
(5) 乙種危険物取扱者が取扱うことができる危険物の種類は免状に記されている。

問題31　☑ ☑ ☑

危険物取扱者免状について、次のうち誤っているものはどれか。

(1) 免状の種類には甲種、乙種、丙種がある。
(2) 免状の記載事項に変更が生じた場合は、書換えが必要。
(3) 免状を紛失し再交付を受けた後、紛失した免状が見つかった場合、10日以内に再交付を受けた都道府県知事に提出する。
(4) 移動タンク貯蔵所で危険物を移送する場合は、免状の写し（コピー）を携帯する。
(5) 都道府県知事に免状の返納命令を受けた場合、直ちに危険物取扱者の資格を失う。

問題32　✓✓✓

法令上、免状が交付されない場合として、正しいものはどれか。

(1) 免状の返納命令を受けてから2年が経過しない者。
(2) 消防法または消防法に基づく命令の規定に違反して罰金刑以上の刑に課されて、その執行が終わってから2年を経過しない者。
(3) 消防法または消防法に基づく命令の規定に違反して罰金刑以上の刑に課されて、その執行が終わってから3年を経過しない者。
(4) 免状の返納命令を受けてから3年が経過しない者。
(5) 消防法または消防法に基づく命令の規定に違反して禁固刑以上の刑に課されて、その執行が終わってから3年を経過しない者。

問題33　✓✓✓

消防法に違反した危険物取扱者に、免状の返納を命じることができるのは誰か。

(1) 市町村長等
(2) 都道府県知事
(3) 消防長または消防署長
(4) 総務大臣
(5) 消防吏員

■危険物保安講習 ─────────────────

問題34　✓✓✓

危険物保安講習について、正しいものは次のうちどれか。

(1) 危険物の取扱作業に従事していない危険物取扱者は受講不要。
(2) すべての危険物取扱者に、受講の義務がある。
(3) すべての危険物施設保安員は保安講習の受講義務がある。
(4) 危険物取扱者のうち、危険物保安監督者に選任された者のみが、保安講習の受講義務がある。
(5) 危険物取扱者資格の有無に関係なく、製造所等で危険物取扱業務に従事する者は受講の義務がある。

演習問題

問題35

危険物保安講習に関する以下の説明文の空欄に入る事項として正しい組合せはどれか。

『製造所等において危険物取扱作業に従事する危険物取扱者は、当該作業に従事することになった日から（A）年以内に講習を受講しなければならない。ただし、当該取扱作業に従事することになった日から（B）年以内に免状の交付を受けている場合または講習を受けている場合、免状の交付を受けた日または講習を受けた日以降の最初の4月1日から（C）年以内に受講すればよい。また、受講する都道府県は、（D）。

	（A）	（B）	（C）	（D）
(1)	3	5	10	どの都道府県でもよい
(2)	3	4	5	居住地の都道府県のみである
(3)	1	3	5	居住地の都道府県のみである
(4)	1	2	3	どの都道府県でもよい
(5)	1	2	3	居住地の都道府県のみである

■危険物保安統括管理者・危険物保安監督者・危険物施設保安員

問題36

危険物保安監督者を選任しなくてもよい製造所は次のうちどれか。

(1) 製造所
(2) 屋外貯蔵所
(3) 移送取扱所
(4) 移動タンク貯蔵所
(5) 給油取扱所

問題37

危険物保安監督者について、誤っている記述は次のうちどれか。

(1) 製造所は数量に無関係に選任する必要がある。
(2) 移動タンク貯蔵所には選任の必要がない。
(3) 危険物保安監督者を選任・解任した際は、10日以内に市町村長等に届け出なければならない。
(4) 丙種危険物取扱者は、危険物保安監督者になれない。
(5) 危険物保安監督者を選任するのは、製造所等の所有者等である。

問題38

危険物保安監督者について、誤っている記述はどれか。

(1) 甲種または乙種危険物取扱者で、6か月以上危険物取扱業務に従事した者は、危険物保安監督者になる資格を有する。
(2) 丙種危険物取扱者は危険物保安監督者になれない。
(3) 危険物保安監督者は危険物施設保安員の指示の下で業務をする。
(4) 移送取扱所は危険物保安監督者を選任する必要がある。
(5) 危険物保安監督者の選任・解任の際は、遅滞なく市町村長等に届け出る必要がある。

問題39

危険物保安監督者の業務について、誤っているものはどれか。

(1) 製造所等の位置・構造または設備等を変更する際、これらに係る法令上の手続きを行う。
(2) 危険物の取扱いに従事する者に対して、危険物の貯蔵または取扱いに関する技術上の基準に適合するように必要な指示を与える。
(3) 火災等の災害防止に関して、隣接する製造所等の関連施設の関係者との連絡を保つこと。
(4) 危険物施設保安員を置く製造所等においては、危険物施設保安員に適切な指示を行うこと。
(5) 火災等の災害が発生したときは、作業者を指揮して適正な措置を講じるとともに、直ちに消防機関等に連絡をすること。

問題40

✓ ✓ ✓

一定数量以上の第4類の危険物を取扱う場合において、危険物保安統括管理者を定めなければならない製造所等はどれか。

(1) 屋内貯蔵所 　　　　(2) 給油取扱所

(3) 移送取扱所 　　　　(4) 屋外タンク貯蔵所

(5) 地下タンク貯蔵所

問題41

✓ ✓ ✓

次の記述で誤っているものはどれか。

(1) 危険物施設保安員は、その施設で扱っている危険物の危険物取扱者でなければならない。

(2) 危険物保安統括管理者は、危険物取扱者でなくてもよい。

(3) 危険物施設保安員の選任・解任には、市町村長等への届出は不要。

(4) 危険物保安統括管理者の選任・解任時は、市町村長等に届出が必要。

(5) 危険物保安統括管理者および危険物施設保安員は、すべての製造所等で選任しなければならない訳ではない。

解 答 ・ 解 説

問題1

解答 (4)

消防法上の危険物には気体は含まれません。1-1節参照。

問題2

解答 (4)

気体である水素とプロパンに加えて、消石灰、塩酸は消防法上の危険物に該当しません。1-1節参照。

問題3

解答 (3)

液体酸素と液化石油ガス（LPガス）は危険物ではありません（高圧ガス）。1-1節参照。

問題4

解答 (2)

「D:黄りん」と「F:アルキルアルミニウム」が第3類です。Aは第1類、B、Gは第5類、C、Eは第2類の危険物です。1-1節参照。

問題5

解答 (5)

クレオソート油は**第3石油類**です (ギヤー油と響きが似ているので第4石油類と勘違いしやすい)。1-1節参照。

問題6

解答 (2)

1-1節参照。

問題7

解答 (2)

$C_1 \sim C_3$ のアルコール (メタノール、エタノール、プロパノール) で濃度60%以上が消防法上のアルコール類です。たとえば、ブタノールはアルコール類ではありません。1-1節参照。

問題8

解答 (3)

ガソリンの指定数量は200Lなので、ガソリン単体の倍数は $50 \div 200 = 0.25$ です。エタノールの指定数量は400Lなので、エタノール単体の倍数は $300 \div 400 = 0.75$ です。よって、両者を足すと1.0になります。1-1節参照。

問題9

解答 (3)

アセトンは水溶性なので400L、メタノールも400L、重油は2,000L (第2石油類の2倍)、ギヤー油は6,000L。1-1節参照。

問題10

解答 (1)

ガソリン2倍、軽油0.5倍、灯油1倍、重油2倍、動植物油0.5倍なので、それらを総和すると6.0倍です。1-1節参照。

問題11

解答 (2)

各危険物の指定数量は次の通り。第1種可燃性固体:100kg、第1種酸化性固体:50kg、第1種自然発火性物質:10kg、第2種可燃性固体:500kg、第2種酸化性固体:300kg。よって、指定数量の倍数は15になります。1-1節参照。

問題12 解答（1）

　仮貯蔵・仮取扱いは、所轄消防長または消防署長の承認を受けて行います。期間は10日以内です。1-3節参照。

問題13 解答（4）

　（1）仮貯蔵・仮取扱いは10日以内。（2）指定数量未満でも未規制な訳ではありません。（3）製造所等での取り扱いには危険物取扱者が必要です。（5）仮貯蔵・仮取扱いの承認をもらっていない場合は、有資格者でも指定数量以上の危険物は取扱えません。1-1節・1-3節参照。

問題14 解答（4）

　このような施設を「販売取扱所」といいます。それ以外の項目はすべて正しい説明です。1-2節参照。

問題15 解答（2）

　（2）は移動タンク貯蔵所といいます。それ以外の項目はすべて正しい説明です。1-2節参照。

問題16 解答（2）

　引火点0℃以上の可燃性固体と硫黄（第2類）、引火点0℃以上の引火性液体（第4類）が貯蔵可能です。1-2節参照。

問題17 解答（2）

　「市町村長等」の「許可」がないと設置工事に取り掛かれません。1-3節参照。

問題18 解答（2）

　着工時に市町村長等の許可をもらったのと同じで、工事完了後に完成検査を受けて市町村長の許可をもらわなければなりません。1-3節参照。

問題19 解答（5）

　基本は市町村長の許可ですが、消防本部および消防署がない地域は都道府県知事に許可をもらいます。1-3節参照。

問題20
解答（3）

　液体タンクを有する施設（イ）、（エ）、（オ）は、完成検査の前に、完成検査前検査によりタンクの検査を受けなければなりません。1-3節参照。

問題21
解答（3）

　工事中に工事に関係ない場所を仮に使用することをいいいます。その際、「市町村長等」の「承認」を得た上で行います。（1）は「仮貯蔵・仮取扱い」の説明です。1-3節参照。

問題22
解答（4）

　仮使用は市町村長等、仮貯蔵・仮取扱いは消防長または消防署長あてです。両者とも、「承認」をもらいます（許可や認可ではないので注意）。1-3節参照。

問題23
解答（2）

　（A）は工事期間中使用可能。（C）は、10日という決まりはありません。（D）は「遅滞なく」届け出なければなりません。（E）は10日前までです。1-3節参照。

問題24
解答（2）

　危険物施設保安員の選任・解任については、届け出る必要がありません。1-3節参照。

問題25
解答（3）

　丙種危険物取扱者は、危険物取扱者でない者の作業に立会うことはできません。1-4節参照。

問題26
解答（2）

　丙種が取扱えるのは、ガソリン、灯油、軽油、重油、潤滑油、引火点130℃以上の第3石油類、第4石油類、動植物油類です。1-4節参照。

問題27
解答（1）

　甲種危険物取扱者と乙種危険物取扱者のみ立会いができます（ただし、乙種の場合は取得した類のみ立会える）。丙種は立会い不可です。1-4節参照。

問題28 解答（4）

免状が亡失・滅失・破損した場合は、免状の記載事項が不明になっていることがポイントです。元の記載事項が不明なら、「交付した」または「書換えをした」都道府県知事でないと書換えができません（免状への記載事項の情報を持っていないため）。1-4節参照。

問題29 解答（2）

免状への記載事項が変更された場合、書換えが必要です。「本籍地の都道府県」は免状への記載事項です。免状に現住所の記載はありません。写真が10年を超えた場合に書換えが必要です。1-4節参照。

問題30 解答（1）

亡失した場合に、10日以内に届ける規定はない。10日以内に届け出るのは、亡失して再交付を受けた後に、亡失した免状が見つかった場合です。1-4節参照。

問題31 解答（4）

免状の写し（コピー）ではなく、原本を持参しなければなりません。1-4節参照。

問題32 解答（2）

免状の返納命令を受けてから1年を経過すれば交付を受けられます。消防法等違反の場合は、罰金刑以上が対象で、期間は2年間です。1-4節参照。

問題33 解答（2）

免状関係は、すべて都道府県知事です。1-4節参照。

問題34 解答（1）

受講の義務があるのは、「①危険物取扱者」かつ「②危険物取扱作業に従事している」者です。①と②の両方に該当する場合のみ、受講が必要です。1-5節参照。

問題35 解答（4）

基本は、3年ごとに受講の義務があります。免状交付から2年以上経過してから取扱業務に就いた場合は1年以内に受けます。免状交付から2年以内に取

扱業務に就いた場合は、「免状交付から3年間」の条件がまだ生きているので、免状交付から3年以内に受講します。このとき、キッカリ3年以内ではなく、最初の4月1日から数えて3年以内でよい。1-5節参照。

問題36 　　　　　　　　　　　　　　　　　解答（4）

移動タンク貯蔵所は、数量に無関係に危険物保安監督者の選任義務がありません。1-6節参照。

問題37 　　　　　　　　　　　　　　　　　解答（3）

選任・解任の際は、遅滞なく届け出なければなりません。1-6節参照。

問題38 　　　　　　　　　　　　　　　　　解答（3）

危険物保安監督者は、危険物施設保安員に適正な指示を与える立場です。1-6節参照。

問題39 　　　　　　　　　　　　　　　　　解答（1）

これらの手続きを行うのは、製造所等の所有者等です。危険物保安監督者の業務は、あくまでも『危険物取扱施設内の日常の保安の確保』です。製造所等の位置・構造・設備変更などは日常の保安業務ではありません。1-6節参照。

問題40 　　　　　　　　　　　　　　　　　解答（3）

危険物保安統括管理者は第4類を指定数量以上扱う「移送取扱所」で必要です。その他、第4類を3,000倍以上扱う「製造所」、「一般取扱所」でも必要です。1-6節参照。

問題41 　　　　　　　　　　　　　　　　　解答（1）

危険物施設保安員は、危険物保安統括管理者同様、危険物取扱者である必要はありません。1-6節参照。

保安距離と保有空地

災害時の被害の拡大を防ぐため、住宅、病院、学校などの保安対象物と製造所等の間に一定以上の距離を置きます。それらを保安距離といいます。また、火災時の消火・延焼防止のため、製造所等の周囲に保有空地を確保する必要があります。これらが必要な施設や条件について、試験で問われるポイントを整理して学びます。

これだけは覚えよう！

・保安距離が必要な製造所等は、『製造所、屋内貯蔵所、屋外貯蔵所、屋外タンク貯蔵所、一般取扱所』の5施設です。
・保有空地が必要な製造所等は、上記の保安距離が必要な施設に『簡易タンク貯蔵所（屋外設置のもの）、移送取扱所』を加えた合計7施設です。
・各保安対象物の保安距離を覚えておきましょう（重要文化財：50m、学校・病院等多人数収容施設：30m、高圧・液化ガス施設：20m、住宅：10mなど）。
・保有空地には何も置けません。

1 保安距離 重要度 ★★★

　災害時、付近の住宅、学校等の保安対象物に影響を及ぼさないように確保する距離を保安距離といいます。具体的な保安対象物と必要な保安距離を次の図にまとめます。図中の保安距離は覚えておきましょう。

▼保安対象物と保安距離

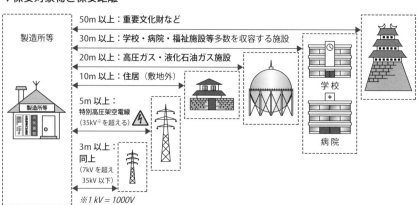

・　30mの保安距離が必要になる保安対象物は、「多数の人を収容する施設」であり、学校、病院の他、劇場、映画館、児童福祉施設、老人ホーム、障害者支援施設等も含まれます。具体的な施設名を覚える必要はありませんが、「多数を収容する施設」であることを理解しておきましょう。

2 保有空地　　　　　　　　　　重要度 ★★★

　火災時の消防活動・延焼防止のために、施設の周囲に確保する空地のことです。保有空地には、何も置いてはいけません。

▼保有空地

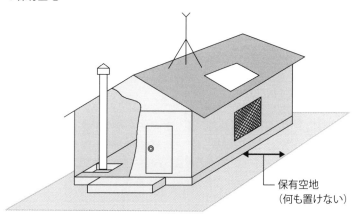

保有空地
（何も置けない）

　保有空地の幅は、製造所等の種類および取扱数量等に応じて異なります。これらの細かい分類は覚えなくても問題ありません。例として、製造所における保有空地の幅を次の表に記します。

▼保有空地の幅

製造所の区分	保有空地の幅
指定数量の倍数が10以下の製造所	3m以上
指定数量の倍数が10を超える製造所	5m以上

③ 保安距離・保有空地が必要な製造所等　重要度 ★★★

　保安距離や保有空地が必要な施設はよく問われます。保安距離および保有空
地が必要な施設を次の表にまとめます。

▼保安距離と保有空地が必要な施設

保安距離が必要	保有空地が必要
製造所	
屋内貯蔵所	
屋外タンク貯蔵所	
屋外貯蔵所	
×（不要）	簡易タンク貯蔵所（屋外設置のみ）
×（不要）	移送取扱所
一般取扱所	

覚え方 保安距離と保有空地が必要な施設
・製造所（一般的に大規模）と一般取扱所（多様な施設形態）は対象です。
・屋内○○、屋外○○と名の付く4施設（屋内貯蔵所、屋外貯蔵所、屋内タン
　ク貯蔵所、屋外タンク貯蔵所）のうち、屋内タンク貯蔵所のみ対象外です。
・保有空地が必要な施設は、保安距離が必要な5施設に加えて、簡易タンク貯
　蔵所（ただし屋外設置のもののみ）と移送取扱所の合計7施設です。

練習問題 次の問について、○×の判断または空欄を埋めてみましょう。

① 保安距離が必要な施設においては、重要文化財から（ A ）m、学校・病院・映画館などからは（ B ）m、高圧ガス・液化ガス施設から（ C ）m、危険物施設の外にある一般の住居から（ D ）m、35,000Vを超える特別高圧架空電線から（ E ）m、7,000Vを超え35,000V以下の特別高圧架空電線から（ F ）mの保安距離が必要である。

② 保安距離が必要な製造所等は、（ A ）、（ B ）、（ C ）、（ D ）、（ E ）の合計5施設である。

③ 保有空地が必要な施設は、保安距離が必要な5施設に加えて、（ A ）、（ B ）の合計7施設である。

④ 給油取扱所を設置する際は、学校から30m以上離れた場所に設置しなければならない（○・×）。

⑤ 保有空地に置けるものは、防火および消火に必要なものに限定される（○・×）。

⑥ 屋外に設置した簡易タンク貯蔵所には保有空地が必要である（○・×）。

⑦ 貯蔵または取扱う危険物の数量に応じて、保有空地の幅が異なる（○・×）。

解答

① A：50、B：30、C：20、D：10、E：5、F：3。

② A：製造所、B：屋内貯蔵所、C：屋外タンク貯蔵所、D：屋外貯蔵所、E：一般取扱所（順不同）。

③ A：簡易タンク貯蔵所（**屋外設置のもの**）、B：移送取扱所（順不同）。

④ × 学校からの保安距離は確かに30mですが、そもそも、給油取扱所には保安距離は不要です。数値に惑わされないように注意しましょう。実際、ガソリンスタンドが住宅に隣接して建っているのを街中で見かけます。

⑤ × 保有空地には何も置いてはいけません。「防火や消火に必要」と書かれると○にしたくなりますが、注意しましょう。

⑥ ○ ちなみに、屋内設置の場合は保有空地が不要です。

⑦ ○ ただし、個々の具体的条件を覚えておく必要はありません。

1-8 製造所等の基準

合計12ある製造所等ごとに、さまざまな基準があります。しかし、共通の基準も多くあります。これを知っておくと、個別の基準を知らなくても正答できる問題が多々あります。常に、共通の基準を意識して解答することが大切です。施設ごとの個別の基準は、各施設に特有の『個性』が出題されやすいので、これらを整理して学びます。

これだけは覚えよう！

- 製造所等に共通の基準は、しっかりと覚えましょう。
- 個々の施設については、各施設の特徴的な部分を優先的に理解しましょう。

屋内貯蔵所	・床面積1,000m^{2}を超えない、天井は設けない、床は地盤面以上、軒高6m未満の平屋建て。
屋外貯蔵所	・貯蔵できる物品が限られる（ガソリンは貯蔵できない）。 ・水はけのよい湿潤でない場所に設置する。
屋内タンク貯蔵所	・タンクの容量制限がある。
屋外タンク貯蔵所	・タンク容量の110%以上の防油堤が必要。 ・敷地内距離とよばれる独自の距離が規定されている。
地下タンク貯蔵所	・タンクとタンク室内面の距離は0.1m以上、2以上のタンクがある場合、タンク間距離は1m以上。 ・タンク上面は、地盤面から0.6m以上深い場所にする。
簡易タンク貯蔵所	・1基当たり600L以下で、設置できるのは3基まで。ただし、同一品質の危険物を貯蔵したタンクを2基以上設置してはならない。
移動タンク貯蔵所	・常置場所が決まっている。 ・タンク容量30,000L以下、4,000Lごとに仕切り、2,000L以上のものには防波板を設置。 ・移送時は免状を携帯した危険物取扱者の乗車が必要。
販売取扱所	・第1種（指定数量15倍以下）と第2種（指定数量15倍を超え40倍以下）がある。 ・危険物を容器入りのまま販売する。
給油取扱所	・地下専用タンクには容量制限がないが、地下廃油タンクは10,000L以下にする。 ・給油取扱所の中に、医療・福祉・娯楽施設・立体駐車場は設置できない。

1 製造所等に共通の基準　　　重要度 ★★★

　まずは、各施設に共通な一般事項を学びます。出題されやすいのでしっかり理解しましょう。

(1) 構造の共通基準

▼製造所

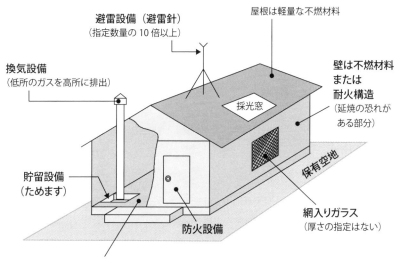

　構造に関する共通の基準を次の表にまとめます。

▼製造所等の構造の共通基準

主要構造 (壁、柱、梁、床等)	壁は不燃材料または耐火構造（製造所等により異なる）とする。延焼の恐れがある部分は耐火構造にする
屋根	金属板などの軽量な不燃材料でふく（爆風を上部に逃がすため）
出入口・窓	防火設備（延焼のおそれがある外壁に設ける出入口は、自閉式の特定防火設備）とし、ガラスを用いる場合は網入りガラスとする（**注意** ただし、厚さの指定はない）
床	危険物が浸透しない構造。適当な傾斜をつけ、貯留設備（ためます）を設ける
その他	地階（地下の階）は設けない

　万が一、建物の内部で爆発があった場合には、爆風を上部に逃がすために、屋根は軽量な不燃材料でふきます。窓を設けるときは網入りガラスとしますが、ガラスの厚さは指定されていません。

> 試験問題で、「○○貯蔵所の窓は、厚さ○○ mm 以上の網入りガラスとしなければならない」と問われたら答えは×です。注意しましょう。

　危険物が漏えいしたときはもちろんですが、第4類の危険物の蒸気は空気に沈むため、床面への堆積による火災が懸念されます。そのため、適当な傾斜とためますを設けて、危険物の拡散を防ぎます。

　各施設の壁などは、基本は不燃材料か耐火構造ですが、よりくわしくは次の表の通りです。屋内貯蔵所と屋内タンク貯蔵所の壁・柱・床は「耐火構造」です。また、販売取扱所の店舗部分の壁は「準耐火構造」です。出題頻度はあまり高くありませんが、参考程度に知っておくとよいでしょう。

▼各施設の壁、床、柱、梁の構造

施設の名称	壁、床、柱	梁
製造所	不燃材料※（延焼の恐れがある箇所は耐火構造）	不燃材料
屋内貯蔵所	耐火構造※	
屋内タンク貯蔵所		
販売取扱所	準耐火構造※（店舗部分） 耐火構造（店舗部分とその他の部分との隔壁）	

※火災に対する耐性は、「不燃材料＜準耐火構造＜耐火構造」の順に高くなります。

（2）設備の共通基準

　構造に関する共通の基準を次の表にまとめます。各施設に共通の設備基準ですので、しっかり理解しておきましょう。

▼設備の共通基準

設備	共通の基準
採光・照明・換気	建築物には、採光・照明・換気設備を設ける
可燃性蒸気対策	可燃性蒸気が滞留する恐れがある場合、それらを屋外の高所※に排出する設備（換気）を設ける
電気設備	可燃性ガスが滞留する恐れがある場合、防爆構造の機器を用いる
静電気対策	静電気が生ずる恐れがある場合、接地（アース）等を行う設備を設ける
避雷設備	指定数量の10倍以上を貯蔵または取扱う施設には避雷設備（避雷針）を設ける
熱対策	危険物を加熱する等、温度変化が起こる設備には温度測定装置を設ける

※第4類の危険物の蒸気は空気よりも密度が高いため、空気中に沈み、底部に滞留し

ます。そのため、貯留設備（ためます）等の低部に溜まった可燃性蒸気を屋外に排出しますが、その際、高所に排出することで、沈みながら大気と拡散混合し、引火しない濃度に薄まります。そのため、屋外の高所に排出します。

（3）タンクや配管類の共通基準

タンクや配管に関する共通の基準を次の表にまとめます。

▼タンクや配管類の共通基準

設備	共通の基準
防錆対策	タンクの外面にはさび止めの塗装を施す
構造	・厚さ3.2mm以上の鋼板で造る ・圧力タンクの場合、最大常用圧力の1.5倍の圧力で10分間行う水圧試験（それ以外のタンクは水張試験）に合格したもの
通気構造	通気管を設ける。圧力タンクの場合は安全装置を設ける
内容量表示	液体危険物を入れる場合は内容量を自動表示する設備を設ける
配管	十分な強度を有し、最大常用圧力の1.5倍以上の圧力の水圧試験で異常のないもの

以上が、製造所およびその他の施設に共通の基準です。以降、各施設に特有の基準について、重要な部分のみを整理して説明していきます。

2 屋内貯蔵所に固有の基準　重要度 ★★

保安距離：　必要
保有空地：　必要

（1）重要な特徴

- 独立した専用の建築物とし、その床は地盤面以上とする。
- 軒高6m未満の平屋建てで、床面積は1,000m²を超えないこと。
- 屋根は金属板などの軽量な不燃材料でふき、天井は設けない。
- 危険物入り容器を積み上げる場合は、積み上げ高さは3m以下（例外あり）。
- 壁、柱、床を耐火構造とし、梁を不燃材料で造る。
- 容器内の危険物の温度が55℃を超えないような措置を講じる。
  その他、p.85〜87の「1.製造所等に共通の基準」と同様です。

▼屋内貯蔵所（基本は製造所と共通）

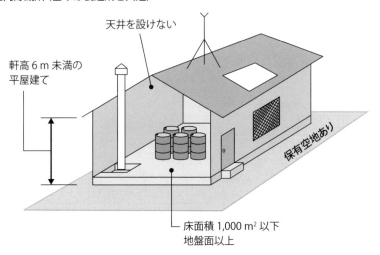

天井を設けない

軒高6m未満の
平屋建て

保有空地あり

床面積 1,000 m² 以下
地盤面以上

③ 屋外貯蔵所に固有の基準　　　重要度 ★★

保安距離：　必要
保有空地：　必要

(1) 重要な特徴

・ 周囲に柵などを設け、貯蔵所部分を明確に区分する。

・ 水はけのよい場所に設置する（容器の劣化防止）。

・ 容器の積み上げ高さは3m以下（屋内貯蔵所と同じ）。

・ 架台を用いて積み上げる場合は、堅固な地盤面に固定し、架台の高さを6m
未満にする。

(2) 貯蔵可能な危険物

第2類：硫黄または硫黄のみを含有するもの。引火性固体（引火点0℃以上のもの）。

第4類：特殊引火物および引火点0℃未満の第1石油類を除いたもの（ガソリン、
アセトン、ベンゼンなどは貯蔵できない！）。

　第4類の代表的な品名と引火点等を表に示します。特殊引火物は引火点が極
めて低く、すべて貯蔵できませんが、第1石油類は、引火点21℃未満のもの
であるため、引火点が0℃未満のものと0℃以上のものがあります。そのため、
物品によって貯蔵可否が異なります。それ以外の第4類は貯蔵可能です。

第1章 危険物に関する法令

▼屋外貯蔵所

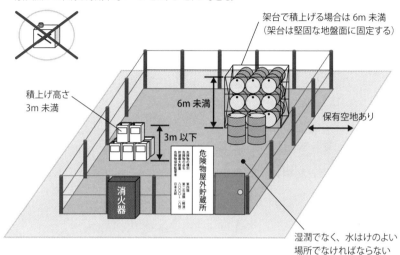

ガソリンの貯蔵は不可
（引火点0℃未満は貯蔵不可：ベンゼン、アセトンなども）

架台で積上げる場合は6m未満
（架台は堅固な地盤面に固定する）

積上げ高さ
3m未満

6m未満

3m以下

保有空地あり

消火器

危険物屋外貯蔵所

湿潤でなく、水はけのよい
場所でなければならない

▼屋外貯蔵所での貯蔵の可否（第4類）

品名	物品名	引火点	屋外貯蔵所での貯蔵
特殊引火物	すべて	極めて低い	× 貯蔵できない
第1石油類	ガソリン	−40℃以下	
	アセトン	−20℃	
	ベンゼン	−11℃	
	トルエン	5℃	○ 貯蔵できる
	ピリジンなど	20℃	
アルコール類	メタノール	11℃	
	エタノール	13℃	
第2石油類	すべて	21℃以上70℃未満	※要するに引火点0℃以上の物品が貯蔵可能
第3石油類	すべて	70℃以上200℃未満	
第4石油類	すべて	200℃以上250℃未満	
動植物油類	すべて	−	

④ 屋内タンク貯蔵所に固有の基準　　　　重要度 ★

保安距離：　不要

保有空地：　不要

(1) 重要な特徴

- タンクは、原則として平屋建のタンク専用室内に設置し、天井を設けない。
- タンクと壁、タンク同士の間隔は0.5m以上空ける。
- タンクの総容量は指定数量の40倍以下。

　（第4石油類と動植物油類を除く第4類の危険物は20,000L以下）。

- タンクや配管の基準はタンクおよび配管の共通基準と同様。

▼屋内タンク貯蔵所（基本は屋内貯蔵所と共通）

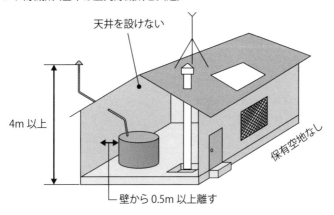

⑤ 屋外タンク貯蔵所に固有の基準　　　　重要度 ★★

保安距離：　必要

保有空地：　必要

敷地内距離：必要。タンク外面から敷地境界線までの距離を敷地内距離といいます。屋外タンク貯蔵所のみ、敷地内距離を一定以上確保することが義務付けられています（具体的な数値は覚えなくてもよいでしょう）。

(1) 重要な特徴

- タンク設備の基準は、p.87の『(3) タンクや配管類の共通基準』の通り。
- 液体の危険物（二硫化炭素以外）の貯蔵タンクの周囲には、防油堤が必要。
- 防油堤の高さは0.5m以上とする。また、防油堤の高さが1mを超える場合、

概ね30mごとに、防油堤内に出入りするための階段や土砂の盛上げ等が必要。
- 1つの防油堤に設置できるタンク数は原則10以下。
- 防油堤の容量は、堤内にある最も大きいタンク容量の110%（1.1倍）以上（非引火性のものの場合は100%以上でよい）。
- 防油堤に溜まった水を排出するための水抜口を設け、その開閉弁は防油堤の外側に設ける。また、水抜口は通常閉じておく※。

※通常開いておくと、危険物漏えいの際に防油堤から危険物が流出してしまいます。通常は水抜口を閉じておき、雨水等が溜まったら随時排水します。

▼屋外タンク貯蔵所

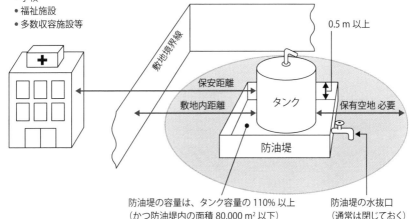

防油堤の容量は、タンク容量の110%以上（かつ防油堤内の面積 80,000 m² 以下）

防油堤の水抜口（通常は閉じておく）

6 地下タンク貯蔵所に固有の基準　　重要度 ★★

保安距離：　不要
保有空地：　不要

（1）重要な特徴
- タンク設備の基準は、p.87の『（3）タンクや配管類の共通基準』の通り。
- 地下貯蔵タンクは、地盤面下に設けられたタンク室の中に設置する。
- 地下貯蔵タンクとタンク室の内壁面との間には、0.1m以上の間隔を保ち、周囲に乾燥砂を詰める（乾燥砂を詰めない方法もある）。
- タンクを複数設ける場合、相互に1m以上の間隔を空ける。

- 通気管は屋外の地上4m以上に出す。
- 地下貯蔵タンクの上部は、地盤面からの深さ0.6m以上の場所に設置する。

> →『下にタンクが埋没されている場所を車両が通過してはいけない』という
> 問題が出ることがありますが、車両は通過できます。そもそも車両が通過
> できるように、タンクをある程度の深さに設置していると理解しましょう。

- 圧力タンクの場合は常用圧力の1.5倍の圧力で、それ以外のタンクは70 kPa
  の圧力で10分間行う水圧試験で漏れや変形をしないこと。
- 地下貯蔵タンクには、漏れを検知する設備を設ける。
- 液体の危険物の地下貯蔵タンクへの注入口は、建物内に設けてはいけない。

> →『雨水等の侵入を防ぐため、注入口は屋内に設ける』と問われた場合、答
> えは×です。屋内に注入口を設けると危険です。

▼地下タンク貯蔵所

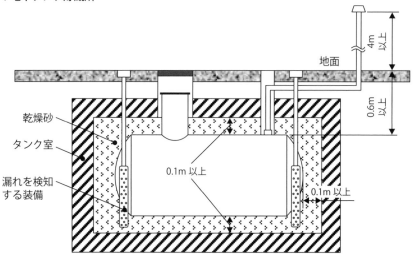

7 簡易タンク貯蔵所に固有の基準　重要度 ★

保安距離：　不要

保有空地：　屋外設置の場合は、必要

(1) 重要な特徴

- タンク容量は600L以下。
- タンクの設置台数は3基以下。
- 同一品質の危険物は2基以上設置できない。
- 屋外に設置する場合、1m以上の保有空地を確保する。
- 容易に移動しないように地盤面や架台等に固定して使用する。
- 簡易貯蔵タンクは厚さ3.2mm以上の鋼板で造り、外面にさび止め塗装を施す。また、70kPaの圧力で10分間行う水圧試験で漏れや変形をしないこと。
- 簡易貯蔵タンクには通気管を設ける。
- 計量口は、計量時以外は閉鎖しておく。

▼簡易タンク貯蔵所

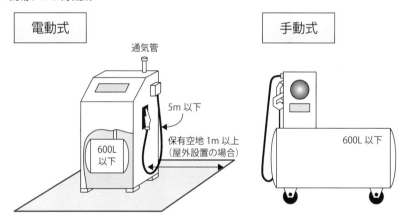

⑧ 移動タンク貯蔵所に固有の基準　　重要度 ★★★

保安距離：　不要

保有空地：　不要

(1) 常置場所

屋外：防火上安全な場所

屋内：耐火構造または不燃材料で造った建物の1階

※ 常置場所を変更する場合、変更許可を受ける必要があります

(2) 重要な特徴

- タンクの総容量は30,000L以下。
- 内部に4,000Lごとに仕切りを設ける。
- タンク室が2,000L以上のものには防波板を設ける。
- ガソリン等静電気が生ずる恐れがある場合、接地導線（アース線）を設ける。
- タンク下部に排出口を設ける場合、手動・自動閉鎖装置付の底弁を設ける。
- 移送する危険物の取扱いが可能な危険物取扱者の乗車が必要。また、免状（原本［コピー不可］）も携帯する必要がある。
- 引火点40℃以上の第4類危険物に限り、タンクから容器に詰替えが可能（この場合、先端に手動開閉装置付の注入ノズルで、安全な注油速度で行う）。
- 引火点40℃未満の危険物を注入する場合、タンクローリーのエンジンを停止する（引火防止）。

▼移動タンク貯蔵所

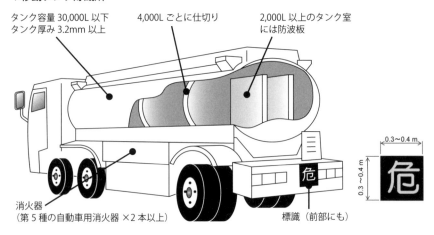

タンク容量 30,000L 以下
タンク厚み 3.2mm 以上

4,000L ごとに仕切り

2,000L 以上のタンク室
には防波板

0.3～0.4 m

0.3～0.4 m

危

消火器
（第5種の自動車用消火器 ×2本以上）

標識（前部にも）

9 販売取扱所に固有の基準　　　重要度 ★★

保安距離：　不要

保有空地：　不要

(1) 重要な特徴

- 第1種販売取扱所は指定数量の15倍以下。
- 第2種販売取扱所は指定数量の15倍を超え40倍以下。
- 店舗は建物の1階に設ける。
- 店舗内の壁は準耐火構造。店舗とその他部分の隔壁は耐火構造。
- 店舗部に上階がある場合は、上階の床を耐火構造にする。上階がない場合は、屋根を耐火構造または不燃材料で造る。
- 運搬に適した容器に入れ、容器入りのまま販売する。
- 配合室以外で危険物の配合を行わない。

▼販売取扱所

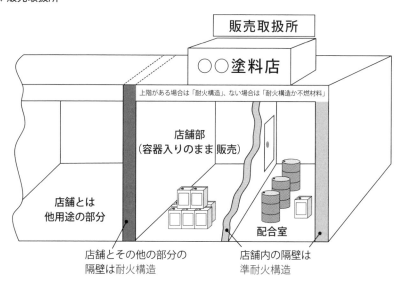

10 給油取扱所に固有の基準   重要度 ★★★

保安距離：　不要

保有空地：　不要

(1) 重要な基準

■施設の構造

- 自動車等が出入りするための間口10m以上、奥行き6m以上の給油空地を設ける。
- 給油設備には5m以下のホースでその先端に静電気を有効に除去する装置。
- 車両が出入りする側を除き、周囲には2m以上の耐火構造または不燃材料の壁を設ける。
- 床は危険物が浸透しない舗装を行い、漏れた危険物が流出しないよう、排水溝、油分離装置を設ける。
- 事務所その他火気を使用する場所には可燃性蒸気が流入しない構造にする。

▼給油取扱所

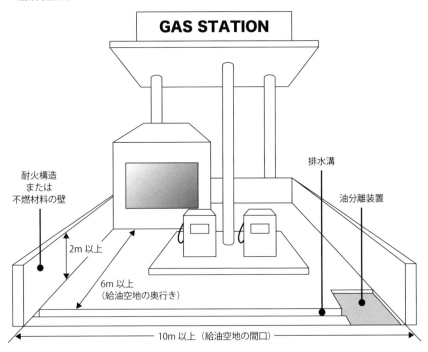

■地下タンクの要件

地下専用タンクの容量：　容量制限はなし

地下廃油タンクの容量：　容量10,000L以下

　地下専用タンクには容量制限はありませんが、廃油タンクには容量制限があります。混同しないように注意しましょう。

■給油設備の要件

固定給油設備：自動車等に直接給油するための固定された給油設備。

固定注油設備：灯油や軽油を容器に詰替え、または車両に固定された容量
　　　　　　　4,000L以下のタンクに注入するための設備。

▼固定給油設備

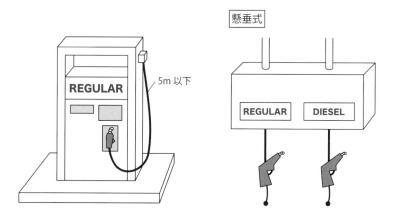

懸垂式

5m以下

REGULAR

REGULAR　DIESEL

▼給油設備と道路・敷地境界線および建物との距離

給油設備	ホース長	道路境界線	敷地境界線	建築物の壁
懸垂式	−	4m以上	2m以上	2m以上
その他	3m以下	4m以上		壁に開口部がない場所は1m以上
	3mを超え4m以下	5m以上		
	4mを超え5m以下	6m以上		

■取扱いの基準

・ 給油時は、自動車のエンジンを停止し、固定給油設備で直接給油する。

・ 車両が給油空地からはみ出した状態で給油してはいけない。

- 引火点を有する液体洗剤を使用してはならない。

> →『洗剤には引火点○○℃以上のものを使う』と問われた場合、答えは×です。
> そもそも、引火点が何℃かではなく、引火点を持つ洗剤自体使用できません。

- 給油取扱所の専用タンクに危険物を注入する際は、そのタンクに繋がる固定給油設備を使用しない。また、注入口に自動車等を近づけない。
- 物品の販売は、原則建物の1階で行う。
- 一方解放の屋内給油取扱所の専用タンクに引火点40℃未満の危険物を注入するときは、可燃性蒸気回収設備を用いて行う。

■給油取扱所に設置できるもの

給油取扱所には、給油設備以外にも次のものを設置できます。

- 給油、灯油等詰替え、洗車、点検整備のための作業場。
- 給油取扱所の所有者、管理者、占有者が居住する住居や事務所。
- 給油等のために出入りする者を対象とした「店舗・飲食店・展示場」。

つまり、給油等のために出入りするお客さん向けに、作業場はもちろん、店舗（例：コンビニ）、飲食店（例：コーヒーショップ）、展示場（例：中古車展示場）等を設けることができます。また、住居や事務所を設けることができますが、これらは所有者・管理者・占有者向けのものに限ります。第三者が住む住宅は設置できません。

■給油取扱所に設置できないもの

給油取扱所には、給油に支障があると認められる設備は設置できません。設置できないものの例を次に示します。

- 病院、診療所等の医療施設
- ゲームセンター等の娯楽施設
- 幼稚園、特別支援学校
- 立体駐車場
- 特別養護老人ホーム等の福祉施設

 医療・福祉・娯楽施設・立体駐車場は設置できない！

（2）顧客に自ら給油等をさせる給油取扱所（セルフスタンド）の基準

- 「セルフスタンド」であることが分かるように表示をする。
- 給油ノズルには、満タン時の自動停止機構を備える。
- 給油量、給油時間の上限をあらかじめ設定できること。
- 給油ホースに著しい張力が加わった際、安全に分離すること（燃料漏れを起

こさない）。

・ 燃料種類の誤給油を防止できる構造であること。

・ 地震の際、危険物の供給を自動的に停止できること。

・ 固定給油設備等に自動車が衝突するのを防止できること（柵・ポールなど）。

・ 地盤面に「車両停止位置」、「容器を置く位置」を表示する。

・ 顧客の給油等を監視できる制御卓（コントロールブース）を設ける（作業を監視し、必要な指示を与える。放送による指示ができるような設備）。

・ 第3種固定式泡消火設備を設置する。

・ 危険物の品目を表示。「レギュラー：赤、ハイオク：黄、軽油：緑、灯油：青」とする。

▼セルフスタンド

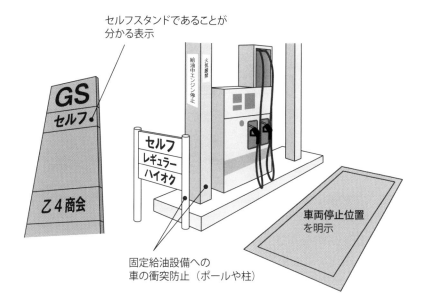

セルフスタンドであることが
分かる表示

固定給油設備への
車の衝突防止（ポールや柱）

車両停止位置
を明示

※カラー版はカバーの
　内側を参照

(3) 注意事項

- 顧客は、顧客用固定給油設備・顧客用固定注油設備でのみ、給油・注油できる。
- 顧客の給油・注油を監視し（直視や制御卓から）、必要な指示を与える。
- 顧客用固定給油設備で顧客が運搬容器に燃料を詰替えることはできない。

> 【例】　セルフスタンドで、顧客が自らガソリン携行缶に燃料を詰替えることはできません。

11　移送取扱所に固有の基準　　　重要度　★

保安距離：　不要
保有空地：　必要

　配管やポンプなどの設備で、危険物を移送する施設を移送取扱所といいます（パイプライン等）。p.87の『(3) タンクや配管類の共通基準』に示した事項が共通の基準ですので、共通事項をしっかり押さえておくことが大切です。

12　一般取扱所に固有の基準　　　重要度　★

保安距離：　必要
保有空地：　必要

　給油取扱所・販売取扱所・移送取扱所以外の取扱所は、すべて一般取扱所に分類されます※。

　一般取扱所の基準は、p.85〜p.87の『1. 製造所等に共通の基準』で示した通り、基本的には製造所と同じです。

　一般取扱所は、極端ないい方をすれば『その他諸々の取扱所』ですので、用途に応じて極めて多種多様な施設があるといえます。そのため、保安距離、保有空地、危険物保安監督者、危険物保安統括管理者、危険物施設保安員、予防規程や定期点検（1-9節参照）等、すべて、製造所（多量の危険物を製造しているので危険度が高い）と同じ扱いを受けます。

※特例をもつ一般取扱所が各種ありますが、具体的な事項を覚えておく必要はありません。

練習問題　次の問について、○×の判断または空欄を埋めてみましょう。

① 製造所等に採光のための窓を設ける場合、厚さ3.2mm以上の網入りガラスにする必要がある（○・×）。

② 地下タンク貯蔵所の埋没タンクや埋没配管の真上を自動車が通らないようにしなければならない（○・×）。

③ 指定数量の（　）倍以上の危険物を貯蔵する屋内貯蔵所には避雷設備を設けなければならない。

④ 屋内貯蔵所の地面は地盤面以下にすること（○・×）。

⑤ 屋内貯蔵所の屋根は耐火構造とし、爆風等で吹き飛ばぬように堅強な材料でふく必要がある（○・×）。

⑥ 灯油20,000Lを貯蔵するタンクと軽油40,000Lを貯蔵するタンクの2つのタンクを持つ屋外タンク貯蔵所の防油堤の最低容量は（　）Lである。

⑦ 屋外タンク貯蔵所には、必ず防油堤を設ける必要がある（○・×）。

⑧ 屋外タンク貯蔵所の防油堤には水抜口を設けるが、その開閉弁は防油堤の内部に設け、かつ通常開けておく（○・×）。

⑨ 屋外貯蔵所はガソリンは貯蔵できないが、ベンゼン、トルエン、エタノールは貯蔵可能である（○・×）。

⑩ 静電気防止のため、屋外貯蔵所は地面が湿潤な場所に設置する（○・×）。

⑪ 屋外貯蔵所での危険物の積み上げ高さは（　A　）m以下、架台を用いて積み上げる際の架台の高さは（　B　）m未満にする。

⑫ 地下タンク貯蔵所のタンク上面は、地盤面より1m以上深い場所になければならない（○・×）。

⑬ 地下タンク貯蔵所の通気管の先端は、地上から7m以上の高さにする。加えて、雨水の侵入を防ぐため通気管の先端は屋内に設置する（○・×）。

⑭ 簡易タンク貯蔵所に設置できる簡易貯蔵タンクは最大3基までである。ただし、同一品質の危険物を貯蔵したタンクを2基以上設けてはならない（○・×）。

⑮ 移動タンク貯蔵所のタンクの容量は（　A　）L以下とする。また、内部に（　B　）Lごとに仕切板を、（　C　）Lごとに防波板を設ける。

⑯ 移動タンク貯蔵所の常置場所は防火上安全な屋外のみである（○・×）。

⑰ 引火点40℃以上の第4類の危険物は、タンクローリーから容器に直接詰め替えられる（○・×）。

⑱ 引火点20℃の危険物を注入する場合、タンクローリーのエンジンを停止する（○・×）。

⑲ 販売取扱所は、指定数量の（　A　）倍以下を第1種、（　B　）倍を超え（　C　）倍未満を第2種と区分される。

⑳ 販売取扱所の用に供する部分に上階がある場合は、上階の床を不燃材料で造らなければならない（○・×）。

㉑ 給油取扱所には、自動車等が出入りする間口（　A　）m以上、奥行き（　B　）m以上の給油空地を設ける必要がある。

㉒ 給油取扱所には、車両が出入りする側を除き、（　）m以上の壁（不燃材料または耐火構造）を設ける。

㉓ 固定給油設備のホースは（　）m以下で、ノズル先端の静電気を有効に除去できること。

㉔ 給油取扱所の地下廃油タンクおよび地下専用タンクの容量はそれぞれ 10,000L以下にしなければならない（○・×）。

㉕ 給油空地から車両の一部がはみ出した状態で給油することはできない（○・×）。

㉖ 給油取扱所にて洗車等に用いる液体洗剤は、引火点40℃以上のものを用いる（○・×）。

㉗ 給油取扱所の専用タンクに危険物を注入する際、そのタンクに接続された固定給油設備を使用してはならない（○・×）。

㉘ 給油取扱所には、給油のために出入りする者を対象とした飲食店、立体駐車場を設置してもよいが、ゲームセンターは設置できない（○・×）。

㉙ セルフスタンドの顧客用固定給油設備を用いて、顧客がガソリン携行缶にガソリンを詰替える場合、詰替え可能な量は20L以下である（○・×）。

㉚ セルフスタンドの顧客用固定給油設備の給油ノズルの色は、レギュラーが（　A　）色、ハイオクが（　B　）色、軽油が（　C　）色である。

㉛ セルフ式ガソリンスタンドには第5種消火設備（自動車用）を2個以上設置する（○・×）。

解答

① × 網入りガラスを用いるのは正しいのですが、厚さの指定はありません（3.2mmはタンクの板厚です。混同しないように注意しましょう）。

② × 正しいようにも思えますが、そのような規定はありません。自動車が通っても配管設備等が損傷しないようにしています。

③ 10倍

④ × 地盤面以上にしなければなりません。

⑤ × 屋根は軽量な不燃材料でふかなければなりません。屋根が吹き飛ぶことで爆風を上部に逃がし、水平方向に爆風や破片が飛散しないようにしています。

⑥ 44,000L
2つ以上のタンクを持つ屋外貯蔵所の場合、最も大きいタンクの1.1倍の容量の防油堤が必要です。

⑦ × 防油堤を設けるのは、液体の危険物（ただし，二硫化炭素を除く）を貯蔵する場合のみです。

⑧ × 開閉弁は防油堤の外側に設け、弁は閉じておきます。弁が内側にあると、

水等が溜まった際に弁が水没します。また、弁を開けておくと危険物の漏えいが発生した肝心なときにそれが流出します。

⑨ × 引火点0℃未満のものは貯蔵できないので、ガソリンに加えてベンゼンも貯蔵できません。

⑩ × 屋外貯蔵所は、湿潤でなく排水がよい場所に設置します。湿潤な場所では容器が腐食します。

⑪ A：3、B：6。積み上げ高さ3m、架台の高さ6m。

⑫ × 0.6m以上です。

⑬ × 通気管の先端部までの高さは4m以上です。また、通気管の先端（通気口）は屋内にあってはいけません。そもそも、通気管の先端は、雨水等が入らないような形状にしてあります。

⑭ ○

⑮ A：30,000、B：4,000、C：2,000。

⑯ × 防火上安全な屋外に加えて、耐火構造または不燃材料で造った建築物の1階にも常置できます。

⑰ ○

⑱ ○ 引火点40℃未満の危険物を注入する場合はタンクローリーのエンジンを停止します。

⑲ A：15、B：15、C：40。

⑳ × 上階がある場合は上階の床は耐火構造にします。

㉑ A：10、B：6。間口10m以上、奥行き6m以上。

㉒ 2m以上の壁。

㉓ 5m以下。

㉔ × 地下廃油タンクは10,000L以下ですが、地下専用タンクには容量制限は設けられていません。

㉕ ○ 一部分だけでもはみ出してはいけません。

㉖ × 引火点○○℃以上ではなく、そもそも引火点が規定できるような可燃性の洗剤を用いてはいけません。

㉗ ○

㉘ × ゲームセンターに加え、立体駐車場も設けられません。

㉙ × 容器へのガソリンの詰替えはできません。

㉚ A：**赤**、B：**黄**、C：**緑**。**レギュラー**：赤、**ハイオク**：黄、**軽油**：緑

㉛ × 第3種固定式泡消火設備を設けます。

1-9 予防規程と定期点検

予防規程と定期点検は、共に製造所等の火災予防および保安にとって重要な事項のため、試験でも問われやすい重要項目です。予防規程と定期点検の目的を理解した上で、それらの実施が必要な施設、実施内容、点検者、点検時期などを押えましょう。

これだけは覚えよう！

・予防規程に定める事項は、「施設内の火災予防」に関わる事項です。
・予防規程の制定・変更の際には、市町村長等の認可（にんか）が必要です
・予防規程が必要な7施設と定期点検が必要な9施設を覚えましょう。
・定期点検が実施できるのは、「危険物取扱者（甲・乙・丙）」、「危険物取扱者の立会を受けている人」、「危険物施設保安員」です。丙種も立会が可能です。
・定期点検は1年に1回以上実施し、その記録を3年間保存します（例外有）。
・記録に記載する事項は、「いつ、どこで、誰が、どのように」です。

1 予防規程 重要度 ★★★

予防規程とは、製造所等の火災予防のための事業所内の保安基準のことです。

予防規程を制定・変更する際には、市町村長等の『認可』（許可ではありません！）が必要です。

また、市町村長等は、必要に応じて製造所等の占有者等に対して予防規程の変更命令をすることができます。

(1) 予防規程が必要な施設

予防規程を定める必要がある施設は次の7施設です。

▼予防規程を定める必要がある施設

	施設	
保安距離が必要な施設と同じ	製造所	指定数量の10倍以上
	一般取扱所	
	屋内貯蔵所	指定数量の150倍以上
	屋外タンク貯蔵所	指定数量の200倍以上
	屋外貯蔵所	指定数量の100倍以上
	給油取扱所	すべて
	移送取扱所	すべて

給油取扱所と移送取扱所は必ず定めます。ガソリンスタンドは多くの一般人が出入りし、移送取扱所は長距離に渡って危険物を移送しているため、事故が公共に及ぼす影響が極めて大きいことが理由だと理解しましょう。

保安距離を要する施設で一定量以上の危険物を扱う次の5つの施設も、予防規程を定める必要があります。

①製造所　②一般取扱所　③屋内貯蔵所　④屋外タンク貯蔵所　⑤屋外貯蔵所

| 規模が大 | 多様な取扱形態 | 「屋内・屋外○○」の中で、屋内タンク貯蔵所のみ対象外 |

(2) 予防規程に定める事項

予防規程は、施設の火災の予防に関することを定めています。

【例】　保安のための組織、危険物保安監督者不在時の代行者、教育・訓練、点検・補修、運転・操作法、作業基準、災害時対応（地震や津波を含む）、保安記録等

2 定期点検　　　　　　　　　　　重要度 ★★★

定期点検とは、特に、タンク設備と配管設備を定期的に点検することで、事故を防ぐのが主目的です。

点検実施者：①危険物取扱者（甲・乙・丙）およびその立会いを受けた者
　　　　　　　②危険物施設保安員

定期点検の場合、丙種も立会いが可能です。また、危険物免状の有無に関わらず、危険物施設保安員も点検が可能です。

点検時期：　原則、1年に1回以上

点検記録の保存：点検の記録は原則3年間保存します。ただし、市町村長等や消防機関等に提出する必要はありません（提出を求められることがあります）。

定期点検記録への記載事項：次に示すように、『いつ、どこで、誰が、どのように』の情報を記録します。

| いつ | どこで | 誰が | どのように |

点検実施日、施設名称、点検者、方法と結果

(1) 定期点検を実施する施設

定期点検が必要な施設は、予防規程を定める施設とセットで覚えましょう。次の表に示すように、予防規程が必要な施設に対して、地下タンク貯蔵所と移動タンク貯蔵所の2施設を加えた合計9施設で定期点検が必要です。

▼定期点検が必要な施設（予防規程が必要な施設と比べながら）

	予防規程	定期点検
製造所	指定数量の10倍以上	指定数量10倍以上＋地下タンクあり
一般取扱所		
屋内貯蔵所	指定数量の150倍以上	
屋外タンク貯蔵所	指定数量の200倍以上	
屋外貯蔵所	指定数量の100倍以上	
地下タンク貯蔵所		すべて
移動タンク貯蔵所		すべて
給油取扱所	すべて	地下タンクありの場合
移送取扱所	すべて	すべて

・次の3施設は必ず定期点検が必要です

> (ア) **地下タンク貯蔵所**（危険物漏えいが見えない）
> (イ) **移動タンク貯蔵所**（走行中に漏えいすると大事故につながる）
> (ウ) **移送取扱所**（漏えいにより広範囲に影響）

(2) 漏れの点検および内部の点検時期と記録の保存期間

漏れの定期点検および内部の点検時期と記録の保存期間を、表に示します。

▼漏れの点検内容と点検時期

点検内容	点検時期	記録の保存期間
地下貯蔵タンクの漏れの点検	1年に1回以上	3年間
地下埋没配管の漏れの点検		
二重殻タンクの強化プラスチック製外殻の漏れの点検	3年に1回以上	
移動貯蔵タンクの漏れの点検	5年に1回以上	10年間
引火性液体（第4類）を貯蔵する屋外タンク貯蔵所のうち、容量が1,000kL以上10,000kL未満のものの内部点検	13年または15年周期	26年間または30年間（点検周期の2倍）

練習問題　次の問について、○×の判断または空欄を埋めてみましょう。

① 予防規程を定めた場合、市町村長等の許可を受けなければならない（○・×）。

② 予防規程は、当該製造所等の危険物保安監督者が定める（○・×）。

③ 火災予防のために必要と認められる場合、消防長または消防署長から予防規程の変更命令を受ける（○・×）。

④ 予防規程が必要な施設で危険物取扱業務に従事する場合、危険物取扱者でなくても予防規程に従う必要がある（○・×）。

⑤ 地下タンク貯蔵所は予防規程は制定不要だが、定期点検は必要（○・×）。

⑥ 移動タンク貯蔵所は予防規程を定めなくてよいが、定期点検は必要（○・×）。

⑦ 地下タンクを有する給油取扱所は予防規程の制定と定期点検の両方が必要（○・×）。

⑧ 危険物取扱者（甲・乙・丙）および危険物施設保安員は、定期点検を実施できる（○・×）。

⑨ 丙種危険物取扱者の立会いがあれば、危険物取扱者でなくても定期点検が実施できる（○・×）。

⑩ 危険物取扱者免状の交付を受けていない危険物保安統括管理者は定期点検を実施できない（○・×）。

⑪ 原則、定期点検は（　A　）年に1回以上実施し、その記録は（　B　）年間保存する。

⑫ 定期点検の結果は、遅滞なく市町村長等に届け出なければならない（○・×）。

解答

① ×　市町村長等の「許可」ではなく「認可」を受けます。

② ×　定めるのは、製造所等の所有者等です。危険物保安監督者の業務は製造所等の保安業務であり、予防規程の制定義務はありません。

③ ×　このような場合、「市町村長等」から変更命令を受けます。

④ ○　当該危険物施設で作業に従事する者全員が遵守します。

⑤ ○　地下タンク貯蔵所と移動タンク貯蔵所は、定期点検は必要ですが、予防規程は制定不要です。

⑥ ○　問⑤の解答で示した通りです。

⑦ ○

⑧ ○

⑨ ○　丙種は、危険物取扱作業への立会いはできませんが、定期点検への立会いはできますので注意しましょう。

⑩ ○　危険物保安統括管理者であっても、危険物取扱者でない場合は、危険物取扱者の立会いを受けなければ定期点検は実施できません。

⑪ **A：1、B：3。1年に1回以上、点検記録を3年間保存**（例外もあります）。

⑫ ×　記録の保存は必要ですが、届出の必要はありません。

問　題

■保安距離と保有空地

問題1　☑ ☑ ☑

建築物等と必要な保安距離で誤っている組合せはどれか。

(A) 重要文化財：50m以上

(B) 小学校：40m以上

(C) 高圧ガス施設：30m以上

(D) 住居（製造所等の敷地内にあるものを除く）：10m以上

(E) 特別高圧架空電線で電圧が35,000Vを超えるもの：5m以上

(F) 特別高圧架空電線で電圧が7,000Vを超え35,000V以下：3m以上

(1) A、B　　(2) B、C　　(3) A、E　　(4) B、F　　(5) D、E

問題2　☑ ☑ ☑

保安距離を保たなければならない施設のみの組合せはどれか。

A：屋内タンク貯蔵所　　B：給油取扱所　　　　C：移動タンク貯蔵所

D：屋外貯蔵所　　　　　E：屋外タンク貯蔵所　F：一般取扱所

G：移送取扱所　　　　　H：地下タンク貯蔵所　I：屋内貯蔵所

(1) A、B、D、F　　(2) B、C、H、I　　(3) C、E、F、I

(4) B、E、G、I　　(5) D、E、F、I

問題3　☑ ☑ ☑

次のうち、保有空地を設ける必要がある施設はいくつあるか。

給油取扱所、屋内貯蔵所、屋外タンク貯蔵所、屋外貯蔵所、簡易タンク貯蔵所（屋外設置のもの）、一般取扱所

(1) 1つ　　(2) 2つ　　(3) 3つ　　(4) 4つ　　(5) 5つ

問題 4

✓ ✓ ✓

保有空地に関する記述で正しいものは次のうちどれか。

(1) 保有空地には、必要最低限のものしか置いてはいけない。

(2) 給油取扱所には保有空地が必要である。

(3) 販売取扱所には保有空地が必要である。

(4) 保安距離を保つ必要がある製造所等は、保有空地は不要である。

(5) 貯蔵または取扱う危険物の数量によって、保有空地の幅が異なる。

■各製造所等の基準 ──────────────

問題 5

✓ ✓ ✓

危険物を取扱う製造所等の位置、構造または設備の技術上の基準について、誤っている記述はいくつあるか。

A： 建築物は、壁、柱、床、梁および階段を不燃材料で作るとともに、屋根を軽量な不燃材料でふく。

B： 床は危険物が浸透しない構造にし、危険物の流出を防ぐため傾斜を設けてはいけない。また、貯留設備を設ける。

C： 危険物を取扱う建築物は地階を有しないものであること。

D： 建築物の窓や出入口にガラスを用いる場合は、厚さ3.2mm以上の網入りガラスとする。

E： 建築物の出入口には防火設備を設けなければならない。

(1) 1つ　　(2) 2つ　　(3) 3つ　　(4) 5つ　　(5) 6つ

問題 6

✓ ✓ ✓

危険物の貯蔵について、誤っているものはどれか。

(1) 屋内貯蔵所で貯蔵する危険物の温度が40℃を超えてはならない。

(2) 貯蔵所には、原則危険物以外のものを貯蔵してはならない。

(3) 屋外タンク貯蔵所の防油堤の水抜口は、通常は閉じておくこと。また、防油堤に水が溜まった場合は、随時排出する。

(4) 貯蔵所において、許可されている以外の危険物を貯蔵してはならない。

(5) 屋外貯蔵所にて架台を用いて危険物を貯蔵する場合、架台の高さは6m未満でなければならない。

問題7

✓✓✓

軽油20kLを貯蔵する屋外タンク1基と、重油50kLを貯蔵する屋外タンク1基を同一敷地内に有する屋外タンク貯蔵所において、この2基のタンクに共用の防油堤を設ける場合、この防油堤の最低容量は次のうちどれか。

(1) 22kL　　(2) 55kL　　(3) 77kL　　(4) 70kL　　(5) 30kL

問題8

✓✓✓

屋内タンク貯蔵所に関して、誤っている記述はどれか。

(1) 屋内タンクと壁およびタンク同士の間隔は50cm以上空ける。
(2) タンクの総容積は指定数量の40倍以下とする。ただし、第4石油類と動植物油類を除く第4類の危険物の場合は20kL以下とする。
(3) 屋内タンク貯蔵所は、屋根を不燃材料で設けるとともに、不燃材料でできた天井を設けること。
(4) タンク専用室の床は、危険物が浸透しない構造にするとともに、適当な傾斜を設ける。
(5) タンク専用室の出入口には、防火設備を設ける。

問題9

✓✓✓

地下タンク貯蔵所に関して、誤っている記述はいくつあるか。

A：地下貯蔵タンクには、見やすい箇所に地下タンク貯蔵所である旨を表示した標識および防火に関して必要な事項を掲示した掲示板を設けなければならない。
B：地下貯蔵タンクの注入口および無弁通気管の先端部は、雨水等の侵入を防ぐため屋内に設けなければならない。
C：地下貯蔵タンクの周囲には、危険物の漏れを検出する設備が必要。
D：地下貯蔵タンクは、外面を塗装し地盤面下に直接埋没させる。
E：液体の危険物貯蔵する地下貯蔵タンクには、危険物の量を自動的に表示する装置を設けなければならない。

(1) 1つ　　(2) 2つ　　(3) 3つ　　(4) 5つ　　(5) なし（すべて正しい）

問題10

簡易タンク貯蔵所に関して、正しいものはどれか。

- (1) 簡易貯蔵タンク容量は、1,000L以下でなければならない。
- (2) ひとつの簡易タンク貯蔵所での簡易貯蔵タンクの設置台数は3基までである。また、同じ危険物を2基以上で貯蔵してはいけない。
- (3) 屋外に設置する場合、保有空地は不要である。
- (4) 引火防止のため、タンクには通気管を設けてはいけない。
- (5) 簡易貯蔵タンクは容易に移動できるように、地盤面等に固定しない。

問題11

移動タンク貯蔵所に関して、誤っているものはどれか。

- (1) 移動タンク貯蔵所の常置場所からは、学校や重要文化財などの規定の保安対象物からの保安距離を確保する必要がある。
- (2) タンクの容量は30,000L以下にしなければならない。
- (3) 静電気による災害が発生する恐れがある液体の危険物の貯蔵タンクには、接地導線を設けなければならない。
- (4) 引火点40℃未満の危険物を注入する場合、移動タンク貯蔵所（タンクローリー）のエンジンを停止しなければならない。
- (5) 鋼板で造られた移動貯蔵タンクの厚さは3.2mm以上にする必要がある。

問題12

次の危険物のうち、屋外貯蔵所での貯蔵・取扱いができないもののみの組合せはどれか。

A：ガソリン　　　B：灯油　　　C：硫黄　　　D：黄りん
E：エタノール　　F：引火点0℃以上の引火性固体
(1) A、C　　(2) A、D　　(3) C、E　　(4) C、F　　(5) A、E

問題 13

☑ ☑ ☑

給油取扱所に設けることができない建築物は、次のうちどれか。

(1) 給油取扱所に出入りする者を対象とした飲食店
(2) 給油取扱所に出入りする者を対象とした遊技場
(3) 所有者等が居住する住居
(4) 給油取扱所に出入りする者を対象とした展示場
(5) 自動車等の点検・整備のための作業場

問題 14

☑ ☑ ☑

給油取扱所における危険物の取扱いについて、誤っているものはどれか。

(1) 給油空地から車両の一部でもはみ出した状態では、給油してはならない。
(2) 自動車を洗浄する場合、引火点が40℃以上の洗剤を使用する。
(3) 自動車に給油する際、固定給油設備で直接給油しなければならない。
(4) 給油取扱所の専用タンクに危険物を注入している間、当該タンクに接続されている固定給油設備を使用してはならない。
(5) 給油中は、自動車のエンジンを停止しなければならない。

問題 15

☑ ☑ ☑

給油取扱所の「給油空地」の説明で正しいものはどれか

(1) 専用容器に灯油の詰替え作業を行うため、固定注油設備の周囲に設けられた空地のことである。
(2) 給油取扱所の専用タンクに危険物を注入する際、移動タンク貯蔵所が停車するために設けられた空地のことである。
(3) 火災時の消火活動や延焼防止のため、給油取扱所の周囲に確保しなければならない空地のことである。
(4) 給油取扱所において、車両の整備、洗車など、給油以外の作業を行うために確保する空地のことである。
(5) 自動車等に直接給油したり、給油する自動車が出入りするために、固定給油設備の周囲に設けなければならない、間口10m以上、奥行き6m以上の空地のことである。

問題16

☑ ☑ ☑

顧客自らが自動車等へ給油等を行う給油取扱所（セルフ型スタンド）における基準について、誤っているものはどれか。

- (1) 顧客に自ら給油等をさせる給油取扱所である旨を表示しなければならない。
- (2) 燃料タンクが満タンになった場合、危険物の供給を自動的に停止する構造の給油ノズルを備えなければならない。
- (3) 1回の連続した給油量および給油時間の上限を設定できなければならない。
- (4) ガソリンと軽油の誤給油を防止できる構造でなければならない。
- (5) セルフ型スタンドは、重要文化財等からの保安距離を確保しなければならない。

問題17

☑ ☑ ☑

販売取扱所の基準について、誤っているものはどれか。

- (1) 第1種販売取扱所の取扱量は、指定数量の15倍以下である。
- (2) 第2種販売取扱所の取扱量は指定数量の15倍を超え、40倍以下である。
- (3) 店舗に上階を設けてはいけない。
- (4) 配合室以外で危険物の詰替えをしてはいけない。
- (5) 危険物は、運搬に適した容器に入れ、容器入りのまま販売する。

問題18

☑ ☑ ☑

製造所等の種類と容量制限で、誤っているものはどれか。

- (1) 移動タンク貯蔵所のタンクの総容量：30,000L以下
- (2) 簡易タンク貯蔵所のタンク容量：600L以下
- (3) 屋外タンク貯蔵所のタンク容量：特に定められていない
- (4) 給油取扱所の地下専用タンク容量：10,000L以下
- (5) 屋外貯蔵所の貯蔵量：特に定められていない

演
習
問
題

■予防規程と定期点検 ────────────

問題19

☑ ☑ ☑

次に挙げる製造所等のうち、指定数量の倍数によっては予防規程を定めなければならないものの組合せはどれか。

A：製造所　　B：屋外タンク貯蔵所　C：屋内タンク貯蔵所
D：屋内貯蔵所　E：地下タンク貯蔵所

(1) A、B、C　(2) A、B、D　(3) B、D、E　(4) A、D、E　(5) C、D、E

問題20

☑ ☑ ☑

予防規程に関する説明で誤っているものはどれか。

(1) 予防規程を制定または変更するには、市町村長等の認可が必要。
(2) 市町村長等は、火災予防のために必要であれば、予防規程の変更を命ずることができる。
(3) 予防規程は、危険物保安監督者が定める。
(4) 予防規程は、危険物取扱者のみではなく、当該施設で危険物の取扱業務に従事するすべての者が従う必要がある。
(5) 予防規程には、製造所等の火災予防に必要な事項が定められている。

問題21

☑ ☑ ☑

次に挙げる製造所等のうち、取扱数量等に関係なく定期点検を行わなくてもよいものの組合せはどれか。

A：簡易タンク貯蔵所　B：屋外タンク貯蔵所　C：屋内タンク貯蔵所
D：移動タンク貯蔵所　E：地下タンクを有する給油取扱所

(1) A、B　　(2) A、C　　(3) B、C　　(4) C、D　　(5) D、E

問題22

☑ ☑ ☑

次の施設のうち、指定数量の倍数や、地下タンクの有無に無関係に定期点検を行わなければならない施設はいくつあるか。

製造所、屋内貯蔵所、屋外タンク貯蔵所、屋外貯蔵所、地下タンク貯蔵所、移動タンク貯蔵所、給油取扱所、移送取扱所、一般取扱所

(1) 1つ　　(2) 2つ　　(3) 3つ　　(4) 4つ　　(5) 5つ

問題23

定期点検について、次のうち正しいものはどれか。ただし、規則で定める漏れの点検および固定式の泡消火設備に関する点検を除く。

(1) 危険物取扱者が立会った場合でも、危険物取扱者以外の者は点検を実施できない。
(2) 定期点検は、3年に1回行わなければならない。
(3) 定期点検記録の保存期間は原則1年間である。
(4) 危険物施設保安員は定期点検を実施できる。
(5) 定期点検を実施した場合、所轄消防署長に報告を行う必要がある。

問題24

次のうち、定期点検を実施できないケースはどれか。

(1) 丙種危険物取扱者の立会いを受けた、免状の交付を受けていない者。
(2) 免状の交付を受けていない危険物施設保安員。
(3) 乙種危険物取扱者の立会いを受けた、免状の交付を受けていない者。
(4) 丙種危険物取扱者。
(5) 免状の交付を受けていない、危険物保安統括管理者。

問題25

定期点検の記録に記載する事項に定められていないものはどれか。

(1) 定期点検の実施年月日
(2) 定期点検を実施した製造所等の名称
(3) 定期点検を実施した施設の設置年月日（設備の使用年数）
(4) 定期点検の方法と結果
(5) 定期点検の実施者

問題26

☑ ☑ ☑

定期点検について、法令で定められていない項目はどれか。

（1）定期点検を実施しなければならない時期について。

（2）定期点検を実施できる者について。

（3）定期点検記録への記載内容について。

（4）定期点検記録を保存する期間について。

（5）定期点検の結果の報告先と報告時期について。

解 答 ・ 解 説

問題1
解答（2）

学校・病院他多数を収容する施設からは30m以上、高圧ガス施設からは20m以上の保安距離が必要です。1-7節参照。

問題2
解答（5）

保安距離が必要なのは次の5施設です。「製造所」、「屋内貯蔵所」、「屋外タンク貯蔵所」、「屋外貯蔵所」、「一般取扱所」です。1-7節参照。

問題3
解答（5）

問題に記載されている6種の製造所等で、保有空地が不要なのは給油取扱所のみです。1-7節参照。

問題4
解答（5）

保有空地には「何も置いてはいけません」。1-7節参照。

問題5
解答（2）

BとDの記述が正しくありません。漏れた危険物が貯留設備に溜まるように、床には適当な傾斜をつける必要があります。ガラスを設ける場合は、網入りガラスである必要がありますが、厚さは特に指定されていません。3.2mmというのは、タンクの鋼板の厚みです。1-8節参照。

問題6　　　　　　　　　　　　　　　　　　　　　　　解答（1）

温度が55℃を超えてはなりません。1-8節参照。

問題7　　　　　　　　　　　　　　　　　　　　　　　解答（2）

複数のタンクがある場合の防油堤の容積は、最も大きいタンク容積の110%
（1.1倍）なので、50×1.1＝55kL。1-8節参照。

問題8　　　　　　　　　　　　　　　　　　　　　　　解答（3）

屋根を不燃材料で造るのは正しいが、天井を設けてはいけません。1-8節参照。

問題9　　　　　　　　　　　　　　　　　　　　　　　解答（2）

BとDが誤りです。注入口と通気管先端は、火災予防のため屋外に設けなけ
ればなりません。また、地下タンクは、直接埋没する方法もありますが、それ
以外にも地下に設けたタンク室内に設置する方法があります。1-8節参照。

問題10　　　　　　　　　　　　　　　　　　　　　　解答（2）

（1）容量は600L以下です。（3）屋外設置の場合は保有空地が必要です。
（4）通気管は必要です。また、屋内に設置する場合は、保有空地が不要です。
（5）容易に移動しないように地盤面等に固定する必要があります。1-8節参照。

問題11　　　　　　　　　　　　　　　　　　　　　　解答（1）

移動タンク貯蔵所には、保安距離は不要です。1-8節参照。

問題12　　　　　　　　　　　　　　　　　　　　　　解答（2）

引火性固体（第2類）と引火点液体（第4類）のうち、引火点が0℃以上のもの
が貯蔵可能な他、硫黄（第2類）も貯蔵可能です。つまり、特殊引火物と第一石
油類の一部（引火点0℃未満）は貯蔵できません。ガソリンやベンゼンは引火点
0℃未満なので、貯蔵できません。1-8節参照。

問題13　　　　　　　　　　　　　　　　　　　　　　解答（2）

遊技場、診療所、福祉施設、立体駐車場などは設けてはいけません。1-8節参照。

問題 14　　　　　　　　　　　　　　　　　　　　解答（2）

　引火点が○○℃以上の基準ではなく、「引火点を有する」洗剤は使用してはなりません。1-8節参照。

問題 15　　　　　　　　　　　　　　　　　　　　解答（5）

　1-8節参照。

問題 16　　　　　　　　　　　　　　　　　　　　解答（5）

　給油取扱所は、保安距離の確保は不要です。1-8節参照。

問題 17　　　　　　　　　　　　　　　　　　　　解答（3）

　上階を設けてはいけない訳ではありません。上階を設ける場合は、上階の床を耐火構造にします。1-8節参照。

問題 18　　　　　　　　　　　　　　　　　　　　解答（4）

　給油取扱所の地下専用タンクに容量制限はありません。容量制限があるのは廃油タンクです（10,000L以下）。1-8節参照。

問題 19　　　　　　　　　　　　　　　　　　　　解答（2）

　屋内・屋外の名の付く4施設のうち、屋内タンク貯蔵所のみ予防規程が不要。1-9節参照。

問題 20　　　　　　　　　　　　　　　　　　　　解答（3）

　(3) 定めるのは「所有者等」です。(1) 制定と変更には、市町村長等の「認可：にんか」が必要です（許可ではないことに注意）。1-9節参照。

問題 21　　　　　　　　　　　　　　　　　　　　解答（2）

　予防規程が必要な7施設に加えて、「地下タンク貯蔵所」と「移動タンク貯蔵所」を加えて9施設が対象です。C：屋内タンク貯蔵所とA：簡易タンク貯蔵所は、定期点検を実施する必要はありません。1-9節参照。

問題22　　　　　　　　　　　　　　　　　　　　　　　　解答（3）

　必ず必要なのは、「地下タンク貯蔵所・移動タンク貯蔵所・移送取扱所」の3つです。それ以外の6つの施設では、指定数量の倍数または地下タンクの有無により、定期点検が必要になります。1-9節参照。

問題23　　　　　　　　　　　　　　　　　　　　　　　　解答（4）

　（4）定期点検が実施できるのは「危険物取扱者」、「危険物取扱者の立会いを受けた者（丙種も立会いOK）」、「危険物施設保安員」です。（2）点検は原則1年に1回以上行います。（3）記録は原則3年保存です。1-9節参照。

問題24　　　　　　　　　　　　　　　　　　　　　　　　解答（5）

　危険物取扱者の立会いを受けていない無資格者で、唯一定期点検を実施できるのは「危険物施設保安員」です。1-9節参照。

問題25　　　　　　　　　　　　　　　　　　　　　　　　解答（3）

　「いつ・どこで・誰が・どのように」の項目が必要です。（3）は不要です。1-9節参照。

問題26　　　　　　　　　　　　　　　　　　　　　　　　解答（5）

　定期点検の記録は原則3年間保存しますが、特に毎回実施報告をする決まりはありません。1-9節参照。

演
習
問
題

1-10 標識・掲示

製造所等には、施設の種類や取扱う危険物の種類等に応じて、標識や掲示の内容が決められています。「掲示する事項」「標識のサイズ・色」を理解しましょう。

これだけは覚えよう！

- 製造所等には、幅 0.3m 以上、高さ 0.6m 以上の標識が必要です。
- 製造所等には、危険物の「類」、「品名」、「最大数量」、「指定数量の倍数」、「危険物保安監督者の氏名または職名」の掲示が必要です。
- 給油取扱所には「給油中エンジン停止」の掲示も必要です。
- 危険物の性状に応じて、「火気厳禁」、「火気注意」、「禁水」の掲示が必要になります。第 4 類はすべて「火気厳禁」です。
- 移動タンク貯蔵所には、車両前後の見やすい位置に「危」の掲示が必要です。
- 指定数量以上の危険物を運搬する運搬車両にも、車両前後の見やすい位置に「危」の掲示が必要です。

1 製造所等への表示 　　　　　　　　　　　重要度 ★★

製造所等には、見やすい位置に標識および掲示板を掲示する必要があります。掲示物のサイズと掲示内容を次に示します。

(1) サイズ

幅 0.3m 以上×高さ 0.6m 以上（幅 0.6m 以上×高さ 0.3m 以上でもよい）

(2) 掲示物

① 製造所等の名称　　　　　　　　　　【例】『危険物屋内貯蔵所』など

　　色：地が白で文字が黒で書く。

② 危険物の詳細情報（次の 5 項目）

- 類　　　　　　　　　　　　　　　　【例】第 4 類
- 品名　　　　　　　　　　　　　　　【例】第 1 石油類
- 貯蔵・取扱い最大数量　　　　　　　【例】1,000L
- 指定数量の倍数　　　　　　　　　　【例】5.0 倍
- 危険物保安監督者の氏名または職名　【例】保安太郎

　　色：地が白で文字が黒で書く。

③ 危険物に応じた注意事項　　　　　【例】第4類の場合は『火気厳禁』

　色：地が赤で文字が白色で「火気厳禁」などと書く。

④ 給油取扱所においては、①～③に加えて『給油中エンジン停止』と掲示する

　色：地が黄赤色で文字が黒。

▼掲示物

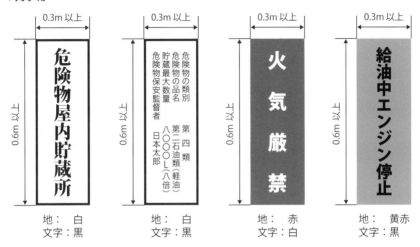

| | 0.3m以上 | 0.3m以上 | 0.3m以上 | 0.3m以上 |

危険物屋内貯蔵所　0.6m以上
地：白
文字：黒

危険物の類別
危険物の品名
貯蔵最大数量
危険物保安監督者
第四類
第二石油類（軽油）
八〇〇〇L（八倍）
日本太郎　0.6m以上
地：白
文字：黒

火気厳禁　0.6m以上
地：赤
文字：白

給油中エンジン停止　0.6m以上
地：黄赤
文字：黒

▼危険物に応じた注意事項

類	危険物	掲示	
第1類	アルカリ金属の過酸化物	禁　水	地：青 文字：白
第2類	引火性固体以外	火気注意	地：赤 文字：白
	引火性固体	火気厳禁	地：赤 文字：白
第3類	禁水性物品（K、Naなど）、アルキルアルミニウム、アルキルリチウム	禁　水	地：青 文字：白
	自然発火性物品、アルキルアルミニウム、アルキルリチウム、黄りん	火気厳禁	地：赤 文字：白
第4類	すべて		
第5類	すべて		

※ 掲示のカラー版はカバーの内側を参照

重要！
第4類の表示は『火気厳禁』

　第4類、第5類のすべてと第2類の引火性固体および第3類の自然発火性物品は「火気厳禁」です。第2類の引火性固体以外は「火気注意」ですので注意しましょう。

　また、第1類のアルカリ金属の過酸化物および第3類の禁水性物品は、水と激しく反応しますので「禁水」です。

> 　これらの物品に対して、試験で「注水厳禁」と問われらそれは間違いです。正しくは「禁水」ですので注意しましょう。

② 移動タンク貯蔵所や運搬車両への表示　　重要度 ★★

　移動タンク貯蔵所および、指定数量以上の危険物を運搬する車両には、車両の前後に『危』の標識を掲示します。そのサイズは次の通りです。

サイズ：縦0.3m×横0.3m

　　　　移動タンク貯蔵所の場合は、縦0.3〜0.4m、横0.3〜0.4mです。

色：地が黒で文字が黄色

▼運搬車両への表示

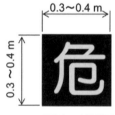

移動タンク貯蔵所

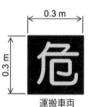

運搬車両
（指定数量以上のときに掲示）

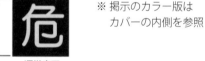

※ 掲示のカラー版はカバーの内側を参照

練習問題 次の問について、○×の判断または空欄を埋めてみましょう。

① 製造所等に表示する、ここが製造所等であることを示す標識の大きさは、幅（ A ）m以上、高さ（ B ）m以上とし、その色は、地の色が（ C ）、文字の色が（ D ）である。

② 第4類の危険物の製造所には「火気注意」の掲示が必要（○・×）。

③ 第3類の禁水性物質を貯蔵する屋内貯蔵所には「注水厳禁」の掲示が必要（○・×）。

④ 第2類の引火性固体を貯蔵する場合、「火気注意」の掲示が必要（○・×）。

⑤ 第2類の引火性固体以外を貯蔵する場合、「火気厳禁」の掲示が必要（○・×）。

⑥ 第5類の製造所には「火気注意」の掲示が必要（○・×）。

⑦ 製造所等の掲示には、危険物の類、品名、最大数量、指定数量の倍数、危険物保安監督者の氏名または職名、製造所等の所有者名または社名を掲示しなければならない（○・×）。

⑧ 給油取扱所には、地の色が（ A ）で文字色が（ B ）で「給油中エンジン停止」の掲示が必要。

⑨ 移動タンク貯蔵所には、地の色が（ A ）で文字色が（ B ）で「危」と表示しなければならない。

⑩ 指定数量以上の危険物を運搬する車両には、0.3m平方の「危」の表示を車両の前後どちらかに掲示しなければならない（○・×）。

解答 ••

① **A：0.3、B：0.6、C：白、D：黒**。幅0.3m以上、高さ0.6m以上、地が白、文字が黒。

② × 正しくは「火気厳禁」です。

③ × 正しくは「禁水」です。

④ × 正しくは「火気厳禁」です。

⑤ × 正しくは「火気注意」です。第2類は、引火性固体が火気厳禁、それ以外が火気注意です。

⑥ × 正しくは「火気厳禁」です。

⑦ × 「製造所の所有者や社名」は必要ありません。問題文に書かれているそれ以外の項目は正しい記述です。

⑧ **A：黄赤色、B：黒**。地が黄赤色、文字が黒。

⑨ **A：黒、B：黄色**。地が黒、文字が黄色。

⑩ × 掲示の内容とサイズは正しいですが、車両の**前後両方**の見やすい位置に掲示しなければなりません。

1-11 貯蔵・取扱いの基準

危険物を貯蔵・取扱う際の共通の基準を知っておきましょう。また、危険物を廃棄する際の基準も問われやすいので、押えておきましょう。

これだけは覚えよう！

- 貯留設備に溜まった危険物は随時汲み上げます。
- 危険物のくず等は1日1回以上処理します。
- 危険物が残存する容器を修理する際は、危険物を完全に除去してから。
- 危険物を保護液中に保存する場合は、一部たりとも露出させない。
- 危険物を焼却処理する場合は見張人を付けて安全な場所・方法で。
- 危険物を埋没処理する場合は性質に応じた安全な方法で（埋没処理は可能）。
- 危険物を海中や水中に流出させてはならない。

1 共通の基準　　重要度 ★★★

製造所等での貯蔵・取扱いにおける共通の基準を次に示します。よく問われる内容ですので要点をしっかり理解してください。

> **重要** 貯蔵・取扱いにおける共通の基準
> - 許可・届出された品名以外および数量以上の危険物を取扱ってはならない。
> - みだりに火気を使わない（**注意** 絶対使えない訳ではないので注意しよう）。
> - 貯留・油分離設備に溜まった危険物は随時汲み上げる。
> - 危険物のくず等は1日1回以上処理する。
> - 危険物が残存する機器や容器等を修理する際は、安全な場所で危険物を完全に除去してから行う。
> - 危険物を保護液中に保存する場合は、保護液から露出させない。

2 廃棄する際の基準　　重要度 ★★

危険物を廃棄する場合について、「焼却、埋没、流出」についてを理解しましょう。

(1) 危険物の焼却処理：○可能

見張人を付け、安全な場所で行い、他に害を及ぼさないように注意して行う。

(2) 危険物の埋没：○可能

危険物の性質に応じ、安全な場所で行う。

(3) 危険物の流出：×不可能

危険物を海中や水中に流出させてはならない。

3　貯蔵・取扱いの基準　　　重要度　★

(1) 危険物以外の物品との貯蔵

原則、類を異にする危険物の同一貯蔵庫への貯蔵や、危険物以外の貯蔵はできません。

ただし、物品によっては、危険物と危険物以外をそれぞれまとめて貯蔵し、かつ、危険物と危険物以外の物品の間に1m以上の間隔を置くなどの対応をすることで、これらの物品を同時貯蔵できる場合があります（詳細な条件を覚える必要はありません）。

(2) 異なる類の危険物の同時貯蔵

原則、類を異にする危険物の同一貯蔵庫への貯蔵はできません。ただし、次の組合せの危険物は、屋内貯蔵所および屋外貯蔵所において、類別にそれぞれまとめて、かつ、相互に1m以上の間隔を置くことで同時貯蔵が可能です。

▼同一貯蔵が可能な危険物の組合せ

同一貯蔵可能な組合せ	備考
第1類と第5類	アルカリ金属の過酸化物とその含有物を除く
第1類と第6類	双方とも酸化性物質で、液体か固体の違いしかなく、それ自身は不燃物のため同時貯蔵ができる
第2類と第3類の自然発火性物品	第3類は黄りんとその含有品に限る
第2類と第4類	第2類は引火性固体
その他省略	重要性が低いものは省略

(3) 高引火性危険物等の貯蔵・取扱いの特例

引火点が極めて低い等、特に危険性の高い物品を貯蔵するタンクや設備等においては、それらの危険物が空気と接触するのを防ぐために、タンクや設備内に不活性ガスを封入する必要があります。具体的には次の物品が対象です。

▼不活性ガスを封入する必要がある危険物

対象となる危険物	分類	対象施設等	
アルキルアルミニウム アルキルリチウム　など	第3類	製造所、一般取扱所 屋内・屋外貯蔵タンク	
アセトアルデヒド 酸化プロピレン　など	第4類 （特殊引火物）	地下貯蔵 タンク	移動貯蔵 タンク

練習問題　次の問について、○×の判断をしてみましょう。

① 製造所等ではいかなる場合でも火気を使用してはならない。
② 届出以上の数量の危険物・許可されていない危険物を扱う場合、その危険物を扱える危険物取扱者自らが取扱う。
③ 貯留設備に溜まった危険物は1日1回以上汲み上げ、処理する。
④ 危険物のかす等は、1週間に1回以上処理する。
⑤ 危険物を保護液中に保存する場合、危険物の一部を露出させる。
⑥ 爆発事故の恐れがあるため、危険物を焼却処理してはならない。
⑦ 危険物を埋没処理する場合、その性質の応じ安全な場所で行う。
⑧ 危険物が残存した容器を修理する場合、安全な場所に空き容器を1週間以上放置してから作業を行う。
⑨ 屋内貯蔵所において、相互に1m以上の距離を置けば、第1類と第6類の危険物を同時に貯蔵できる。

解答

① × 「みだりに」火気を使用してはなりませんが、「絶対に使用してはいけない」訳ではありません。
② × そもそも、届出以上や届出以外の危険物は扱えません。
③ × 「随時」汲み上げて処理します。
④ × 「1日1回以上」処理します。
⑤ × 露出させてはいけません。
⑥ × 見張人を付けて、安全な場所・方法で行えば焼却可能です。
⑦ ○
⑧ × ○○日以上放置するなどの基準ではなく、「危険物を完全に除去」してから行う必要があります。たとえ長時間自然乾燥させたしたとしても、危険物が完全に除去されていなければ作業はできません。
⑨ ○ 第1類と第6類は同じ「酸化性物品（液体か固体の違い）」なので同時貯蔵ができると理解しておきましょう。他にも貯蔵可能な組合せがありますが、覚えておかなくても問題ないでしょう。

1-12 運搬・移送の基準

「運搬」と「移送」は異なります。その違いを意識した上で、運搬と移送の基準を学びましょう。主に、運搬容器の基準、積載法、表示、混載可否などを理解しましょう。

これだけは覚えよう！

- 「運搬」と「移送」は明確に違います。その違いを理解しましょう。
- 運搬の場合は、数量に無関係に消防法が適用されます。
- 移送の場合、危険物取扱者の乗車（運転または同乗）と免状の携帯が必要です。
- 運搬の基準（容器・表示・標識・積載法・温度・積み重ね等）を覚えましょう。
- 混載が可能な組合せを理解しましょう。
- 移送時に移動タンク貯蔵所に備えておかなければならない書類を知っておきましょう。
- 連続4時間、1日合計9時間を超える場合は、移動タンク貯蔵所の運転者が2名以上必要です。
- 消防吏員と警察官は、移動タンク貯蔵所を停止させ免状の提示を求めることができます。

1 運搬の基準　　　　　　　　　　　　　　　重要度 ★★★

運搬と移送の根本的な違いを次に示します。

> 運搬：車両等（ワゴン車やトラックなど）で危険物を別の場所に移すこと。
> 移送：移動タンク貯蔵所（タンクローリー）で危険物を運ぶ行為。

　運搬の基準は、取扱（運搬）数量に無関係に適用されます。つまり、指定数量未満の危険物を運搬する場合でも、消防法に基づいた規制の適用を受けています。たとえば、ガソリン20L（指定数量未満）を運搬する場合でも、法で定められた基準を満たした専用容器（ガソリン携行缶）を用い、定められた方法で運ぶ必要があります。

▼運搬と移送

運搬

移送

トラックなど

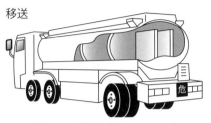

移動タンク貯蔵所（タンクローリー）

(1) 運搬容器

　運搬容器は、鋼板、アルミ板、ブリキ板、ガラス※等で、堅固で容易には破損しないものでなければなりません。

※ガラス容器は使用不可能と思いがちですが、使用不可ではありません。

(2) 積載方法

　試験で問われやすいポイントを次に示します。

> ポイント　積載方法
> ・危険物の性質に適した材質の運搬容器に収納し、注入口を上に向け積載する。
> ・温度変化等で漏れないように、容器は密栓する。
> ・液体危険物は、内容積の 98% 以下の収容率でかつ 55℃で漏れないようにする。
> ・固体危険物は、内容積の 95% 以下の収容率とする。
> ・積み重ねて積載する場合は高さ 3m 以下。
> ・特殊引火物は遮光する。

(3) 運搬容器への表示内容

　運搬容器には、次の6項目を表示する必要があります。

1. 品名　　　　　　　　　　　【例】第4類 第1石油類
2. 危険等級　　　　　　　　　【例】危険等級 II
3. 化学名　　　　　　　　　　【例】アセトン
4. 水溶性か否か（第4類のみ）【例】水溶性（非水溶性の場合は書かない）
5. 数量　　　　　　　　　　　【例】16L
6. 危険物に応じた注意事項　　【例】火気厳禁 ← 第4類は「火気厳禁」

▼運搬容器への表示

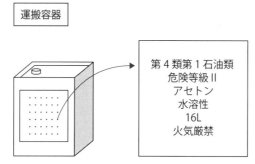

運搬容器

第4類第1石油類
危険等級Ⅱ
アセトン
水溶性
16L
火気厳禁

　危険等級および危険物に応じた注意事項を次に示します。特に、第4類の危険物と、その他の類では危険等級Ⅰの危険物を知っておけば十分でしょう。

▼危険等級

類	危険等級Ⅰ	危険等級Ⅱ	危険等級Ⅲ
第1類	第1種酸化性固体	第2種酸化性固体	左記以外
第2類	－	硫化りん、赤りん、硫黄、第1種可燃性固体	左記以外
第3類	カリウム、ナトリウム、アルキルアルミニウム、アルキルリチウム、黄りん、第1種自然発火性物質および禁水性物質	左記以外	－
第4類	特殊引火物	第1石油類・アルコール類	左記以外
第5類	第1種自己反応性物質	左記以外	－
第6類	第6類すべて	－	－

▼危険物に応じた注意事項

類	品名または性質	注意事項	
第1類	アルカリ金属の過酸化物	火気・衝撃注意	禁水
	その他	可燃物接触注意	
第2類	鉄粉、金属粉、マグネシウム	火気注意、禁水	
	引火性固体	火気厳禁	
	その他	火気注意	
第3類	自然発火性物品	空気接触厳禁、火気厳禁	
	禁水性物品	禁水	
第4類	すべて	火気厳禁	
第5類	すべて	火気厳禁、衝撃注意	
第6類	すべて	可燃物接触注意	

(4) 異なる類の積載（混載）

　車両に異なる類の危険物を混載して運搬する場合、混載できる組合せが決まっています。次に示す表に示す方法で覚えるとよいでしょう。

▼危険物の混載

	第1類	第2類	第3類	第4類	第5類	第6類
第1類		3	4	5	6	⑦
第2類	3		5	(6)	⑦	8
第3類	4	5		⑦	8	9
第4類	5	(6)	⑦		(9)	10
第5類	6	⑦	8	(9)		11
第6類	⑦	8	9	10	11	

○⟋◌ 混載OK
数字は縦と横の類の番号を足したもの

※この表は、指定数量の1/10以下の危険物には適用しません。

覚え方　異なる類の混載
1. 類の番号を足すと「7」になる⇒すべて混載OKです。
2. 第4類のみ、足して「7」だけでなく、その前後の足して「6」と「9」も混載できます（足して8は、第4類同士のことなので、混載ではありません）。
3. 上記以外⇒混載できません。

(5) 運搬方法

・ 指定数量以上の運搬を行う場合、車両前後の見やすい場所に「危」の標識（30cm角）を表示し、運搬する危険物に応じた消火設備を備える。
・ 休憩等で一時停車する場合、安全な場所を選ぶ。

▼標識30cm角

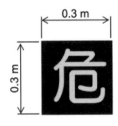

0.3 m
0.3 m
地：黒
文字：黄色

② 移送の基準　　　　　　　　　重要度 ★★

移動タンク貯蔵所で危険物を移送する場合、主に次の基準があります。

- ・移送する危険物を取扱える「危険取扱者の乗車」および「免状の携帯」が必要。
- ・毎回、移送開始前に十分な点検を行う（底弁、マンホール、注入口ふた、消火器等）。
- ・次の条件のいずれかに該当する場合、2名以上の運転要員を確保する。
  1. 連続運転時間が4時間を超える　または
  2. 1日の運転時間9時間を超える
- ・移送時にタンクからの漏れなどの災害発生の恐れがある場合、応急処置を講じた上で、消防機関等に通報する。
- ・「消防吏員」または「警察官」は移動タンク貯蔵所を停車させ、免状の提示を求めることができる。
- ・自動車用消火器（第5種消火設備[※]）を2個以上設置。
- ・アルキルアルミニウム等を移送する場合、移送の経路等を記載した書面を関係消防機関に送付し、書面の写しを携帯しなければならない。

※消火設備の詳細は、1-13節で学びます。

移動タンク貯蔵所には、次の書類の『原本』を備えておく必要があります。

1. 完成検査済証
2. 定期点検記録
3. 譲渡・引渡の届出書
4. 品名・数量または指定数量の倍数の変更の届出書

練習問題　次の問について、○×の判断または空欄を埋めてみましょう。

① 指定数量以上の危険物を運搬する場合、適応する消火設備を備える必要がある（○・×）。
② 指定数量以上の危険物を運搬する場合、危険物取扱者の乗車が必要である（○・×）。
③ 危険物を運搬する場合、容器を積み重ねてはならない（○・×）
④ 危険物の運搬に関する技術上の基準は、運搬する数量に無関係に適用される（○・×）。
⑤ 指定数量以上の危険物を運搬する場合、事前に所轄消防署長への届出が必要である（○・×）。

⑥ 液体危険物を運搬容器に入れて運搬する場合、危険物の内容量は容器の内容積の（　A　）%以下にし、かつ、温度（　B　）℃で漏れがないような空間容積を確保する必要がある。

⑦ 第4類の危険物と混載できるのは第（　A　）類と第（　B　）類と第（　C　）類である。

⑧ 危険物を移送する場合、その危険物を取扱える危険物取扱者が乗車し、かつ免状の写しを携帯しなければならない（○・×）。

⑨ 連続（　A　）時間、または1日（　B　）時間を超えて移送を行う場合、原則2名以上の運転要員が必要である。

⑩ 移送時に漏油等災害の恐れがある場合、応急処置を生じ、消防機関等に通報する（○・×）。

⑪ 移動タンク貯蔵所には完成検査済証、定期点検記録などの写しを常備する（○・×）。

⑫ 消防隊員および警察官は、走行中の移動タンク貯蔵所を停車させ、免状の提示を求めることができる（○・×）。

解答

① ○　指定数量未満の運搬であれば、消火器は不要です。

② ×　運搬の場合は、数量に無関係に、有資格者の乗車は不要です。

③ ×　積み重ねは可能です（積み重ね高さ3m以下）。

④ ○

⑤ ×　そのような決まりはありません。

⑥ A：98、B：55。98%以下、55℃：ちなみに、固体の場合は容積95%以下です。

⑦ A：2、B：3、C：5。第2類、第3類、第5類。
すべての類で足して7の組合せは混載OKです。第4類に限り、その前後である、足して6と9も混載OKです。

⑧ ×　危険物取扱者が乗車する必要があるのは正しいですが、免状は写し（コピー）ではなく原本を携帯しなければなりません。

⑨ A：4、B：9。連続4時間、1日9時間を超える。

⑩ ○

⑪ ×　写しではなく原本です。

⑫ ×　消防隊員ではなく、消防吏員と警察官です。

1-13 消火・警報設備

消火設備は「5種類」に分類されます。各消火設備の具体例を知っておきましょう。また、警報設備も5種類あります。施設や取扱う危険物の種類・数量などに応じて、必要になる消火・警報設備を理解しましょう。

これだけは覚えよう！

・消火設備は5種類あります（第1種：消火栓、第2種：スプリンクラー、第3種：○○消火設備、第4種：大型消火器、第5種：小型消火器、その他）。
・警報設備も5種類あります（①自動火災報知設備、②拡声装置、③消防機関に報知できる電話、④非常ベル、⑤警鐘）。
・地下タンク貯蔵所には、第5種の消火設備を2個以上設置します。
・移動タンク貯蔵所には、自動車用消火器を2個以上設置します。
・危険物は、指定数量10倍が1所要単位です。
・指定数量の10倍以上の製造所等では、警報設備が必要です。ただし、移動タンク貯蔵所のみ除外されます。

1 消火設備　　　　　　　　　　　　　重要度 ★★★

(1) 消火設備の種類（5種類ある）

　消火設備は、第1種から第5種に分類されます。各消火設備の分類と具体例は頻出事項ですので、理解しておきましょう。

▼消火設備

種別	消火設備の種類	具合例・補足説明
第1種 消火設備	消火栓設備	屋外消火栓 屋内消火栓
第2種 消火設備	スプリンクラー設備	スプリンクラー

種別	消火設備の種類	具合例・補足説明
第3種 消火設備	○○消火設備 とよばれるものは 第3種の消火設備	水噴霧消火設備 泡消火設備 不活性ガス消火設備 粉末消火設備 ハロゲン化物消火設備
第4種 消火設備	大型消火器	車輪が付いているような 大型の消火器のこと
第5種 消火設備	小型消火器、その他	小型消火器 乾燥砂 水バケツ 膨張ひる石 膨張真珠岩　など

写真提供　株式会社初田製作所（上記第2種消火設備から第5種消火設備まで）

覚え方 消火設備
第1種＝消火栓　　　　第2種＝スプリンクラー　　　第3種＝○○消火設備
第4種＝大型消火器　　第5種＝小型消火器、その他（水バケツ、砂、石）

（2）消火設備の設置基準

▼消火困難性に応じた設置すべき消火設備

消火困難性の区分	設置する消火設備				
	第1種	第2種	第3種	第4種	第5種
著しく消火困難な製造所等	○（いずれか1つ）			○	○
消火困難な製造所等	－	－	－	○	○
その他の製造所等	－	－	－	－	○

○：必要　　－：不要

　「著しく消火困難」、「消火困難な製造所等」の具体的な条件を知っておく必要はありません。

▼製造所等の面積、数量、性状等に無関係に消火設備が定められているもの

製造所等	設置する消火設備
地下タンク貯蔵所	第5種の消火設備(小型消火器など)を2個以上設置
移動タンク貯蔵所	第5種の自動車用消火器を2個以上設置 **参考** アルキルアルミニウム等を貯蔵する場合は、乾燥砂等、当該危険物の消火に適した消火設備も設ける
電気設備	電気設備のある場所の面積100m²ごとに1個以上

なお、消火設備から保護対象物までの歩行距離(直線距離ではない!)は、

第4種消火設備の場合は歩行距離30m以下、

第5種消火設備の場合は歩行距離20m以下です。

(3) 所要単位

　所要単位とは、製造所等に必要な消火能力を定めるために基準となる単位で、製造所等の種類、構造、指定数量に応じて次のように決められています。

▼所要単位

	耐火構造	耐火構造でない (不燃材料)
製造所・取扱所	延面積 100 m² ←2倍	延面積 50 m²
貯蔵所	延面積 150 m² ←2倍	延面積 75 m²
危険物	指定数量の10倍	

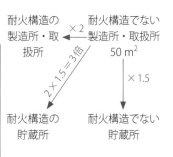

耐火構造の製造所・取扱所 ←×2— 耐火構造でない製造所・取扱所 50 m²

2×1.5=3倍 / ×1.5

耐火構造の貯蔵所　　耐火構造でない貯蔵所

覚え方 所要単位

1. 耐火構造でない製造所・取扱所は 50m² と暗記する。
2. 耐火構造になると、延べ面積が2倍になる(延焼しにくいので)。
3. 貯蔵所は、製造所・取扱所の1.5倍になる(貯蔵しているだけなので、比較的火災になりにくいと理解すればよい)。

2 警報設備　　　　　　　　　　　　　　　　　重要度　★★★

　火災や危険物流出などの事故発生を早期に周知するために、警報設備の設置が必要です。警報設備は5種類あります。これらの種類と、設置が必要な条件を理解しましょう。

■警報設備の設置が必要な製造所等

・　指定数量の10倍以上の危険物を貯蔵または取扱う製造所等※

※ただし、移動タンク貯蔵所は不要です。

■警報設備の種類（5種類）

　①自動火災報知設備　　②拡声装置　　　　③消防機関に報知ができる電話

　④非常ベル装置　　　　⑤警鐘

▼警報設備

①　　　　　　　　　　②　　　　　　　　　　④　　　　　⑤

写真提供
②TOA株式会社（防滴メガホン　ER-1115S）

| 練習問題 | 次の問について、○×の判断または空欄を埋めてみましょう。 |

① 第4類の危険物に適応する消火設備を第4種消火設備とよぶ（○・×）。

② 大型の粉末消火器は第（　A　）種、屋内消火栓設備は第（　B　）種の消火設備である。

③ 泡を放射する小型の消火器は第（　A　）種、粉末消火設備は第（　B　）種の消火設備である。

④ スプリンクラー設備は第（　A　）種、乾燥砂は第（　B　）種の消火設備である。

⑤ 地下タンク貯蔵所には第（　A　）種の消火器を（　B　）個以上設ける。

⑥ 移動タンク貯蔵所には第4種の大型消火器を2個以上設ける（○・×）。

⑦ 危険物は指定数量の（　）倍を1所要単位とする。

⑧ 電気設備に対する消火設備は電気設備のある場所の（　）m² ごとに1個以上設ける。

⑨ 指定数量の倍数が100の移動タンク貯蔵所には警報設備が必要（○・×）。

⑩ 第4種の消火設備は保護対象物から直線距離で30m以下になるように設ける（○・×）。

⑪ ガス漏れ検出装置は警報設備に該当する（○・×）。

解答 ●●

① ×　類に応じた消火設備の分類はなされていません。

② A：4、B：1。「大型消火器」は第4種、「消火栓」は第1種の消火設備です。

③ A：5、B：3。「小型消火器」は第5種、「○○消火設備」は第3種の消火設備です。

④ A：2、B：5。「スプリンクラー」は第2種、「乾燥砂、水バケツ、膨張ひる石」等は第5種の消火設備です。

⑤ A：5、B：2。**第5種を2個以上**：これは、地下タンク貯蔵所特有の基準ですので、覚えておきましょう。

⑥ ×　移動タンク貯蔵所には、第5種の自動車用小型消火器を2個以上設けます。

⑦ 10倍

⑧ 100m²

⑨ ×　移動タンク貯蔵所のみ、数量に無関係に警報設備が不要です。

⑩ ×　第4種は確かに30m以下ですが、正しくは歩行距離で30mです。直線距離ではありません。ちなみに、第5種は歩行距離20m以下です。

⑪ ×　ガス漏れ検知装置は該当しません。

1-14 違反等に対する措置

消防法等に適合していない場合、許可の取消または使用停止になる場合があります。「取消」になるか、「使用停止」になるかの見分け方を理解すれば個々のケースを覚えなくても正答できます。

これだけは覚えよう！

- 施設の不適合に関わる場合は許可の取消になる。
- 取扱方法に関わる場合は使用停止になる（施設が不適合な訳ではないので、施設の取消にはなりません）。
- 上記基準で許可取消または使用停止が判断可能（さまざまなケースの暗記は不要です）。
- 危険物施設および危険物の貯蔵・取扱いに関する行政命令は、市町村長等から当該施設の所有者等に対して行われます。

1 違反に対する措置命令 　　　　　重要度 ★

　製造所等の基準不適合や取扱いの基準違反などがあった場合、さまざまな行政命令がなされます。具体的な事案と行政命令を次の表にまとめます。

▼各種義務違反と措置命令

該当事項	命　令
危険物の貯蔵、取扱いの基準違反	危険物の貯蔵・取扱基準遵守命令
製造所等の位置、構造および設備の基準違反	危険物施設の基準適合命令
危険物保安統括管理者もしくは危険物保安監督者が消防法に基づく命令の規定に違反している。またはこれらの者にその業務を行わせることが公共の安全や災害防止に支障をきたす恐れがある	危険物保安統括管理者または危険物保安監督者の解任命令
火災予防のために必要なとき	予防規程変更命令
危険物の流出その他事故発生時に応急措置を講じていない	危険物施設の応急措置命令
移動タンク貯蔵所にて危険物の流出その他の事故が発生したとき	移動タンク貯蔵所の応急措置命令

■命令を受けるのは誰か？

　上記の命令は、許可権者である市町村長等から、当該危険物施設の所有者等（所有者、管理者、占有者）に対して出されます。

> 上記の命令が、「危険物保安監督者に対してなされる」という問題が出る場合がありますが、正しくは「所有者等」です！

2　許可の取消と使用停止命令　　重要度 ★★★

消防法等に適合していない場合、次の2つのケースになる場合があります。

> ① 使用停止命令を受ける
> ② 許可の取消または使用停止命令を受ける

　上記の通り、①は危険物施設が使用できなくなる処分ですが、②は、使用停止だけでなく、許可が取り消されることになります。つまり、製造所等としての許可を失うことになり、②のほうがより重い処分だといえます。

　試験では、どのような場合に「使用停止」になり、どのような場合に「許可の取消」になるのかを問われる問題が主に出題されます。「使用停止」になるか、「取消」になるかの見分け方を理解すれば個々のケースを覚えなくても正答できます。見分け方と具体例を次の表にまとめます。

▼「許可の取消」か「使用停止」かの見分け方

	考え方	対象となるケース
①使用停止（許可は取消されない）	人や動作に関わる場合が対象	(1) 貯蔵・取扱い基準遵守命令 無視 (2) 危険物保安監督者、危険物保安統括管理者未選任（選任し、その者に監督させていない場合も含む） (3) 上記(2)の解任命令無視
②許可の取消または使用停止	施設の不適合（可能性含む）に関わる場合が対象	(1) 製造所等の無許可での変更（改造） (2) 修理・改造等の命令に従わない (3) 完成検査済証交付前（未許可）に施設を使用 (4) 保安検査、定期点検未実施（点検記録がない場合も未実施と同じ扱い）

> **考え方**
> 設備は適合しているが、扱い方が不適切⇒①使用停止（取り消されはしない）
> 施設の基準適合が証明できない場合　　⇒②許可の取消または使用停止

練習問題　次の問について、○×の判断をしてみましょう。

① 危険物保安監督者を定めなければならない製造所で、危険物保安監督者を定めていなかった場合、その製造所の許可が取消される。

② 製造所で危険物の取扱業務に従事する危険物取扱者が保安講習を受けていなかった場合、使用停止を命ぜられる事由に該当する。

③ 定期点検を実施していたが、その記録を保存していなかった場合、許可の取消を受ける事由に該当する。

④ 危険物保安監督者を選任したが、市町村長等への届出を怠った場合、使用停止命令を受ける。

⑤ 危険物保安監督者がその責務を怠っている場合、危険物取扱作業に関する保安講習の受講命令を受ける。

解答

① × これは、施設での危険物の取扱い方に関する不適合なので、許可の取消にはなりません（施設自体が不適合な訳ではありません）。この場合、使用停止命令を受ける事由には該当します。

② × 使用停止には該当しません。

③ ○ たとえ定期点検を実施していたとしても、記録の保存（通常3年）がない限り、定期点検の実施有無と基準への適合状況を証明する術はありません。そのため、定期点検を受けていないに等しいと扱われます。

④ × 届出義務を怠った場合については、使用停止にはなりません。

⑤ × この場合、『危険物保安監督者の解任命令』を受けます。そもそも保安講習は、危険物取扱作業に従事する危険物取扱者が定期的に受ける講習であり、目的が違います。許可の取消や使用停止命令に関連して、「保安講習の受講命令」という命令はありませんので、これらの問いが出た場合、すべて誤っていると思ってよいでしょう。

演習問題 1-3　法令に関する問題（その 3）

問　題

■標識・掲示

問題1

標識・掲示板についての説明で、誤っているものはどれか。

(1) 給油取扱所には「給油中エンジン停止」と表示した掲示板が必要。

(2) 第4類の危険物を貯蔵する屋内貯蔵所には地が赤で文字が白で書かれた「火気注意」の掲示が必要。

(3) 移動タンク貯蔵所には、「危」と表示した標識を設けなければならない。また、当該標識のサイズも、定められている。

(4) 製造所等には、地が白で文字が黒で書かれた、製造所等の名称を示した掲示が必要。

(5) 第3類の禁水性物質には、地が青で文字が白で書かれた「禁水」の掲示板が必要。

■貯蔵・取扱いの基準

問題2

危険物の貯蔵・取扱いの基準について、正しいものはどれか。

(1) 廃油等を処理する際は、焼却以外の方法で行うこと。

(2) 危険物のくず、かす等は、週に1回以上処理すること。

(3) 貯留設備に溜まった危険物は1日1回以上汲み上げること。

(4) 危険物を埋没処理してはいけない。

(5) 危険物を海中または水中に流出させてはいけない。

問題3

危険物の貯蔵・取扱いの基準について、誤っているものはどれか。

(1) 危険物のくず、かす等は1日1回以上処理しなければならない。
(2) 危険物が残存している恐れがある容器を修理する際は、危険物を完全に取り除いてから行う。
(3) 製造所等は、係員以外の者をみだりに出入りさせてはならない。
(4) 製造所等においては、火災予防のためいかなる場合においても火気を使用してはならない。
(5) 貯留設備に溜まった危険物は、随時処理しなければならない。

問題4

製造所等における危険物の取扱いについて、正しいものはどれか。

(1) 給油取扱所で自動車に軽油を給油する際は、自動車のエンジンを停止する必要はないが、ガソリンを給油する際はエンジンを停止する必要がある。
(2) 危険物を焼却する際は、周囲に延焼する恐れがない場合、見張人を付ける必要はない。
(3) 地下貯蔵タンクに危険物を注入する際は、逆流防止のため計量口を開放しておかなければならない。
(4) 給油取扱所で、車両の一部が給油空地からはみ出した状態で給油する場合は、見張人を付けて十分に注意して作業を行わなければならない。
(5) 危険物を保護液中に保存する場合、保護液から露出しないようにする。

■運搬・移送の基準 ───────────────

問題5

危険物の運搬について、法令上正しいものはどれか。

(1) 指定数量以上のガソリンを運搬する際は、乙種第4類危険物取扱者が乗車（運転または同乗）しなければならない。
(2) 運搬する危険物の数量に関わらず、運搬する危険物に適した消火設備を備えなければならない。

(3) 運搬する危険物の数量に関わらず、車両の前後の見やすい位置に定められた標識を掲げなければならない。

(4) 運搬する危険物の数量に関わらず、法令上の危険物の運搬に関する技術上の基準の適用を受ける。

(5) 指定数量の10倍以上の危険物を運搬する場合は、所轄消防署長に事前に届け出なければならない。

問題6

☑ ☑ ☑

危険物の運搬について、法令上正しいものはどれか。

(1) 危険物の運搬容器にガラス製のものは使用できない。

(2) ドラム缶や一斗缶で危険物を運搬する際、容器の転倒を防ぐため、上部にある危険物の収納口が横向きになるように積載する。

(3) 液体の危険物の場合、運搬容器の内容積の90%の収納率で、かつ65℃の温度で漏れないようにすること。

(4) 指定数量未満の危険物を運搬する場合においても、運搬容器には危険物の品名など、法令で定められた表示をしなければならない。

(5) 運搬する容器を積み重ねて運搬してはいけない。

問題7

☑ ☑ ☑

法令上、第4類の危険物の運搬容器への表示内容に定められていないものの数は、次のうちいくつあるか。

A：危険物の品名（例：第1石油類）　　　B：数量
C：危険物の化学名（例：アセトン）　　　D：危険等級（例：危険等級Ⅱ）
E：水溶性のものは「水溶性」の表示　　　F：容器の材質
G：消火方法　　　H：危険物に応じた注意事項（例：火気厳禁）

(1) 1つ　　　(2) 2つ　　　(3) 3つ　　　(4) 4つ　　　(5) 5つ

問題8 ☑☑☑

法令上、第4類の危険物とそれ以外の危険物を、それぞれ指定数量の1倍ずつ混載する場合について、正しいものはどれか。

(1) 第1類の危険物とは混載できる。
(2) 第2類の危険物とは混載できない。
(3) 第3類の危険物とは混載できない。
(4) 第5類の危険物とは混載できる。
(5) 第6類の危険物とは混載できる。

問題9 ☑☑☑

次のA〜Fの書類うち、移動タンク貯蔵所に備え付けておかなければならない書類に該当しないものの組合せはどれか。

A： 設置許可証
B： 完成検査済証
C： 品名、数量または指定数量の倍数変更の届出書
D： 定期点検記録
E： 譲渡・引渡の届出書
F： 危険物保安監督者の選任・解任の届出書

(1) A、E 　　(2) A、F 　　(3) B、D 　　(4) C、E 　　(5) E、F

問題10 ☑☑☑

移動タンク貯蔵所での危険物の移送について、誤っているものはどれか。

(1) 移送の際は、移送する危険物を取扱える危険物取扱者が乗車していなければならない。
(2) 警察官、消防吏員は、防火上必要と認められる場合には、移動タンク貯蔵所（車両）を停止させ、乗車する危険物取扱者に対して免状の提示を求めることができる。
(3) 同じ経路で定期的に危険物を移送する場合は、移送経路を出発地および到着地を所轄する消防署に届け出なければならない。
(4) 移動タンク貯蔵所には、「完成検査済証」、「定期点検記録」、「譲渡・引渡の届出書」、「品名・数量または指定数量の倍数の変更の届出書」の原

本を備え付けておかなければならない。

（5）危険物を移送する危険物取扱者は、免状を携帯しなければならない。

問題11　☑☑☑

移動タンク貯蔵所での危険物の移送について、次の記述のうち正しいものはいくつあるか。

A：連続2時間または1日8時間を超えて移送を行う場合は、2名以上の運転要員が必要。

B：移送する危険物を取扱える危険物取扱者が乗車するとともに、当該危険物取扱者は、免状の写しを携帯しなければならない。

C：灯油の移送ができるのは、甲種または乙種第4類の危険物取扱者が乗車している場合のみである。

D：移送中に休憩する場合、所轄消防署長の承認を受けた場所で行わなければならない。

E：移動タンク貯蔵所の弁、マンホール等の点検は、移送前に毎回行う。

F：自動車用消火器（第5種消火設備）を2つ以上設置する。

（1）1つ　　（2）2つ　　（3）3つ　　（4）4つ　　（5）5つ

■消火・警報設備 ─────────────────────

問題12　☑☑☑

消火設備の区分と具体的な消火設備名の組合せで、正しいものはいくつあるか。

A：スプリンクラー設備……………………………………第1種消火設備

B：ハロゲン化物消火設備…………………………………第2種消火設備

C：膨張ひる石………………………………………………第5種消火設備

D：小型の二酸化炭素消火器………………………………第4種消火設備

E：屋内消火栓設備…………………………………………第3種消火設備

F：乾燥砂……………………………………………………第5種消火設備

G：消火粉末を放射する大型消火器………………………第3種消火設備

（1）1つ　　（2）2つ　　（3）3つ　　（4）4つ　　（5）5つ

問題13

製造所等に消火設備を設置する際の所要単位を計算する方法として、誤っているものはどれか。

(1) 危険物の場合、指定数量の30倍を1所要単位とする。

(2) 外壁が耐火構造の製造所は延面積100m²を1所要単位とする。

(3) 外壁が耐火構造でない製造所は延面積50m²を1所要単位とする。

(4) 外壁が耐火構造の貯蔵所は延面積150m²を1所要単位とする。

(5) 外壁が耐火構造でない貯蔵所は延面積75m²を1所要単位とする。

問題14

消火設備についての記述で、誤っているものはどれか。

(1) 屋外消火栓設備は、第1種の消火設備である。

(2) スプリンクラー設備は、第2種の消火設備である。

(3) ハロゲン化物消火設備は、第3種の消火設備である。

(4) 地下タンク貯蔵所には、第5種の消火設備を2個以上備えること。

(5) 第5種の消火設備は防護対象物までの直線距離が30m以下になるように設けなければならない。

問題15

消火設備についての記述で、誤っているものはどれか。

(1) 第4種の消火設備は、防護対象物までの歩行距離が30m以下になるように設けなければならない。

(2) 第5種の消火設備は、防護対象物までの歩行距離が20m以下になるように設けなければならない。

(3) 地下タンク貯蔵所には、第5種の消火設備を2個以上設ける。

(4) 移動タンク貯蔵所には、第4種の消火設備を2個以上設ける。

(5) 電気設備に対する消火設備は、電気設備のある場所の面積の100m²ごとに1個以上設けなければならない。

問題16

次のうち、警報設備を必要としないケースはいくつあるか。

A： 指定数量の倍数が5倍の製造所
B： 指定数量の倍数が10倍の屋内貯蔵所
C： 指定数量の倍数が20倍の屋外タンク貯蔵所
D： 指定数量の倍数が30倍の給油取扱所
E： 指定数量の倍数が40倍の移動タンク貯蔵所

(1) 1つ　　(2) 2つ　　(3) 3つ　　(4) 4つ　　(5) 5つ

■許可の取消・使用停止

問題17

次のうち、製造所等の許可の取消事由に該当しないものはどれか。

(1) 製造所等の定期点検の記録が保存されていない。
(2) 危険物保安監督者を定めなければならない製造所等において、それを定めていない。
(3) 製造所等の完成検査前に仮使用の承認を受けずに製造所等を使用した。
(4) 製造所等の位置、構造または設備に関する措置命令に違反した。
(5) 許可を受けずに、製造所等の位置、構造または設備を変更した。

問題18

製造所等の許可の取消または使用停止を命ぜられる事由として、誤っているものはどれか。

(1) 屋外タンク貯蔵所の完成検査を受ける前に、その施設を使用した。
(2) 給油取扱所の危険物取扱者が、保安講習を受けていないとき。
(3) 定期点検の実施が必要な施設において、定期点検を実施していないとき。
(4) 危険物施設の基準適合命令に従わないとき。
(5) 製造所等の位置、構造を無許可で変更した。

問題19

市町村長等から発せられる命令について、誤っているもののみの組合せはどれか。

A： 危険物施設保安員の解任命令
B： 製造所等の使用停止命令
C： 危険物の貯蔵・取扱基準遵守命令
D： 予防規程変更命令
E： 危険物保安講習の受講命令

(1) A、B　　(2) B、D　　(3) C、D　　(4) C、E　　(5) A、E

解 答 ・ 解 説

問題1
解答（2）

第4類への表示は「火気厳禁」です。1-10節参照

問題2
解答（5）

危険物を焼却処理および埋没処理することは可能ですが、水中に流出させることはできません。くずやかすなどは1日に1回以上処理します。貯留設備に溜まった危険物は随時汲み上げます。1-11節参照。

問題3
解答（4）

いかなる場合でも火気を使用してはいけない訳ではありません。1-11参照。

問題4
解答（5）

危険物を保護液中に保存する場合は、保護液から危険物を露出させません。1-11節参照。

問題5
解答（4）

危険物の運搬に関しては、運搬する数量（指定数量の倍数）に無関係に、消防法により技術上の基準が定められています（例：運搬用の容器など）。1-12節参照。

問題6 解答（4）

指定数量に無関係に、運搬容器への表示内容は定められています。1-12節参照。

問題7 解答（2）

容器の材質と消火方法は、表示内容に定められていません。1-12節参照。

問題8 解答（4）

第4類の場合、混載する危険物の類を足し合わせた際に、7だけでなく、6と9のときも混載OK。よって、第2、3、5類との混載が可能です。1-12節参照。

問題9 解答（2）

移動タンク貯蔵所に常備しておなかければならない書類（原本）4点は、覚えておきましょう。1-12節参照

問題10 解答（3）

特に経路を届け出る必要はありません。1-12節参照。

問題11 解答（2）

EとFが正しい。（A）は連続4時間以上と1日9時間超える。（B）は免状の原本を所持しなければならない。（C）は丙種危険物取扱者もOK。（D）は特に承認を受ける必要はない。1-12節参照。

問題12 解答（2）

CとFのみが正しい。（A）は第2種消火設備である。（B）は第3種消火設備である。（D）は第5種消火設備である。（E）は第1種消火設備である。（G）は第4種消火設備である。1-13節参照。

問題13 解答（1）

危険物の場合、指定数量の10倍が1所要単位です。1-13節参照。

問題14 解答（5）

この文章は、2か所誤っています。第5種消火設備は、直線距離ではなく、歩行距離で20mです。1-13節参照。

問題15　　　　　　　　　　　　　　　　　　　　　　解答 (4)

　移動タンク貯蔵所には、第5種の自動車用消火器 (小型消火器) を2個以上設けます。1-13節参照。

問題16　　　　　　　　　　　　　　　　　　　　　　解答 (2)

　警報設備は、「指定数量の10倍以上」の製造所等で必要です。ただし、「移動タンク貯蔵所」のみ対象外。よって、AとEは警報設備を必要としません。1-13節参照。

問題17　　　　　　　　　　　　　　　　　　　　　　解答 (2)

　人に係る事項の場合、施設の取消にはなりません。この場合、許可の取消事由には該当しません。1-14節参照。

問題18　　　　　　　　　　　　　　　　　　　　　　解答 (2)

　施設の使用停止にはなりません。(2) 以外の状況では、許可の取消か使用停止を命ぜられる事由に該当します。1-14節参照。

問題19　　　　　　　　　　　　　　　　　　　　　　解答 (5)

　危険物施設保安員の選任・解任は届出の義務がないので、解任命令を受けることはありません。「保安講習の受講命令」というものはありません。そもそも、危険物保安講習は、免状関係なので「都道府県知事」の管轄です。たとえば「免状の返納命令」といわれた場合も市町村長等から出される命令ではありません (都道府県知事が出す命令です)。1-14節参照。

第 2 章

物理学および化学

共通した予備知識

甲種危険物取扱者における物理および化学を学ぶ上での、共通の予備知識を説明します。学んだことがある場合、読みとばしても構いません。

これだけは覚えよう！

・単位面積当たりにかかる力を圧力といいます。
・標準大気圧1atmは101.3kPaです。通常、1atmを1気圧ともいいます。
・1molとは、6.02×10^{23}個（アボガドロ定数）の原・分子の集まりをいいます。
・分子を構成するすべての原子の原子量を足し合わせたものが分子量です。分子量は、分子1mol（6.02×10^{23}個）当たりの質量に等しくなります。

1 圧力

重要度 ★

圧力とは、単位面積当たりにかかる力のことです。気体が入った容器を加熱すると、内部の圧力が増加します。いま、シリンダ内に入った気体に面積$A[m^2]$のピストンで力$F[N]$を加えると、内部の圧力$P[Pa]$が増加します。このときの圧力は、次の式で示されます。

$$P = \frac{F}{A}$$

圧力Pは力$F[N] \div$面積$A[m^2]$ですので、単位は$[N/m^2]$になります。この$[N/m^2]$を$[Pa]$（パスカル）で示します。つまり、面積$1m^2$の面に1Nの力を加えた際の圧力が1Paです。

▼圧力

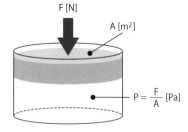
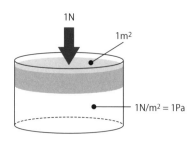

「静止した流体（液体や気体）中の圧力は、すべての点において等しくなります」これを「パスカルの原理」といいます。つまり、圧力はあらゆる方向に一様に（等方的に）伝わります。

　地上においても、地球上に降り積もる大気（空気）によって圧力がかかっています。これを大気圧といいます。大気圧の大きさは、約100kPaです。ここで、"k"は10^3倍（1000倍）のことです。大気圧は、その日の気象条件や標高によって異なりますが、その標準値として、標準大気圧が定められています。標準大気圧を1気圧または1atmとよび、その値は101.3kPa（1013hPa「ヘクトパスカル」）です。つまり、約100kPaと理解していれば問題ありません。以後、「1気圧」と書いた場合は1atmを指します。

▼標高と気圧の関係

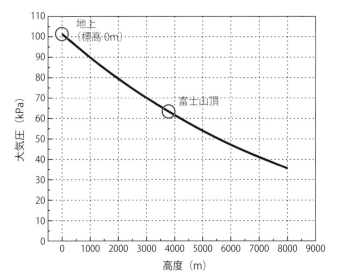

2 物質量とアボガドロの法則　　重要度 ★★

　原子や分子の数は膨大なため、ある個数をひとまとめにしたほうが計量しやすい。たとえば、鉛筆などは12本で1ダースとよぶのと同じことです。分子の場合、物質量 (mol) を使います。1molとは、6.02×10^{23} 個の粒子の集まりをいいます。この数値をアボガドロ定数Naとよびます。

> **アボガドロ定数**　Na $= 6.02 \times 10^{23}$ 個/mol

　アボガドロの法則を次に示します。

> **●アボガドロの法則**
> 　「すべての気体は、同じ温度、同じ圧力であれば、同じ容積内に同じ数の分子を含む」具体的には、
> 　「すべての気体は、1mol、標準状態 (0℃、1atm) において 22.4Lの容積を占め、その容積中には 6.02×10^{23} 個 (アボガドロ定数) の分子を含む」

3 原子量と分子量　　重要度 ★★

(1) 原子量

　原子1個の質量は非常に軽く、たとえば、原子番号12の炭素の質量は、1mol集まって12グラム (12g/mol) になります。炭素の原子量を12とし、それとの相対値で示した質量を原子量といいます。

　原子量は、原子1mol (6.02×10^{23}個) 当たりの質量 (g) に等しくなります。

> 【例】　酸素原子O → 原子量16 → 16g/mol (酸素原子を1mol集めると16g)

(2) 分子量・式量

　分子を構成する原子の原子量をすべて足し合わせたものを**分子量**といいます。分子量も、1mol ($= 6.02 \times 10^{23}$個) 当たりの質量 (g) に等しくなります。

　たとえば、酸素分子O_2の分子量は、原子量16のOが2つなので、$16 \times 2 = 32$です。つまり、酸素分子O_2を1mol集めると32gになり、単位を付けると32g/molと書けます。

　このように、質量の単位を付けて○○g/molと書いた場合、「モル質量または分子質量」とよびます (数値は分子量と同じで、単位を付けるかの違いです)。

【例】 二酸化炭素CO_2 → 炭素の原子量12＋酸素の原子量16×2個
＝分子量44 → 44g/mol（1mol集めると44g）

　また、塩化ナトリウム（NaCl）や塩化カルシウム（$CaCl_2$）のように、イオン結合の物質の場合、分子に相当する単位粒子ではないため、これらは組成式（2-9③参照）で表されます。この場合、分子量ではなく式量を用います。式量は、分子量と同じように計算すればよく、次のように求められます。

【例】 塩化カルシウム$CaCl_2$
　　　→ カルシウムCaの原子量40＋塩素Clの原子量35.5×2個
　　　＝式量111 → 111g/mol（塩化カルシウムを1mol集めると111g）

参考 空気は窒素N_2（分子量28）約79％、酸素O_2（分子量32）約21％と近似できます※。その分子量は約29（28×0.79＋32×0.21≒29）になります。空気よりも分子量が大きいものは空気に沈みます。第4類の危険物蒸気の分子量はすべて空気より大きいので、空気に沈み、底部に滞留します。

※ N_2が80％、O_2が20％と近似する場合もあります。その場合でも、分子量は約29（28×0.8＋32×0.2≒29）になります。

練習問題　次の問について、空欄を埋めてみましょう。

① 圧力5MPa（$5×10^6$Pa）の油圧が、面積0.1m²のピストンに加わったとき、油がピストンを押す力は（　）Nである。

② 炭素原子Cの原子量は12、水素原子Hの原子量は1なので、CH_4（メタン）の分子量は（　A　）である。0℃、1atmにおいて気体状のメタンが5molあるとき、その容積は（　B　）L、メタン分子の総個数は（　C　）個である。

解答

① 圧力P×面積Aが力Fです。ピストン面積は0.1m²なので、ピストンを押す力Fは、F＝PA＝$5×10^6$×0.1＝500kN（500kNは50000kg＝50tonの物体に働く重力と同じくらいです）。

② A：16、B：112、C：$30.1×10^{23}$。
メタンの分子量：12×1＋1×4＝16、0℃、1atmにおける1molの気体の容積は22.4Lなので、5molでは22.4×5＝112L。1molは$6.02×10^{23}$個なので、総個数は$6.02×10^{23}$×5＝$30.1×10^{23}$個です。

2-2 密度と比重

第4類（引火性液体）の多くは水より軽い。つまり、非水溶性であれば水に浮くものが多い。一方、それらが蒸発した蒸気は、すべて空気より重い。この点はよく問われます。水や空気と比べて重いか軽いかを表わすのに、「液体比重」、「蒸気比重」を用います。

これだけは覚えよう！

- 比重とは、物質が水や空気よりどれ位重いか（軽いか）を示す数値。
- 液体比重の場合、基準物は水、蒸気比重の場合、基準物は空気。
- 第4類の多くは、液体比重が1未満（水に浮くものが多い）。
- 第4類はすべて、蒸気比重が1より大きい（蒸気は空気に沈む）。

1 密度ρ：単位は[g/cm³]、[kg/L]、[kg/m³]など   重要度 ★

単位体積V（たとえば「1cm³」）当たりの質量m（たとえば「g」）のことを密度といいます。容積Vの物体の質量がmであった場合、次の式で算出されます。

$$\text{密度} \quad \rho = \frac{\text{質量m}}{\text{体積V}} \quad [\text{g/cm}^3]$$

【例題1】

1L当たり1kgの水の密度ρは何g/cm³か。また何kg/m³か。

【解答】

1L当たり1kgなので、ρ＝m／V＝1kg/Lです。1kg＝1000g、1L＝1000cm³なので、ρ＝1kg/L＝1g/cm³です（同じ数値になります）。1Lは、牛乳パック1本と同じなので、1L当たりで考えたほうが重さをイメージしやすいと思います。また、1m³＝1000Lですので、1kg/L＝1000kg/m³になります。つまり、水1Lは1kgですが、1m³だと1トン（1000kg）です。

【例題2】

ガソリン1Lの質量を測定したところ、732gでした。このガソリンの密度ρは何g/cm³か。

【解答】

ρ＝m／V＝732／1000＝0.732g/cm³です（水に浮きます）。

156

② 比重γ：単位はありません（無次元）　　重要度 ★★

　ある物質の密度を、基準物（水や空気）の密度で割ったものを比重といいます。比重は、物質が基準となる物質よりも、どのくらい重いか軽いかを表します。

（1）固体または液体の場合：4℃での水の密度※1.0g/cm³が基準

$$\text{固体または液体比重} \quad \gamma_{liquid} = \frac{\text{液体の密度}}{4℃の水の密度} = \frac{\text{液体の密度}}{1.0} \quad [-]$$

　つまり、水の密度が1.0のため、固体・液体の密度と比重の数値は等しくなります。

　よって、水に溶けない物質であれば、次のことがいえます。

※水は、4℃のときに最も密度が大きくなります。

> 比重が1.0を超える ⇒ 水よりも密度が大きく水に沈む
> 比重が1.0未満　　 ⇒ 水よりも密度が小さく水に浮く

（2）気体の場合（燃料蒸気など）：0℃、1atm（1気圧）での空気の密度 1.293g/Lが基準

$$\text{蒸気比重} \quad \gamma_{vapor} = \frac{\text{蒸気の密度 [g/L]}}{0℃、1atm での空気の密度 [g/L]} = \frac{\text{蒸気の密度}}{1.293}$$

　また、2-1節の3の(2)で説明した分子量を考えると、分子量 [g/mol] は1mol当たりの質量のことです。アボガドロの法則を考えると、同じ温度と圧力であれば、1mol当たりの容積は気体の種類に依らずに一定です。つまり、密度の比と分子量の比が等しくなります。よって、次の式が成り立ちます。

$$\text{蒸気比重} \quad \gamma_{vapor} = \frac{\text{蒸気の密度 [g/L]}}{0℃、1atm での空気の密度 [g/L]} = \frac{\text{蒸気の分子量}}{\text{空気の分子量}}$$

　空気の分子量は、2-1節の3の(2)で示した通り、約29です。よって、分子量が29を超える気体は、空気中に沈むことになります。

> 蒸気比重が1.0以上 ⇒ 空気に沈んで地面に滞留
> 蒸気比重が1.0未満 ⇒ 空気に浮いて上方に拡散

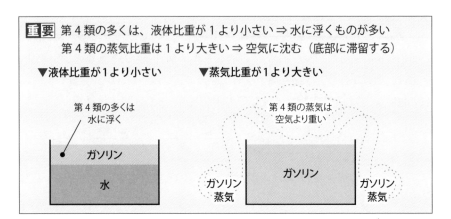

重要 第4類の多くは、液体比重が1より小さい ⇒ 水に浮くものが多い
第4類の蒸気比重は1より大きい ⇒ 空気に沈む（底部に滞留する）

▼液体比重が1より小さい　　▼蒸気比重が1より大きい

第4類の多くは
水に浮く

ガソリン

水

第4類の蒸気は
空気より重い

ガソリン
蒸気

ガソリン

ガソリン
蒸気

練習問題

① 二酸化炭素 CO_2 とベンゼン C_6H_6 蒸気の蒸気比重はいくらか。ただし、各元素の原子量は、H＝1、C＝12、O＝16である。ここで空気の分子量は29とする。

解答

① **CO_2 の蒸気比重は1.52、ベンゼンの蒸気比重は2.69**
　まず、原子量から分子量を算出します。
　CO_2 の分子量：$12 \times 1 + 16 \times 2 = 12 + 32 = 44$（分子質量44g/mol）
　ベンゼンの分子量：$12 \times 6 + 1 \times 6 = 72 + 6 = 78$（分子質量78g/mol）
　一方、空気の分子量は約29なので、両者の蒸気比重は次の通りです。
　CO_2 の蒸気比重＝$44 ／ 29 ≒ 1.52$
　ベンゼンの蒸気比重＝$78 ／ 29 ≒ 2.69$
　両者とも、空気中に沈みます。

参考 ベンゼンその他第4類の蒸気比重はすべて1より大きいので、燃料蒸気は低部に滞留します。そのため、製造所等においては排気設備で燃料蒸気を屋外の高所に排出したり、床に傾斜を設けたりしています。
　また、CO_2 は不燃性でかつ空気に沈むので、火災に吹き付けると火炎を覆って空気を遮断し、火災を窒息させて消火する効果があります。そのため、消火剤として利用されています。

2-3 温度と熱エネルギー

熱エネルギーと温度変化の関係や、比熱と熱容量の概念などが問われることがあります。本節で、基本的な重要事項を押えましょう。

これだけは覚えよう！

- 絶対温度T[K]とセ氏温度t[℃]の関係は、T＝t＋273
- 熱量Q、質量m、比熱c、温度変化量⊿Tの関係はQ＝mc⊿T
- 熱容量Cと比熱cの関係はC＝mc
- 比熱の意味と熱容量との違いを理解しておこう。

1 絶対温度T：単位は[K]（ケルビン）　重要度 ★

　私たちが普段使う温度単位はセ氏温度t[℃]です。これは、1気圧における水の凝固点を0℃、水の沸点を100℃としてその間を100等分した温度目盛りです。そのため、凝固点より低い温度のときには、数値がマイナスになります。低温側には、理論的な下限値があります。絶対温度Tは、この温度を"0"としたものです。目盛間隔は、セ氏温度と同じです。つまり、セ氏温度と絶対温度の関係は、

$$T[K] = t[℃] + 273$$

となります。正確には、t＋273.15ですが、273を用いて問題ありません。

　たとえば、理想気体の状態方程式PV＝nR₀Tなど、熱力学計算をする際に用いる温度は、絶対温度T[K]です。セ氏温度を用いると正しい数値が導かれません。

【例題1】　－196℃の液体窒素は何Kか。

【解答】　T＝t＋273＝－196＋273＝77K

2 比熱c：単位は[J/（g・K）]　重要度 ★★

　単位質量（1gや1kg）の物質の温度を1K（1℃と同じです）上昇させるのに必要な熱量のことを比熱といいます。Kと℃の目盛り間隔は等しいので、単位はJ/（g・K）でもJ/（g・℃）でも同じです。たとえば、水の比熱は約4.2J/（g・K）、アルミニウムの比熱は約0.9J/（g・K）です。水1gの温度を1℃上昇させるのに

は4.2J必要で、アルミニウム1gの温度を1℃上昇させるのには0.9J必要です。比熱が大きいということは、熱しても温度が上昇しにくいことを意味します。これは、多量の熱を蓄積できるともいえます。水は、身近に多量に手に入る上、比熱も大きく、冷却剤や消火剤として優れた特性を持っています。

> 比熱が大きい ⇒ 加熱しても昇温しにくい（熱しにくく冷めにくい）
> 比熱が小さい ⇒ 加熱により昇温しやすい（熱しやすく冷めやすい）

3 熱容量C：単位は[J/K] 　重要度 ★★

着目している物質全体の温度を1K（＝℃）上昇させるのに必要な熱量のことを熱容量といいます。比熱c[J/（g・K）]の物質が質量 m[g]あったとき、熱容量Cは、次の式で表されます。

$$C = mc$$

【例題2】
100L（100kg）の水の比熱と熱容量はいくらか。

【解答】
比熱c＝4.2J/（g・K）（比熱は1g当たりなので、質量に無関係です）
熱容量C＝mc＝$100 \times 10^3 \times 4.2 = 420 \times 10^3$J/K＝420kJ/K
（水100Lに420kJの熱を加えると、温度が1℃上昇する）

4 熱量Q：単位は[J] 　重要度 ★★

物体を加熱すると、温度が上昇します。固体や液体に対して、熱量Q、質量m、比熱c、温度変化量⊿Tの関係は次の式で表されます。

$$Q = mc\,⊿T$$

【例題3】
20℃の水1Lを、90℃のお湯にするのに必要な熱量はいくらか。

【解答】
水1Lは1000gなので、
$$Q = mc\,⊿T = 1000 \times 4.2 \times (90 - 20) = 294 \times 10^3 \text{J} = 294\text{kJ}$$

【応用例：混合温度】

　質量m、比熱c、温度Tが異なる物質を接触させると何℃になるかを問う問題が出題されることがあります。その計算式を導いてみましょう。

　次の図のように、温度と比熱の異なる物質Aと物質Bを接触させます（ここでは、Aのほうが温度が高いとします）。このとき、熱エネルギーのやり取りは、物質Aと物質Bの間だけで行われるとします。

▼混合温度

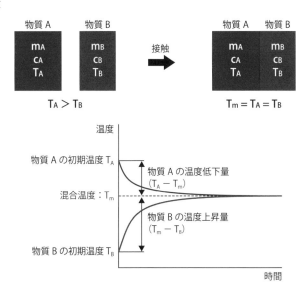

考え方 混合温度

　熱エネルギーは高温側から低温側に向かって移動します。そのため、物質Aから物質Bに向かって熱が移動し、AとBの温度が等しくなったとき、熱の移動が停止します（熱平衡といいます）。このとき、次の関係が成り立ちます。

> 物質Aが失う熱エネルギー Q_A ＝物質Bが得る熱エネルギー Q_B

Aが失う熱 Q_A：熱が奪われて温度が $(T_A - T_m)$ だけ下がるので、
　$Q_A = m_A c_A (T_A - T_m)$

Bが得る熱 Q_B：熱をもらって温度が $(T_m - T_B)$ だけ上がるので、
　$Q_B = m_B c_B (T_m - T_B)$

これらが等しいので、両者をイコールで結び、T_m を求める式に変形します。
$$m_A c_A (T_A - T_m) = m_B c_B (T_m - T_B)$$
$$m_A c_A T_A - m_A c_A T_m = m_B c_B T_m - m_B c_B T_B$$

$$m_A c_A T_m + m_B c_B T_m = m_A c_A T_A + m_B c_B T_B$$

$$T_m (m_A c_A + m_B c_B) = m_A c_A T_A + m_B c_B T_B$$

$$\therefore T_m = \frac{m_A c_A T_A + m_B c_B T_B}{m_A c_A + m_B c_B} \quad となります。$$

　この式の温度Tは絶対温度でもセ氏温度でも成り立ちますのでどちらの温度を用いて計算しても構いません（ただし、セ氏温度と絶対温度を混ぜて使ってはいけません）。

【例題4】

　80℃のお湯（比熱4.2J/（g・K））200gを、比熱が0.9J/（g・K）、質量400g、温度10℃のアルミニウム製の容器内に注ぐと、混合温度は何℃になるか。ただし、熱のやり取りは容器とお湯のみで行われるものとする。

【解答】　混合温度の式を用いて算出できます。お湯をA、アルミニウム容器をBとすると、

$$\therefore T_m = \frac{m_A c_A T_A + m_B c_B T_B}{m_A c_A + m_B c_B} = \frac{200 \times 4.2 \times 80 + 400 \times 0.9 \times 10}{200 \times 4.2 + 400 \times 0.9} = \frac{70800}{1200} = 59℃$$

になります。

練習問題　次の問について、○×の判断または空欄を埋めてみましょう。

① 単位質量の物質の温度を1K上昇させるのに必要な熱量を熱容量という。

② ある物体の温度を1K上昇させるのに必要な熱量を比熱という。

③ 比熱c、質量mの物質の温度をΔTだけ上昇させるのに要する熱量Qは
　　Q＝（　　　　）

④ 比熱4J/（g・K）の液体100gの温度を50℃上昇させるのに必要な熱量は
　　（　A　）kJである。また、この液体の熱容量は（　B　）J/Kである。

⑤ 熱容量Cと、質量m、比熱cの関係式はC＝（　　　　）である。

解答 ••

① ×　これは比熱の説明です（単位質量とは、1gや1kgのこと）。

② ×　これは熱容量の説明です。

③ Q＝mcΔTです。この関係式は覚えましょう。

④ A：20、B：400。
　　熱量Q＝mcΔT＝100×4×50＝20000J＝20kJ、熱容量C＝mc＝400J/K。

⑤ mc
　　C＝mc

2-4 物質の三態

本節の内容は、物理の中で比較的出題されやすい事項です。気体、液体、固体を物質の三態といいます。これらの相互の変化の名称と、そのときにやり取りされる熱との関係を理解しましょう。熱のやり取りは暗記するのではなく、分子レベルでの状態をイメージすれば明快です。

これだけは覚えよう！

・固体・液体・気体間の状態変化の名称を覚えておきましょう。
・各変化時に「吸熱」が起こるのか「放熱」が起こるのかを理解しましょう。
・飽和蒸気圧と外気圧が等しくなったとき、沸騰が起こります。
・臨界温度以上ではいくら圧力をかけても液化しません。

1 物質の三態と熱エネルギー　　　　　重要度 ★★★

（1）物質の相変化

気体、液体、固体の三形態を物質の三態とよびます。

▼物質の三態

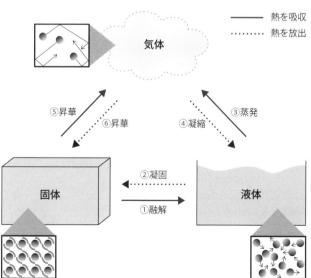

各形態間の変化（相変化）の名称とその際にやり取りされる熱を次に示します。

① 固体 ⇒ 液体：融解（融解熱を奪う：熱を吸収）

② 液体 ⇒ 固体：凝固（凝固熱を放出：熱を放出）

③ 液体 ⇒ 気体：蒸発（蒸発熱を奪う：熱を吸収）[1]

④ 気体 ⇒ 液体：凝縮（凝縮熱を放出：熱を放出）[1]

⑤ 固体 ⇒ 気体：昇華（昇華熱を奪う：熱を吸収）[2]

⑥ 気体 ⇒ 固体：昇華（昇華熱を放出：熱を放出）[2]

※1　蒸発を気化、凝縮を液化とよぶこともあります。

※2　固体から気体あるいはその逆に直接変化することを、共に「昇華」といいます。

考え方 熱の放出か吸収かの見分け方

　原子・分子レベルで考えると、固体 → 液体 → 気体 の順に、分子の運動が激しくなります。つまり、固体が液体や気体になるには、エネルギー（熱）を外部からもらう必要があります。逆に、気体が液体や固体になるには、不要な熱を外部に放出することで自身の運動を抑えて「おとなしく」ならなければなりません。よって、次のことがいえます。

固体→液体→気体 の方向に状態変化：熱を吸収する（外部から熱をもらう）
気体→液体→固体 の方向に状態変化：熱を放出する（外部に熱を与える）

【例】　アルコールを体に塗ると冷たく感じるのは、液体から気体になる際に体から蒸発熱を奪うからです。

▼熱の放出と吸収

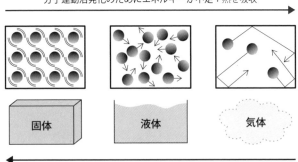

　物質が、温度・圧力に応じてどのような状態をとるかを示すと、次のような状態図になります。この図は、例として水の状態図を模式的に示したものです。圧力と温度の組み合わせに応じて、固体、液体、気体の領域に分かれます。

▼水の状態図

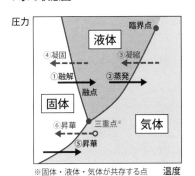

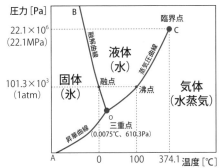

※固体・液体・気体が共存する点

　固体と液体の境界で「①融解⇔④凝固」が起こります。液体と気体の境界で「②蒸発⇔③凝縮」が起こります。そして固体と気体の境界で『昇華』が起こります。

●融解曲線

　右側の図に示すように、曲線O−B上では、固体と液体が平衡状態にあります。この曲線を融解曲線とよびます。

●蒸気圧曲線

　曲線O−C上では液体と気体が平衡状態にあり、これを蒸気圧曲線とよびます。

●昇華曲線

　曲線O−A上では固体と気体が平衡状態にあり、これを昇華曲線とよびます。

●三重点

　点Oは、固体、液体、気体の3つの状態が平衡状態にある点であり、これを三重点とよびます。水の場合、三重点は温度0.0075℃、圧力610.3 Paにあります。三重点Oよりも低い圧力で物質を加熱すると、昇華曲線を境に固体から直接気体になる（昇華する）ことを意味します。

●臨界点

　右側の図の点Cを臨界点とよびます。水の場合、臨界点での温度（臨界温度）と圧力（臨界圧力）は、374.1℃、22.1 MPaです。たとえば、右側の図において、1atmで水を加熱すると、融解曲線との交点（融点）において融解して液体になります。さらに加熱すると蒸気圧曲線との交点（沸点）で蒸発して気体になります。しかし、臨界圧力以上になると、液体と気体の区別がつかなくなります。つまり、蒸発⇔凝縮の現象が起こらなくなります。

（2）臨界温度と臨界圧力

　気体を圧縮すると液化しますが、それは、ある温度以下でないと起こりません。この温度を臨界温度といい、臨界温度のときに液化する最低圧力を臨界圧力といいます。

　物質の臨界温度と臨界圧力の例を表に示します。

▼臨界温度と臨界圧力の例

物質	臨界温度	臨界圧力
水	374.1℃	22.1MPa
二酸化炭素	31.1℃	7.4MPa
アンモニア	132.4℃	11.3MPa

　たとえば、二酸化炭素の場合、温度が31.1℃超えるといくら圧縮しても液化しません。

　水で考えると、臨界温度374.1℃で気体状態にあるものを圧縮していくと、圧力が臨界圧力22.1MPaになったときに完全に液化します。

・　臨界温度以上では、いくら加圧しても液化しません。
・　臨界温度以下では、臨界圧力よりも低い圧力で液化します。
・　臨界温度においては、臨界圧力で液化します。

（3）顕熱と潜熱

　物質の温度変化に使われる熱のことを顕熱といいます。一方で、物質の温度変化に使われない熱のことを潜熱といいます。たとえば、1atmの下で水を加熱すると、温度が上昇します（顕熱）。しかし、100℃になると沸騰し、それ以降加熱しても、蒸発しきるまで100℃一定を保ちます（潜熱）。

【例】　水を加熱すると温度が上がる⇒顕熱
【例】　水が沸騰後は、加熱しても100℃一定⇒潜熱（蒸発熱）

2　飽和蒸気圧と沸点　　重要度　★★

（1）沸騰と沸点

沸騰：加熱により、液体の表面からだけでなく内部から気泡を生じて激しく蒸発する現象のこと

沸点：沸騰が始まる温度のこと。通常は、周囲圧力が1atmのときを指す（水なら約100℃）

(2) 飽和蒸気圧と沸騰

　沸騰や蒸発は、蒸気の圧力（蒸気圧）が外気圧よりも高いため生じます。つまり、外気圧が高いほど、より高温でないと沸騰が起こりません。逆に、外気圧が低ければ、より低温でも沸騰が始まります。

【例】　気圧の低い富士山頂では約88℃で水の沸騰が起こる。

　沸騰する際の圧力を飽和蒸気圧といいます。液体の飽和蒸気圧の一例を次の図に示します。1atm（101.3kPa）においては、水は100℃で沸騰します。70kPa程度では、水は約90℃で飽和（沸騰）することが分かります。

重要　沸点とは、その液体の飽和蒸気圧が外気圧に等しくなるときの液温のことをいいます。

▼水の飽和蒸気圧曲線と沸点

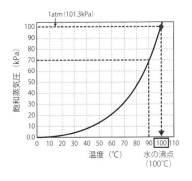

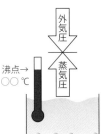

沸点（沸騰が始まる温度）
蒸気圧 ＝ 外気圧のときの液温

沸騰
蒸気圧 ＞ 外気圧

(3) 凝固点降下と沸点上昇

　「液体に物質を溶かした際に凝固点が低下すること」を凝固点降下といいます。たとえば、冬期に道路にまく凍結防止剤（塩化ナトリウムなど）は、水の凝固点降下をもたらすことで、凍結しにくくする作用があります。

　「液体に不揮発性の物質を溶かすと、沸点が上昇すること」を沸点上昇といいます。たとえば、1atmにおいて水は100℃で沸騰しますが、食塩（塩化ナトリウム$NaCl$）を入れると沸点が上昇します。

3 消火剤としての水の特性　重要度 ★★★

　住宅などの火災の消火に用いられる消火剤は水です。水は、次のような特徴を有するため、消火剤として優れた特性を持っています。

①比熱、熱容量が大きい

　水の比熱は約4.2J/（g・K）です。つまり、1gの水の温度を1K（1℃）上昇させるには4.2Jの熱が必要です。ちなみに、鉄鋼の比熱は0.46J/（g・K）程度です。

②蒸発熱が大きい

　水の蒸発熱は2256.7J/gです。蒸発熱とは、沸点に達した単位質量（1gや1kg）の液体が、完全に蒸発するまでに必要な熱量のことです。蒸発熱による冷却効果があるため、優れた消火能力を示します。

③蒸発で膨張する

　1atmの下で沸点に達した1g（約1cm^3）の水が完全に蒸発すると約1600倍に膨張します。膨張により、可燃物と空気との混合を防ぐため消炎効果があります（窒息効果といいます）。

④その他

　いうまでもなく、安価、容易に大量に入手可能、取扱いが安全、無害などの特徴があります。

> **注意** 水は優れた消火剤ですが、ガソリンなどの第4類（引火性液体）の消火には使用できません。引火性液体の多くは水に不溶でかつ水に浮くため、水をまくと火炎が水面上を移動し、かえって延焼が拡大する恐れがあります。もちろん、水と激しく反応する禁水性の物質にも水による消火は利用できません。

【例題】

　1atm（1気圧）の大気圧下において、10℃の水200gを完全に蒸発させるために必要な熱量はいくらか。ただし、水の比熱は$c = 4.2$J/（g・K）、蒸発熱は$r = 2256.7$J/g一定とする。

【解答】

　沸騰前と沸騰後で分けて考えます。100℃の沸点まで加熱するのに必要な熱量Q_Aと、沸点にある水（お湯）を完全に蒸発させるための蒸発熱Q_Bは、

$$Q_A = mc(T_2 - T_1) = 200 \times 4.2 \times (100 - 10) = 75600J$$

$$Q_B = mr = 200 \times 2256.7 = 451340J$$

必要な熱量 $Q = Q_A + Q_B ≒ 527kJ$

4　潮解と風解　　　　　　　　　　　　　　　　　　重要度　★

　固体が空気中の水分を吸収し、湿って溶解する現象を潮解といいます。また、結晶水を含んだ物質を空気中に放置した際に、自然に結晶水を失う現象を風解といいます。特に、潮解性のある危険物が問われることがあります。潮解性物質の多くは第1類に属しています。くわしくは第3章で説明します。

練習問題　　次の問について、○×の判断または空欄を埋めてみましょう。

① 固体が液体になることを（　A　）その逆を（　B　）という。
② 液体が気体になることを（　A　）その逆を（　B　）という。
③ 固体から直接気体になることを（　　　）という。
④ 水が水蒸気になる際、熱が放出される（○・×）。
⑤ 外気の圧力（外圧）が高いほどより低い温度で沸騰する（○・×）。
⑥ 液体の蒸気圧が外圧と等しくなると、沸騰が起こる（○・×）。
⑦ 温度が上昇すると、液体の蒸気圧は低くなる（○・×）。
⑧ 不揮発性物質が溶け込むと、液体の沸点が低下する（○・×）。
⑨ 臨界温度にある気体を圧縮すると、臨界圧力に達しても液化しない（○・×）。
⑩ 臨界温度132℃、臨界圧力11.2 MPaのアンモニアは、常温（20℃）、11.2 MPa においては気体である（○・×）。

解答 ・・・

① A：融解、B：凝固。
② A：蒸発、B：凝縮。
③ 昇華。
④ ×　液体が熱をもらって気体になるので、吸熱です。
⑤ ×　外圧が高いほど、より高い温度でないと沸騰しません。
⑥ ○
⑦ ×　温度が高いほど、蒸気圧が高くなります。外気圧と蒸気圧が等しくなったときの液温が沸点ですので、外気圧が高いほど沸点が高くなることを考えるとイメージしやすいと思います。
⑧ ×　沸点は上昇します。これを沸点上昇とよびます。
⑨ ×　臨界温度にある気体は、臨界圧力まで圧縮すると液化します。もし、臨界温度以上にある気体の場合には、臨界圧力以上に圧縮しても液化しません。
⑩ ×　アンモニアの臨界温度は132℃なので、臨界圧力である11.2 MPaにおいては132℃以下の状態は気体ではありません。

理想気体の圧力P、容積V、絶対温度Tの関係を理想気体の状態方程式といい、$PV = nR_0T$ で表されます。この式だけを知っていれば、ボイルの法則やシャルルの法則は簡単に導かれます。

これだけは覚えよう！

・ボイルの法則とシャルルの法則を理解しましょう（$PV = nR_0T$ から導けます）。
・シャルルの法則の文章表現を知っておきましょう。

1 理想気体の状態方程式 重要度 ★★

P：圧力[Pa]、V：容積$[m^3]$、T：絶対温度[K]、n：モル数[mol]、R_0：一般気体定数（約8.314J/mol・K一定）としたとき、理想気体[※]には次の関係が成り立ちます。

$$PV = nR_0T$$

※ 極低温、超高圧など、各気体が凝縮（液化）しやすい条件でない限り、各気体を理想気体とみなすことができます。たとえば、凝縮するかしないかの条件にある水蒸気などは、理想気体とみなせません。以後、気体＝理想気体と読み替えて差し支えありません。

また、質量をm[g]、分子量をM[g/mol]とすれば、次の関係があります。

$$M = \frac{m}{n}$$

（1）温度T一定のとき：ボイルの法則

$PV = nR_0T$ において、TとnとR$_0$が一定なので、

$$PV = k（kは定数） \quad V = \frac{k}{P} となります。$$

これをボイルの法則といい、『温度一定の場合、一定質量の気体の体積は圧力に反比例する』と表現されます。つまり、P×Vの値は一定値になります。

（2）圧力P一定のとき：シャルルの法則

$PV = nR_0T$ において、PとnとR$_0$が一定なので、

$$\frac{V}{T} = 一定です。状態が1から2に変化した場合、\frac{V_1}{T_1} = \frac{V_2}{T_2} となります。$$

$T_1 = 273K$（0℃）とすると、V_1は0℃のときの容積です。その場合、温度T_2のときの容積V_2は次のようになります。

$$\frac{V_1}{273} = \frac{V_2}{T_2} \Rightarrow V_2 = T_2 \frac{V_1}{273}$$

上式のように、シャルルの法則は次のような表現ができます。

覚える

『圧力一定の場合、一定質量の気体の体積は、温度1℃（1K）上昇（または低下）するごとに、0℃のときの体積の1/273ずつ膨張（または収縮）する』

　この文言が試験で問われることがありますので、知っておくとよいでしょう。特に、1/273の数値を覚えておくとよいでしょう。

　気体の状態変化の計算問題が出たときは、温度をセ氏温度[℃]ではなく絶対温度[K]で計算すれば確実です。具体例を挙げて、状態変化の計算をしてみましょう。

【例題1】

　25℃の理想気体を容積一定で加熱したところ、圧力が5倍になった。このとき、温度は何℃になるか。

【解答】

　まず、$PV = nR_0T$において、容積Vとモル数nと気体定数R_0は一定のため、$\frac{P}{T} =$一定になります。つまり、$\frac{P_1}{T_1} = \frac{P_2}{T_2}$です。

$P_2 = 5P_1$なので、代入して整理すると、$\frac{P_1}{T_1} = \frac{5P_1}{T_2}$、$T_2 = T_1 \frac{5P_1}{P_1} = 5T_1$

よって、$T_2 = 5T_1 = 5 \times 298K = 1490K$となります（$T_1 = 25 + 273 = 298K$）。

つまり、セ氏温度で表すと$1490 - 273 = 1217$℃です。

温度T_2に℃の数値を入れると正しい答えは導かれません。注意しましょう。

　とにかく温度はKで計算し、最後に℃に戻すのがポイントです！

【例題2】

　-23℃で5Lの空気があります。圧力一定の下で、この空気を100℃まで加熱したら、容積は何Lになるか。

【解答】

　まず、$PV = nR_0T$において、圧力Pとモル数nと気体定数R_0は一定のため、$\frac{V}{T} =$一定になります。つまり、$\frac{V_1}{T_1} = \frac{V_2}{T_2}$なので、$V_2 = V_1 \frac{T_2}{T_1}$となります。

$T_1 = -23 + 273 = 250K$、$T_2 = 100 + 273 = 373K$、$V_1 = 5L$を代入すると、

$V_2 = V_1 \dfrac{T_2}{T_1} = 5 \times \dfrac{373}{250} \fallingdotseq 7.5L$になります。

【例題3】

　2気圧で18Lの理想気体をある容器に入れたところ、容器内の圧力が6気圧になった。その際、温度は変化していない。この容器の容積はいくらか。

【解答】

　温度が一定（等温変化）なので、理想気体の状態方程式$PV = nR_0T$において、nとRとTが一定なので、「$PV = $一定」になります。よって、状態変化前を1、変化後を2とすると、$P_1V_1 = P_2V_2$なので、$V_2 = V_1 \times \dfrac{P_1}{P_2} = 18 \times \dfrac{2}{6} = 6L$となります。

【例題4】＜アボガドロの法則の確認＞

　アボガドロの法則によれば、すべての気体は、1mol、0℃（273K）、1atm（101.3kPa）において22.4Lの体積を占める。理想気体の状態方程式を用いてこのことを確認しなさい。

【解答】

　理想気体の状態方程式$PV = nR_0T$に、上記の条件を代入して、容積Vを求めます。ここで、R_0は一般気体定数（普遍の定数）で、$R_0 = 8.314J/(mol \cdot K)$です。

$$V = \frac{nR_0T}{P} = \frac{1 \times 8.314 \times 273}{101.3 \times 10^3} = 0.0224m^3 = 22.4L$$

❷ 熱力学第1法則と断熱変化　　　重要度　★

　「熱も仕事も同じエネルギーの一形態であり、相互に変換可能」です。また、「エネルギーの形態変化が起きても、その総量は不変」です。これを熱力学第1法則といい、すべてのエネルギーが保存されることをいっています。

　気体に熱ΔQを加えると、膨張して外に仕事ΔWをします。これを利用してエンジンを作動しています。それでは、ガスボンベのような頑丈な密閉容器を加熱したらどうなるでしょうか。

　中の気体は膨張できません。つまり、熱ΔQを加えたのに仕事ΔWは出てきません。

　熱エネルギーはどこへ行ったのでしょうか。熱力学第1法則によると、エネルギーは保存されるので、消えてなくなるはずはありません。

　実はこの場合、ガスボンベ内の気体の温度が上がっていることが分かります（同時に、気体の状態方程式に従い圧力も上がります）。つまり、加えた熱ΔQ

は、気体の内部にエネルギーとして蓄えられています。これを内部エネルギー⊿Uとよびます。

熱力学第1法則を式で表すと、次のようになります。

$$⊿Q＝⊿U＋⊿W$$

気体に加えた熱Qは、仕事⊿Wになり、残りは内部エネルギー⊿Uになります。

理想気体であれば、内部エネルギーは「温度のみの関数」です。つまり、「内部エネルギーが増加＝高温になる」と読み替えても問題ありません。質量mの気体の温度が⊿T変化したときの内部エネルギーの変化は次の式で表されます。

$$⊿U＝mc_v⊿T$$

ここでc_vは、比熱の一種で、定容比熱という物性値です。たとえば空気の定容比熱c_vは約718J/（kg・K）といった具合です。よって、熱力学第1法則は、$⊿Q＝mc_v⊿T＋⊿W$ と書けます。

理想気体の状態変化は、大きくは次の4種類に分けられます。

①定容変化：容積一定で加熱や冷却を行う。
　・膨張はできないので、仕事はしない。よって、
　　 与えた熱⊿Q＝内部エネルギー変化⊿U になります。

②定圧変化：圧力一定で加熱や冷却を行う。
　・加熱時は、圧力一定を保つように膨張する。
　・冷却時は、圧力一定を保つように収縮する。

③等温変化：温度一定で加熱や冷却を行う。
　・加熱時は、温度一定を保つように膨張する。
　・冷却時は、温度一定を保つように収縮する。
　・温度一定なので⊿Tはゼロになり、内部エネルギー変化がない。よって、
　　 与えた熱⊿Q＝仕事⊿W になります。

④断熱変化：外部との熱のやり取りなしで圧縮や膨張を行う。
　・熱量一定なので⊿Qはゼロになり、熱のやり取りがない。よって、
　　 内部エネルギー⊿U＝仕事－⊿W になります。
　・圧縮すれば温度が上昇（内部エネルギー増加）
　・膨張すれば温度が低下（内部エネルギー低下）

> **ポイント**
> ・内部エネルギー変化の有無 ⇒ 温度変化の有無で判断できる

【例題5】

　図のように、理想気体の圧力と容積を3種類の方法で変化させた。

　A：等温変化（膨張）、B：定圧変化（収縮）、C：定容変化（加熱）。このとき、気体の内部エネルギーが増加しているのはどの状態変化か。

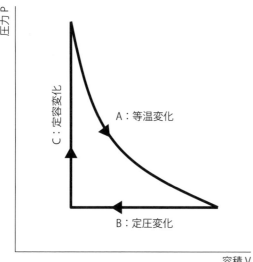

【解答】

　内部エネルギーが増加しているものとは、温度が増加しているもののことです。Aは、そもそも等温なので、内部エネルギーは一定です。Bは、定圧（等圧）で収縮しているので、冷却していることになり、温度および内部エネルギーは低下します。Cは、定容（等容）で加熱したことで圧力が増加していますので、温度も増加します。よって、Cが正解です。

2-6　熱の移動

熱の移動形態には、「熱伝導・対流・放射」の3形態があります。これらの違いと特徴をよく理解しておきましょう。

これだけは覚えよう！

・伝熱の3形態（**熱伝導・対流・放射**）を知っておきましょう。

1　伝熱の3形態　　　　　　　　　重要度　★★

熱の移動形態は、下図のように熱伝導、対流、放射の3形態に大別されます。

▼伝熱の三形態

熱伝導

熱のみが移動
（原・分子は移動しない）

対流

物質そのものの流動で
熱が移動（熱と物質の移動）

熱放射

高温物体からの熱放射
（電磁波）で物体が加熱

（1）熱伝導

固体内部の熱移動のように、原子や分子が移動しない状態で熱が高温部から低温部に向かって移動する現象を熱伝導といいます。

・ 熱の伝えやすさの指標に、熱伝導率 λ [W/（m・K）]があり、これが大きいほど熱を伝えやすい物質です。

・ 一般に、固体→液体→気体の順に熱伝導率が低下します（熱を伝えにくくなります）。また、金属は非金属に比べて熱伝導率が大きい。

厚さx[m]の壁の一方が高温（温度T₁[K]）、他方が低温（温度T₂[K]）の場合、時間t[s]の間に面積A[m²]の壁を流れる熱Q[J]は次のように表されます（フーリエの法則）。

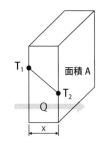

$$Q = \lambda At \frac{T_1 - T_2}{x} \quad [J]$$

（2）対流（熱伝達）

温度差のある流体の流動によって熱が移動する現象を対流伝熱といいます。

> 【例】 ろうそくの火炎の側面に手をかざしてもあまり熱くないですが、火炎の上部に手をかざすと熱く感じます（熱が対流で上部に移動しているため）。

（3）熱放射（熱ふく射）

高温な物体が放つ放射熱（電磁波）により、他の物体に熱が移動する現象を熱放射といいます。

> 【例】 太陽から降注ぐ熱や、焚火に近づくと対流を受けていない（熱風が来ていない）のに温かく感じる。白熱電球の近くにいると熱く感じる、など。

練習問題 次の問について、○×の判断をしてみましょう。

① ろうそくの炎の上部に手をかざすと熱気を感じるのは、熱放射によるものである。
② お風呂を沸かす際、水面に近い上部の温度が高くなりやすいのは熱伝導のためである。
③ 白熱電球に近づくと温かく感じるのは熱放射のためである。
④ 気体→液体→固体の順に熱伝導率が小さくなる傾向がある。

解答
① × 対流のためです。
② × 対流のためです。
③ ○ 空間中を熱放射（電磁波）が伝わってくるので熱放射です。
④ × 逆です。固体のほうが熱伝導率が大きい傾向にあります。

2-7 熱膨張

液体や固体も、温めるとわずかに膨張します。危険物が加熱された際、熱膨張により容器の破損や漏れが起こる危険性があります。そのため、液体を温めたときの容積変化量の計算が出題されることがあります。

これだけは覚えよう！

・液体や固体の熱膨張は、気体のそれに比べて小さい。
・熱膨張量の計算をできるようにしておこう。
  膨張量 $(V - V_0)$ ＝体膨張率 α ×初期容積 V_0 ×温度変化量 ΔT

1 液体の熱膨張   重要度 ★★

気体を加熱すると、気体の状態方程式やシャルルの法則などに従って大きく膨張します。一方、液体や固体も、温度が上昇するとわずかに膨張します。液体の膨張量は、次の特性を持っています（固体にも同じ計算が適用できます）。

> **考え方** 液体の膨張量（体膨張）
> ・元の容積 V_0 が大きいほど膨張量が大きい。
> ・温度変化 Δt が大きいほど膨張量が大きい。つまり、V_0 と Δt に比例します。
>
> 膨張量 $(V - V_0) \propto V_0 \cdot \Delta t$
> 　　　　　　（∝は「比例する」の意味）
>
> 比例定数を体膨張率 α とすると、
>
> 膨張量 $(V - V_0) = \alpha \times V_0 \times \Delta t$
>
> よって、膨張後の容積 V は次の式で表されます。
>
> $V = V_0 + \alpha V_0 \Delta t = V_0 (1 + \alpha \Delta t)$

▼膨張後の全容積
膨張後の全容積 V
容積増加 $(V - V_0)$
元の容積 V_0

練習問題 次の問について、空欄を埋めてみましょう。

① 体膨張率 1.35×10^{-3} [K^{-1}]のガソリン1000Lが10℃から30℃まで温められた場合、熱膨張により総容積は（　　　）Lになる。

解答 ••

① $V = V_0 + \alpha V_0 \Delta t = 1000 + 1.35 \times 10^{-3} \times 1000 \times (30 - 10) = 1000 + 27$
　 $= 1027L$

たとえば、第4類の多くは、静電気を蓄積しやすいため、静電気が蓄積されるような条件での貯蔵や取扱いは静電気放電による火災を招く危険性があります。静電気が蓄積されやすい条件や、静電気の防止法は非常に出題されやすいので十分に理解しておきましょう。

これだけは覚えよう！

・静電気の発生しやすい条件とそれを防ぐ方法を理解しましょう。
・摩擦や攪拌などにより静電気が生じやすくなります。
・電気を通しにくい物質は静電気を蓄積しやすいので、貯蔵容器や作業着類に電気を通しにくい素材を使ってはいけません。

1 静電気とは　　　　　　　重要度 ★★★

　静電気とは、絶縁された二物体を接触し、離した際、一方が（＋）、他方が（−）に帯電する現象のことをいいます。

> **重要**
> ・絶縁性が高い（電気を通しにくい）物ほど静電気を蓄積しやすい。
> ・ガソリン、軽油、トルエンなど、第4類の多くは静電気を蓄積しやすい。

　物質の種類に応じて、正に帯電しやすいものと負に帯電しやすいものがあります。物質がどのように帯電しやすいかを並べたものを帯電列とよびます。代表的な物質の帯電列を図に示します。たとえば、ガラスとポリエチレンを接触させてこすり合わせると、ガラスは正（＋）に、ポリエステルは負（−）に帯電し、両者を離すと静電気が発生します。

▼帯電列

正（＋）の電荷に帯電しやすい　　　　　負（−）の電荷に帯電しやすい

　静電気の発生プロセスを図に示します。帯電していない物質は、正の電荷と負の電荷がバランスして電気的に中性です。帯電列の異なる物質同士を接触させたとき、電子が一方に偏ることで、両者の電荷が偏った状態になります。そのまま両者を離すことで、両者がそれぞれ正と負に帯電した静電気が発生します。

▼静電気の発生

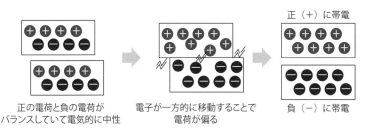

| 正の電荷と負の電荷が
バランスしていて電気的に中性 | 電子が一方的に移動することで
電荷が偏る | 正（＋）に帯電
負（－）に帯電 |

　帯電列が大きく異なる物質ほど、より多くの静電気が発生します。また、両者を激しくこすり合わせるなど、摩擦が大きいほど発生しやすくなります。
　静電気は、固体の接触だけで生じるものではありません。配管内を流体が高速で流れることでも発生します。

② 静電気の防止法　　　　　　　重要度　★★★

　静電気は次の状況で発生し蓄積します。
　　①**静電気の発生**：激しい摩擦や攪拌など
　　②**静電気の蓄積**：絶縁性の高い物質による貯蔵や取扱い
　よって、上記の①と②を防ぐことが、静電気火災予防に繋がります。具体例を次に示します。

・ 絶縁物同士を激しくこすり合わせない（激しい摩擦、攪拌、高速流動など）。
・ 使用する器具や装備には、導電性材料を使う（タンク、ホースなど）。
　　→金属容器を用い、容器を地面に接地して扱う。地面への散水も有効。
・ 容器、機器、人体などは接地（アース）を行う（絶縁は不可！）。
・ 湿度を高くする（一般に、湿度70％以上にすると静電気が蓄積されにくい）。
・ 危険物を流す流速を制限する（高速流動を避ける）。
・ 帯電防止服・靴などの服装（合成繊維は静電気を蓄積しやすい）。
・ 室内の空気をイオン化する。

- 十分な緩和時間を確保する（静電気は徐々に減少するので、急いで作業をすると危険性が高くなる）。

▼アース

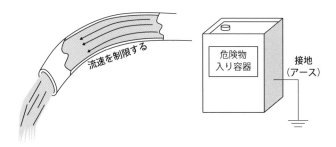

流速を制限する

危険物
入り容器

接地
（アース）

③ 静電気放電のエネルギー　重要度 ★★★

静電気の帯電量Q[C]※と、帯電している静電気の帯電電圧V[V]と、物体の静電容量C[F]（物体がどの程度の電荷を蓄えられるかを示す値）の関係は、次の式で表されます。

※1アンペア[A]の電流で1秒[S]間に運ばれる電気量が1Cです。

$$Q = CV$$

帯電量Q、帯電電圧Vの物体が持つ放電エネルギー E[J]は、次の式で表されます。

$$E = \frac{1}{2}QV = \frac{1}{2}CV^2$$

帯電量Q[C] クーロン　帯電電圧V[V] ボルト　静電容量C[F] ファラド

練習問題　次の問について、○×の判断または空欄を埋めてみましょう。

① 電気の不良導体ほど、静電気を蓄積しにくい（○・×）。
② 静電気は、固体に帯電するものであり、液体には帯電しない（○・×）。
③ 静電気は、人体には帯電しない（○・×）。
④ 静電気による引火防止のため、容器や機器類を絶縁するとよい（○・×）。
⑤ 接地（アース）は、静電気の除去に有効である（○・×）。
⑥ 帯電を防ぐため、綿製品よりも合成繊維製の衣類を着用した方がよい（○・×）。

⑦ 危険物を容器に入れる際、帯電防止のため流速を上げ、なるべく短時間で行う（〇・×）。

⑧ 静電気による火災は、感電の恐れがあるため、注水による消火は厳禁である。電気火災に準じた消火方法がよい（〇・×）。

⑨ 水溶性のアルコールは、非水溶性のベンゼンよりも静電気を蓄積しやすい（〇・×）。

⑩ 可燃性の液体危険物に静電気が帯電すると、可燃性液体の燃焼が促進される（〇・×）。

⑪ 物質に静電気が帯電すると、その物質は蒸発しやすくなる（〇・×）。

⑫ 湿度を高くすると静電気が帯電しにくくなる（〇・×）。

⑬ 静電容量C＝2.0×10⁻¹⁰Fの物体が、帯電電圧1000Vで帯電している。このエネルギーが放電されたとき、放電エネルギーは（　　　）Jである。

解答

① × 電気の不良導体は、発生した静電気を逃がしにくいので、静電気を蓄積しやすいです。

② × 静電気は液体にも帯電します（ガソリンなどにも帯電します）。

③ × 静電気は人体にも帯電します。

④ × 絶縁すると、上記問①と同じ理由で静電気が蓄積するのでNGです。

⑤ 〇 アースにより静電気を逃がすことは、静電気予防に有効です。

⑥ × 綿に比べて、合成繊維（石油製品）は静電気を蓄積しやすいです。

⑦ × 「流速を上げる」、「短時間作業」共に静電気の発生と蓄積を促すためNGです。

⑧ × 静電気の持っているエネルギー量はわずかであり、連続して高電圧が供給されるものではないため、放水によって静電気が原因で感電を起こすことはありません。

⑨ × 水溶性の危険物は電気を通しやすいため、非水溶性に比べて静電気を蓄積しにくいです。

⑩ × 帯電と燃焼は無関係です。

⑪ × 帯電と蒸発特性は無関係です。

⑫ 〇

⑬ 1.0×10^{-4}J

$$E = \frac{1}{2}CV^2 = \frac{1}{2} \times 2.0 \times 10^{-10} \times 1000^2 = 1.0 \times 10^{-4}J です。$$

演習問題2-1　物理学に関する問題

問　　題

■熱とエネルギー ────────────────────

問題1

熱に関する一般的説明として、誤っているものはどれか。

(1) 熱伝導率の大きい物質は、熱を伝えやすい。
(2) 固体の体膨張率は、気体に比べて非常に小さい。
(3) 理想気体の体積は、圧力一定の状態において、温度が1℃（1K）上昇すると、0℃のときの体積の273分の1だけ膨張する。
(4) 比熱の小さい物質は、温まりにくく冷めにくい。
(5) 比熱とは、物質1gの温度を1℃上昇させるのに要する熱量のことをいう。

問題2

質量m、比熱cの物質の熱容量Cを表わす式はどれか。

(1) $C = mc$　　(2) $C = mc^2$　　(3) $C = m/c$　　(4) $C = c/m$　　(5) $C = m^2c$

問題3

比熱が3.0 J/（g・K）の液体200gの温度を、10℃から20℃まで上昇させるのに必要な熱量は次のうちどれか。

(1) 60 J　　(2) 6kJ　　(3) 13kJ　　(4) 18kJ　　(5) 176kJ

■物質の状態と状態変化 ────────────────────

問題4

物質の状態変化に関する説明で、正しいものはどれか。

(1) 固体が液体になることを液化とよび、熱が吸収される。
(2) 気体が液体になることを蒸発とよび、熱が吸収される。
(3) 液体が固体になることを凝固とよび、熱が放出される。

（4）液体が気体になることを昇華とよび、熱が吸収される。

（5）固体が、液体を経由せず直接気体になる現象を、蒸発とよぶ。

問題5

水の性質に関して、正しいものはどれか。

（1）食塩を溶解すると、沸騰しやすくなる。

（2）塩化カルシウムを混ぜると、凍結しやすくなる。

（3）界面活性剤を混ぜると、表面張力が低下する。

（4）温度が低いほど、しょ糖の溶解度が大きくなる。

（5）炭酸水素ナトリウムを溶解すると、沸点が低下する。

問題6

　次の気体の中で最も蒸気比重の大きいものはどれか、ただし、それぞれの原子の原子量はH＝1、C＝12、O＝16とする。

（1）二酸化炭素CO_2　　　（2）メタンCH_4　　　（3）酸素O_2

（4）水素H_2　　　　　　　（5）エタンC_2H_6

問題7

沸騰について、誤っているものはいくつあるか。

A：外圧が高くなるほど、沸点が低下する。

B：液体の飽和蒸気圧が外圧と等しくなったとき、沸騰が起こる。

C：不揮発性の物質が溶けると、沸点は上昇する。

D：水に塩化ナトリウムを溶かすと、凝固点が低下する。

E：引火性液体（第4類）の沸点はすべて100℃以下である。また、沸点が高いほど、火災の危険度が増す。

（1）1つ　　　（2）2つ　　　（3）3つ　　　（4）4つ　　　（5）5つ

問題8 ☑☑☑

物質の状態変化について、次のうち正しいものはいくつあるか。

A：臨界温度で気体を圧縮すると、臨界圧力に達したときに液化する。
B：臨界温度以上の気体は、臨界圧力以上に加圧すれば液化する。
C：臨界圧力以下の範囲であれば、同一種類の気体は同じ温度で液化する。
D：臨界温度以下の気体は、いくら圧縮しても液化しない。
(1) 1つ　　(2) 2つ　　(3) 3つ　　(4) 4つ　　(5) すべて誤り

■気体の状態変化 ────────────────

問題9 ☑☑☑

次の文のカッコ内に当てはまる数値はどれか

「圧力が一定のとき、一定量の理想気体の容積は、温度が1℃上昇するにしたがって、0℃のときの容積の（　　　　）ずつ増加する。」

(1) 237分の1　　(2) 256分の1　　(3) 273分の1
(4) 337分の1　　(5) 373分の1

■熱の移動と熱膨張 ────────────────

問題10 ☑☑☑

熱の移動に関して、誤っているものはどれか。

(1) 太陽の光を浴びると温かく感じるのは、放射熱によるものである。
(2) コップにお湯を入れると、コップが熱くなるのは熱伝導によるものである。
(3) ろうそくの炎の真上に手をかざすと熱く感じるのは、熱伝導によるものである。
(4) エアコンから出る温風により部屋が暖かくなるのは、熱の対流によるものである。
(5) 水が入った鍋をガスコンロで加熱した際、やがて水全体の温度が上昇するのは、主に熱の対流によるものである。

問題11　✓✓✓

　5℃のガソリン200Lの温度が55℃まで上昇したとき、ガソリンの容積は何L増加するか。ただし、ガソリンの体膨張率は1.4×10^{-3} K^{-1}とし、ガソリンの蒸発や容器の変形はないものとする。

(1) 5L　　(2) 7L　　(3) 10L　　(4) 14L　　(5) 21L

■静電気 ─────────────────────────────

問題12　✓✓✓

静電気について、誤っているものはどれか。

(1) 静電気による火花放電によって、可燃性蒸気が引火することがある。

(2) ガソリンがホースの中を高速で流れているとき、静電気が生じやすい。

(3) 静電気は、人体にも帯電する。

(4) 使用する器具などに電気絶縁性の高い材質のものを用いることで、静電気の帯電を防ぐことができる。

(5) 引火性液体には摩擦や流動などで静電気を蓄積しやすいものが多い。

問題13　✓✓✓

静電気による引火を防止する方法として、適切でないものはいくつあるか。

A： 危険物を容器に詰める際は、静電気事故のリスクを低くするため、なるべく流速を上げ、短期間で詰替えを行う。

B： 人体への帯電を防ぐために、絶縁性の高い靴を履くとよい。

C： 取扱う室内の湿度がある程度高い方が静電気による火災が起きにくい。

D： 引火点の低いガソリンなどの危険物の貯蔵容器は、静電気の蓄積を防ぐためポリエチレン製のものを用いるとよい。

E： 一般に、合成繊維製の衣服は綿製の衣服に比べて帯電しやすい。

(1) 1つ　　(2) 2つ　　(3) 3つ　　(4) 4つ　　(5) 5つ

解 答 ・ 解 説

問題1 解答(4)

比熱は1gの物質の温度を1℃上昇させるのに要する熱量です。比熱が小さいということは、少ない熱で温度が変化することを意味しますので、「温まりやすく冷めやすい」が正解です。2-3節参照。

問題2 解答(1)

熱容量C[J/K]は、比熱c[J/(g・K)]と質量m[g]の積です。単位を見てもmとcの積がJ/Kになることがわかります。2-3節参照。

問題3 解答(2)

$Q＝mc\varDelta T＝200×3.0×(20－10)＝6000J＝6kJ$となります。2-3節参照。

問題4 解答(3)

設問(1)は融解です。(2)は凝縮で、熱を放出します。(4)は蒸発です。(5)は昇華です。2-4節参照。

問題5 解答(3)

(1)は沸点が上昇します。(2)は凍結しにくくなります(塩化カルシウムは凍結防止剤に使われています)。(4)は溶解度が低下します(熱いコーヒーの方が、砂糖がよく溶けるのと同じです)。(5)は沸点が上昇します。2-4節参照。

問題6 解答(1)

分子量が最も大きいものが、蒸気比重が大きい。分子量は、各元素の原子量の総和なので、各分子の分子量を計算すると、CO_2が$12＋2×16＝44$で最も大きくなります。2-2節参照。

問題7 解答(2)

AとEが誤りです。外圧が高くなると、沸点は上昇します。2-4節参照。また、第4類の特殊引火物には、100℃以下で沸騰するものが多くあります。加えて、沸点が高いほど、可燃性蒸気を生じにくいので、危険性が低くなります。

問題8　　　　　　　　　　　　　　　　　　　　　　　解答（1）

　正しいのはAのみです。Bは、臨界温度以上では、いくら加圧しても液化しません。Cは、臨界圧力以下でも温度によっては気体は液化しますが、液化する温度は圧力によって異なります。Dは、臨界温度以下であれば圧縮すれば液化します。2-4節参照。

問題9　　　　　　　　　　　　　　　　　　　　　　　解答（3）

　2-5節で学んだシャルルの法則です。

問題10　　　　　　　　　　　　　　　　　　　　　　解答（3）

　ろうそくの炎の上方が高温なのは、主に熱の対流によるものです。2-6節参照。

問題11　　　　　　　　　　　　　　　　　　　　　　解答（4）

　体積膨張量⊿Vは、体膨張率（体積膨張率）α、元の容積V、温度変化量⊿Tの積で求められるので、$\Delta V = \alpha V \Delta T = 1.4 \times 10^{-3}\,K^{-1} \times 200L \times (55-5)\,K = 14L$です。2-7節参照。

問題12　　　　　　　　　　　　　　　　　　　　　　解答（4）

　静電気放電による火災を防ぐには、静電気の帯電を防ぐことが重要です。そのため、使用する器具は電気絶縁性の低い（電気を通しやすい）ものを使います。2-8節参照。

問題13　　　　　　　　　　　　　　　　　　　　　　解答（3）

　A、B、Dが不適切です。理由は次の通りです。（A）流速を上げると静電気が生じやすい。（B）絶縁靴を履くと静電気が体から逃げず、火花放電をしやすくなる。（D）ポリエチレン製容器は電気を通さないため、静電気が蓄積しやすい。2-8節参照。

この項目は、直接は出題される頻度は少ないですが、重要項目である「熱化学・化学反応・燃焼」などを学ぶための基礎事項です。

これだけは覚えよう！

・原子の構造、陽子、中性子、電子の特徴を理解しよう。
・化学結合の種類と特徴を理解しよう。

1 原子と分子　　　　　　　　　　　　　重要度 ★

（1）原子とは

　物質の特性を示す最小の粒子のことを原子といいます。原子の中心には原子核があり、原子核の中にはいくつかの陽子と中性子があります。また、原子核の周りにある電子軌道を、陽子と同数の電子が回っています。

　たとえば、ヘリウムHeの場合、$^4_2$Heなどと書きます。このとき、下の添え字が陽子の数（＝原子番号＝電子の数）です。陽子の数と電子の数は同じです。ただし、電子の質量は陽子や中性子の約1800分の1と非常に小さいため、電子の質量は無視できます。陽子はプラスの電荷、電子はマイナスの電荷を帯び、中性子は電荷を帯びていません。そのため、原子全体ではそれらが釣り合って電気的に中性です。

　陽子と中性子の質量は同じです。上の添え字は陽子の数と中性子の数を足したもので、質量数といいます。

▼原子

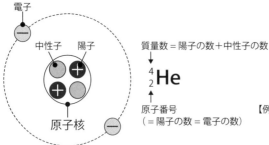

質量数＝陽子の数＋中性子の数

$^4_2$He

原子番号
（＝陽子の数＝電子の数）

【例】ヘリウム He 原子の構造
　a）陽子の数：2個（原子番号2）
　b）電子の数：2個
　c）中性子の数：2個

(2) 分子とは

原子が結合し、安定した状態にあるものを分子といいます。たとえば、水素原子H、酸素原子O、窒素原子Nはそれぞれ水素H_2、酸素O_2、窒素N_2、水H_2Oなどの形に結合し、安定な分子として存在しています。

▼分子

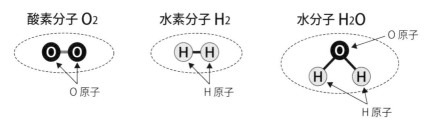

| 酸素分子 O_2 | 水素分子 H_2 | 水分子 H_2O |

O原子

H原子

O原子

H原子

2 化合と分解　　　重要度 ★★

(1) 化合とは

2種類以上の物質が結合し、異なる物質を作ることを化合といいます。たとえば、水素 (H_2) と酸素 (O_2) が化合すると水 (H_2O) が生成します。

(化合の例：水素の酸化) $2H_2 + O_2 \rightarrow 2H_2O$

(2) 分解とは

化合とは逆に、化合物が2つ以上の成分に分かれることを分解といいます。

(分解の例：水の分解) $2H_2O \rightarrow 2H_2 + O_2$

3 化学式　　　重要度 ★

炭素C、水素H、酸素O、硫黄S、窒素Nなどの元素記号を組み合わせて物質の構成や構造を表す式を化学式といいます。化学式には次のものがあります。

①分子式

それぞれの元素記号の右下に、分子を構成する原子の数を示したもの。

②組成式

化合物を構成する原子やイオンの数の割合を最も簡単な整数の比で示したもの。

③示性式

分子式の中から、ヒドロキシル基-OH、カルボキシル基-COOHなど、特有の性質を示す官能基を抽出して表した式

④構造式

　分子内での原子の結合の仕方（単結合、二重結合など）を表した式。

【例】酢酸（第4類　第2石油類　水溶性）

①分子式　　　②組成式　　③示性式　　　④構造式

$C_2H_4O_2$　　　　CH_2O　　　CH_3COOH

4　化学結合と分子間力　　重要度 ★★

（1）化学結合

　元素が結びついて物質が形成されていますが、その結合には次のものがあります。

①イオン結合

　陽イオンと陰イオンが静電引力（クーロン力）で電気的に引き合うことで生じる結合

【例】　塩化ナトリウム$NaCl$は、ナトリウムイオンNa^+と塩化物イオンCl^-がイオン結合をしている

②共有結合

　2つの原子間で電子対を形成し、その電子対を共有することで生じる結合

【例】　水素H_2は、水素原子Hが持つ電子対を共有している

③金属結合

　金属原子が自由電子を共有することで生じる結合

【例】　銅Cu、アルミニウムAl、鉄Fe、銀Ag、ナトリウムNaなど

（2）分子間力

　分子間に生じる互いにひきつけあう力をファンデルワールス力とよびます。

5　SI単位（国際単位系）　　重要度 ★★

　国際単位系（SI単位）は、次の表に示される7つを基本単位として定めています。この7つを基本単位として、これらの乗算、除算などによって組立単位が導かれます。

　たとえば、力F [N]（ニュートン）は、ニュートンの運動の法則によってF＝

maと示されます。m [kg]を質量、a [m/s²]を加速度、V [m/s]を速度、t [s]を時間、距離をx[m]とすれば、a＝V/t, V＝x/tです。よって、F＝ma＝mV/t＝mx/t²となり、その単位は kg・m・s⁻² というように、基本単位の組立単位になっています。

▼SI基本単位

物質量	SI単位の名称	SI単位の記号
長さ	メートル	m
質量	キログラム	kg
時刻	秒	s
電流	アンペア	A
熱力学温度	ケルビン	K
物質量	モル	mol
光度	カンデラ	cd

練習問題　次の問について、○×の判断または空欄を埋めてみましょう。

① $^{27}_{13}$Alの原子1個当たりについて、陽子の数は（　ア　）個、中性子の数は（　イ　）個、電子の数は（　ウ　）個である。

② 陽子と電子の質量は等しい（○・×）。

③ SI基本単位において、物質量の単位はkgである（○・×）。

④ 陽イオンと陰イオンが電気的に引き合って生じる結合を共有結合とよぶ（○・×）。

⑤ 2つの原子間で電子対を共有してできる結合を金属結合とよぶ（○・×）。

⑥ 金属原子が自由電子を共有することでできる結合を金属結合とよぶ（○・×）。

⑦ 分子間に生じる互いにひきつけあう力をクーロン力とよぶ（○・×）。

解答・・

① ア 13、イ 14、ウ 13

　　$^{27}_{13}$Alなので原子番号13、質量数27です。よって、アは原子番号と等しく13（個）、イは質量数から陽子の数を引いたものなので27－13＝14（個）、ウは陽子の数と同じなので13（個）です。

② × 陽子と中性子の質量は等しいですが、電子の質量は陽子や中性子の約1800分の1と小さい。

③ × kgは質量の単位です。物質量（モル数）の単位はmolです。

④ × このような結合をイオン結合とよびます。

⑤ × このような結合を共有結合とよびます。　　⑥ ○

⑦ × ファンデルワールス力です。クーロン力は帯電した物体間に働く力です。

2-10 物理変化と化学変化

物質の変化は、物理変化と化学変化に大別できます。この項目はよく出題されます。両者の違いと具体例を理解しておきましょう。化学反応の有無で判断すると、容易に判別できます。

これだけは覚えよう！

・物理変化と化学変化の代表例を知っておきましょう。
・化学式が変化するか否か（化学反応の有無）で考えると判別しやすい。
　（化学式が変化する場合は化学変化です）

1 物理変化と化学変化の見分け方　　重要度 ★★★

氷を加熱すると、やがて溶けて水になり、さらに加熱すると水蒸気になり、全く異なる状態に変化します。しかし、いずれも水分子（H_2O）であることには変わりありません。このような変化を物理変化といいます。一方、空気中で水素（H_2）を燃焼させると、水（H_2O）になり、化学式自体が変化します。このような変化を化学変化といいます。つまり、次の考え方で見分けることができます。

> **考え方** 物理変化と化学変化の見分け方
> 物理変化：化学反応を伴わず、物質の状態が変化すること。
> 化学変化：化学反応（化合、分解など）を伴い、物質の状態が変化すること。

2 物理変化と化学変化の具体例　　重要度 ★★★

危険物取扱者試験で問われやすい物理変化と化学変化の具体例を挙げます。

【物理変化の具体例】
　次のすべてにおいて化学式が変化していないのがポイント
①物質の三態の変化：氷の融解、ガソリンの蒸発、ドライアイスの昇華など。
②原油を分留してガソリン、灯油、軽油を精製する。
③砂糖が水に溶けて砂糖水になる。
④ニクロム線に電流を流すと赤熱する。
⑤ばねなどの弾性体が伸縮する。

⑥物体の摩擦で静電気が発生する。

⑦ガラスが割れる。

⑧金属の棒を引っ張ったら破断した。

【化学変化の具体例】

　次のすべてにおいて化学式が変化しているのがポイント

①ガソリンが燃焼して二酸化炭素 CO_2 と水 H_2O を生成する。

②鉄が錆びる（化学反応で酸化鉄[FeO など]になっている）。

③紙が濃硫酸に触れて黒くなる（紙が硫酸による脱水反応で炭化する）。

④水 H_2O を電気分解すると水素 H_2 と酸素 O_2 が発生する。

⑤カリウムなどのアルカリ金属と水を接触させると水素が発生する。

⑥酸と塩基を混ぜたら中和した。

練習問題　次の問について、空欄を埋めてみましょう。

「①木炭が燃える　②紙が濃硫酸に触れて黒くなる　③食塩水を煮詰めると食塩の結晶が析出する　④ナフタレンが昇華する　⑤容器内のガソリンを攪拌したら帯電した　⑥ニクロム線に電流を流したら赤熱した　⑦亜鉛粉に水をかけたら水素が発生した　⑧酸と塩基を混合して中和させた　⑨ガラスが割れた」以上のうち、物理変化は（　　　　）である。

解答

物理変化は③、④、⑤、⑥、⑨です。残りはすべて化学変化です。③は水溶液の状態でも析出した状態でも食塩には違いありません。④は固体でも気体でもナフレタレンには違いありません。⑤は、ガソリンは帯電しでも化学式には変化はありません。⑥はニクロム線が熱を持っただけで、化学変化はしていません。⑨はガラス（たとえば、SiO_2）が割れて細かくなっただけであり、その化学式 SiO_2 は変化しません。それ以外は、すべて物質の化学式が変わっているので、化学変化です。

2-11 物質の種類

物質は、それを構成する原子・分子とその組み合わせなどにより、「**単体・化合物・混合物**」などに分類できます。それらの区別と具体例を知っておきましょう。

これだけは覚えよう！

・単体・化合物・混合物の違い（下表の判別法）を知っておきましょう。
・単体・化合物・混合物の代表例を知っておきましょう。
・同素体・異性体の代表例を知っておきましょう。

1 物質の種類　　　　　　　　　　　　　　　重要度 ★★

（1）純物質と混合物

物質は、純物質と混合物に大別できます。さらに、純物質は単体と化合物とに分けられます。次の表に、それらの判別法と具体例をまとめます。

▼単体・化合物・混合物

物質	純物質	単体	1種類（単一）の元素のみから構成される物質 【例】 H_2（水素）、酸素（O_2）、窒素（N_2）、オゾン（O_3）、ナトリウム（Na）、りん（P）、ダイヤモンド（C）、グラファイト（C）
		化合物	2種類以上の元素で構成させる物質（1つの化学式で表せる） 【例】 H_2O（水）、二酸化炭素（CO_2）、エタノール（C_2H_5OH）、ヘキサン（C_6H_{14}）、塩化ナトリウム（NaCl）
	混合物		2種類以上の純物質が混合したもの（1つの化学式で表せない） 空気（$N_2,O_2\cdots$）、ガソリン、灯油、軽油、重油、食塩水 など

1つの化学式で表せる物質を純物質とよびます。さらに、その化学式を構成する元素が1種類の場合を単体とよび、2種類以上の元素で構成されるものを化合物とよびます。たとえば、水素（H_2）と水（H_2O）は共に1つの化学式で表せるので純物質です。加えて、水素はHのみからなるので単体、水はHとOの2種類の元素からなるので化合物です。

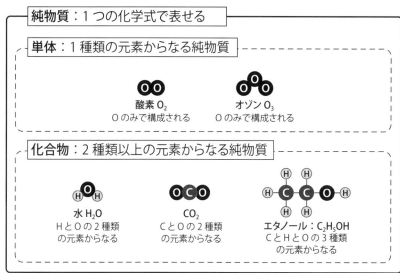

　混合物は、2種類以上の純物質が混ざったものを指します。たとえば、食塩水、砂糖水、空気などは2種類状の純物質が混ざっています。第4類の危険物でいえば、ベンゼンC_6H_6は純物質の内の化合物ですが、ガソリン、灯油、軽油、重油は複数種類の純物質（炭化水素）が混合した混合物です。

　混合物は、蒸留やろ過などの操作によって2種類以上の純物質に分けることが可能です（例：原油を蒸留して分離する）。

(2) 同位体

　同じ原子番号を持つ（陽子の数が同じ）ものの、中性子の数が異なる元素同士を互いに同位体といいます。たとえば、同じヘリウム He でも、${}_2^4$He だけでなく${}_2^3$He があります。${}_2^4$He は陽子と中性子が共に2個ですが、${}_2^3$He は陽子が2個で中性子が1個です。

(3) 同素体

　同じ元素でできているが、その数、配列などが違うため性質が異なる単体。

【同素体の例】
[酸素O_2とオゾンO_3]、[黒鉛（グラファイト）とダイヤモンドとフラーレンと
カーボンナノチューブ（C）]、[黄りんと赤りん（P）]、[ゴム状硫黄と斜方硫黄
と単斜硫黄（S）]

(4) 異性体

　分子式が同じ（元素の数、種類が同じ）であるが、その構造が異なる化合物。

【異性体の例】
- エタノールとジメチルエーテル ⇒ 分子式は共にC_2H_6O
  どちらも、炭素Cが2個、水素Hが6個、酸素Oが1個で構成されるが、
  結合の構造が異なっています。

エタノール：C_2H_5OH　　　ジメチルエーテル：CH_3OCH_3

　その他、試験に問われやすい代表的な異性体として、次の物質も知っておく
とよいでしょう。

- ノルマルブタンとイソブタン ⇒ 分子式は共にC_4H_{10}
- ノルマルブチルアルコールとイソブチルアルコール ⇒ 分子式は共に
  C_4H_9OH
- オルト（o）キシレンとメタ（m）キシレンとパラ（p）キシレン ⇒ 分子式は共
  にC_8H_{10}
- 分子式$C_4H_{10}O$で表される化合物には、アルコール（ブチルアルコール）とし
  て4種類、エーテルとして3種類の合計7種の異性体があります。

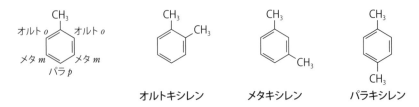

オルトキシレン　　　　メタキシレン　　　　パラキシレン

練習問題 次の問について、○×の判断をしてみましょう。

① ガソリンは、炭素と水素の化合物である。

② 赤りんと黄りんは異性体である。

③ 空気は窒素や酸素などの化合物である。

④ メチルアルコールとエチルアルコールは異性体である。

⑤ パラキシレンとメタキシレンは異性体である。

⑥ グラファイトとダイヤモンドは同位体である。

⑦ 同位体は、中性子の数は同じだが、陽子と電子の数が異なる。

⑧ 分子式 $C_4H_{10}O$ で表される化合物には、合計10種の異性体がある（ただし、同じ構造を持つが光学的性質が異なる「光学異性体」は考えないものとする）。

解答

① × ガソリンは、複数種類の炭化水素化合物の「混合物」です。

② × 赤りんと黄りんは同素体です

③ × 空気は、窒素 N_2、酸素 O_2 などの混合物です

④ × メタノール CH_4O とエタノール C_2H_6O は化学式自体が違うので、異性体ではありません。

⑤ ○ パラキシレン、メタキシレン、オルトキシレンは異性体です。

⑥ × ダイヤモンドとグラファイトは共に炭素 C からなる同素体です。

⑦ × 同位体は、陽子と電子の数は同じですが、中性子の数が異なります（質量数が異なる）。

⑧ × 7種の異性体があります。

2-12 化学反応式と熱化学方程式

化学反応による物質の変化を表わした式を化学反応式といいます。また、化学反応式に加えて、そのときにやり取りされる熱を示したものを熱化学方程式といいます。化学反応における物質の量的関係や、その際の熱のやり取りの計算方法を、例題を通じて説明します。

これだけは覚えよう！

- 化学反応式にやり取りされる熱を付記すると熱化学方程式になります。
- 燃焼反応であれば、発熱反応になります。
- 反応の前後で、それぞれの原子の数は等しくなります。

1 化学反応式と熱化学方程式　　　　重要度 ★★

（1）化学反応式

物質が化学反応を起こした際、反応前の化学式と反応後の化学式を書き表したものを化学反応式とよびます。

【例】

水素（H_2）1molとの酸素（O_2）0.5molが反応して水（H_2O）が1mol生成するときの反応式　　$H_2 + \dfrac{1}{2}O_2 \rightarrow H_2O$

反応の前後で、次の特徴があります。

(a) **各原子の数は等しい**：反応によって原子が増減することはないので、反応の前後で、各原子の数は等しくなければなりません。

(b) **質量が保存される**：各原子の数が等しいということは、質量も等しくなります（質量保存の法則といいます）。

【例題1】

メタンCH_4が酸素O_2で完全燃焼する際の化学反応式を書きましょう。

【解説】

化学反応式は $CH_4 + bO_2 = cCO_2 + dH_2O$ です。反応の前後で各原子の数が等しくなるように、次の手順でb、c、dの係数を求めていきます。

①メタンを構成するC_1とH_4がCO_2とH_2Oになるので$c = 1$、$d = 2$です。

$CH_4 + bO_2 = 1CO_2 + 2H_2O$

②今度は、右辺の1CO_2と2H_2OからOの総数を求めて、それと同じ数になるように左辺のbを決めればよい。右辺のOの総数は2＋2＝4です。つまり、4O＝2O_2となり、b＝2が決まります。

【解答】　$CH_4 + 2O_2 = CO_2 + 2H_2O$

上記の式から、次のことが分かります。

- 1molのメタンを完全燃焼させるには、2molの酸素が必要。
- 0℃、1気圧で、22.4L（1mol）のメタンを完全燃焼させるには、44.8Lの酸素が必要（アボガドロの法則により、0℃、1気圧で気体が占める容積は22.4Lのため）。
- 酸素O_2の分子量は32（g/mol）なので、1molのメタンを燃焼させるには、2mol×32g/mol＝64gのO_2が必要。

(2) 空気中における炭化水素の燃焼反応式

　空気の組成は、モル割合（＝体積割合）で酸素が21%、残りの79%が窒素と考えることができます（甲種危険物取扱者試験では、酸素20%、窒素80%として出題されます）。

　よって、酸素20%と窒素80%とした場合、モル比は次のようになります。

$$酸素：窒素＝20：80＝1：\frac{80}{20}＝1：4$$

　つまり、空気を1mol吸入すると、その中には0.2molの酸素と0.8molの窒素が含まれます。言い方を変えれば、酸素1molを吸入する場合、同時に$\frac{80}{20}$＝4molの窒素も吸入されることになります。

　炭化水素はC_nH_mの燃料ですが、エタノールなど、分子内に酸素を含有する含酸素燃料もあるため、酸素を含む燃料として$C_nH_mO_\ell$の燃焼反応式を求めます。燃料に含まれる炭素C、水素H、酸素Oは、次のように空気中の酸素とのやり取りを行います。

炭素C → CO_2になる　　➡　C_nあたり、nO_2が必要

水素H → H_2Oになる　　➡　H_mあたり、$\frac{m}{2}O$＝$\frac{m}{4}O_2$ が必要

酸素O → 燃焼に利用される　➡　O_ℓあたり、$\frac{\ell}{2}O_2$が<u>不要になる</u>

よって、化学反応式は次のようになります。

$$C_nH_mO_\ell + \left(n + \frac{m}{4} - \frac{\ell}{2}\right)O_2 + 4\left(n + \frac{m}{4} - \frac{\ell}{2}\right)N_2$$
$$= nCO_2 + \frac{m}{2}H_2O + 4\left(n + \frac{m}{4} - \frac{\ell}{2}\right)N_2$$

以上のように、酸素に対して4倍の窒素が同時に供給されるのが特徴です。

上の式は、燃料1molにおける量論式（理論空燃比となる化学反応式）を表しています。

（3）熱化学方程式

化学反応が起こると同時に、熱の放出（発熱反応）または熱の吸収（吸熱反応）が起こります。化学反応式に、反応に伴う熱〔発熱なら（＋）、吸熱なら（－）〕を記述した式のことを熱化学方程式といいます。燃焼反応の場合は発熱反応でなければなりません（吸熱反応では自律的に燃焼反応が継続しません）。

また、反応物の状態（固体、液体、気体）によって相変化に伴う熱のやり取りも発生するため、化学式の中に物質の状態を（固）、（液）、（気）などのように示すこともあります。

水素と酸素の反応式を熱化学方程式で書くと次のように示されます。

$$H_2（気）+ \frac{1}{2}O_2（気）\rightarrow H_2O（気）+ 243kJ$$

水素（H_2）1molとの酸素（O_2）0.5molが反応して水（H_2O）が気体で1mol生成する際、243kJの発熱が起こります。

（4）反応熱

化学反応に伴って、1molの反応物質が放出または吸収する熱を反応熱といいます。反応熱は、種類に応じて次のように種類分けされています。

▼反応熱の種類

反応熱の種類	定　義
燃焼熱	1molの物質が完全燃焼する際に発生するときの反応熱
生成熱	1molの化合物が単体から生成するときの反応熱
中和熱	酸と塩基が中和して1molの水を生成するときの反応熱

【例：燃焼熱】1molの水素H_2が酸素と反応して<u>液体の水</u>H_2Oを生成

$$H_2（気）+ 0.5O_2（気）= H_2O（液）+ 286kJ[※]$$

※ 気体のH_2Oが生じる場合の燃焼熱243kJに比べて、液体のH_2Oが生じる場合の燃焼熱は、水の凝縮熱の分だけ変化する。

2 化学反応の計算法　　　重要度 ★★

（1）化学反応計算例

【例題1】

　6gの炭素Cと酸素O_2を完全燃焼させて二酸化炭素CO_2にした場合、次の量を求めましょう。

（1）必要な酸素O_2のモル数と質量

（2）生成するCO_2の質量

【解説】

（1）必要な酸素O_2のモル数と質量

　化学反応式は $aC + bO_2 = cCO_2$ です。また、Cの原子量は12（12g/mol）なので、炭素6gは$6 \div 12 = 0.5$molです。よって、必要なO_2は0.5molです。つまり、この反応の化学反応式は $0.5C + 0.5O_2 = 0.5CO_2$ になります。

　また、酸素分子O_2の分子量は$16 \times 2 = 32$（g/mol）ですので、必要なO_2の質量は、0.5mol$\times 32$g/mol$= 16$gです。

（2）生成するCO_2の質量

　質量は保存されているので、生成されるCO_2の質量は生成前の炭素と酸素の質量を足せばよく、$6 + 16 = 22$gです〔または、CO_2（分子質量44g/mol）が0.5molなので22gと考えても結構です〕。

【解答】

（1）モル数　0.5mol、質量　16g　（2）22g

【例題2】

　エタノール（C_2H_5OH）1molを完全燃焼させるのに必要な酸素および空気の量について、次の値を求めましょう。ただし、空気の組成は、モル数比で酸素20%、窒素80%、分子量は29（29g/mol）と近似できるものとします。

（1）必要な酸素分子O_2のモル数、体積（0℃、1気圧における）、質量

（2）必要な空気のモル数、体積（0℃、1気圧における）、質量

【解説】

　示性式C_2H_5OHのHをまとめて化学式C_2H_6Oとして計算します。

（1）必要な酸素分子O_2のモル数、体積（0℃、1気圧における）、質量

　化学反応式は $aC_2H_6O + bO_2 = cCO_2 + dH_2O$ です。反応の前後で各原子の

数は等しくなるように、次の手順でa、b、c、dの係数を求めていきます。

①エタノール1molの反応を考えるため、a＝1です。

②エタノールのC_2とH_6がCO_2とH_2Oに分配されるので、c＝2、d＝3です

$$C_2H_6O + bO_2 = 2CO_2 + 3H_2O$$

③今度は、右辺の$2CO_2$と$3H_2O$からOの総数を求めて、それと同じ数になるように左辺のbを決めればよい。右辺のOの総数は4＋3＝7です。エタノールは分子内にO原子を1つ持っているので、不足するOは6です。つまり、$6O = 3O_2$となり、b＝3が決まります。

$$C_2H_6O + 3O_2 = 2CO_2 + 3H_2O$$

つまり、答えは次のようになります。

・酸素O_2はモル数で3mol必要

・アボガドロの法則で示されるように、0℃、1気圧での1molの気体は22.4Lを占めますので、酸素O_2の体積は3mol×22.4L/mol＝67.2Lになります。

・酸素O_2の分子質量は32g/molなので、3mol×32g/mol＝96gになります。

(2) 必要な空気のモル数、体積 (0℃、1気圧における)

酸素と窒素のモル比は20：80です。つまり、モル数で考えると、窒素は酸素の4倍含まれることになります。また、アボガドロの法則が示すように、モル数比＝容積比になりますので、答えは次の通りです。

・$C_2H_6O + 3O_2 + 4 \times 3N_2 = 2CO_2 + 3H_2O + 4 \times 3N_2$ なので、空気 (O_2とN_2) のモル数は$3 + 4 \times 3 = 15$mol、体積は$15 \times 22.4 = 336$Lになります。

・空気の分子質量は約29g/mol (2-1節参照) ですので、空気の質量は$15 \times 29 = 435$gになります。

【解答】

(1) モル数　3mol、　体積　67.2L、　質量　96g

(2) モル数　15mol、体積　336L、　質量　435g

(2) ヘスの法則と熱化学計算

　反応物（反応前の物質）と生成物（反応後の物質）が同じであれば、その際の反応熱は反応の経路に依らずに一定になります。これを、ヘスの法則といいます。この法則を利用し、複雑な段階を経る化学反応でも、複数のシンプルな熱化学方程式の組合せで表すことで、その反応熱を求めることができます。

【例題3】

　次の熱化学反応を用いて、炭素C 1molと酸素O_2が完全燃焼してCO_2になる場合の反応熱（燃焼熱）を求めましょう。

（式①）炭素Cと酸素O_2が反応して一酸化炭素COが生成する熱化学反応

$$C + \frac{1}{2}O_2 = CO + 111kJ \cdots\cdots\cdots ①$$

（式②）COとO_2が反応して二酸化炭素CO_2が生成する熱化学反応

$$CO + \frac{1}{2}O_2 = CO_2 + 283kJ \cdots\cdots\cdots ②$$

【解説】　求めたい化学式は次の通りです。

$$C + O_2 = CO_2 + ?\ kJ \cdots\cdots\cdots ③$$

　ヘスの法則を利用すれば、①式＋②式＝③式になるので、両式を足します。

$$C + \frac{1}{2}O_2 = CO + 111kJ \cdots\cdots\cdots ①$$
$$+)\quad CO + \frac{1}{2}O_2 = CO_2 + 283kJ \cdots\cdots\cdots ②$$
$$\overline{C + CO + O_2 = CO + CO_2 + 394kJ}$$

　イコールの両側にある物質（CO）は互いに消去されるので、

$$\boxed{C + O_2 = CO_2 + 394kJ}$$ が求まります。つまり、1molの炭素Cの完全燃焼によって394kJの発熱反応が起こります。

【解答】　394kJ

2-13 反応の速度と化学平衡

化学反応が進行する速さを反応速度といいます。反応速度の大小には、活性化エネルギーの大小が大きく影響します。反応速度と活性化エネルギーの関係を原理的に理解すれば、最小限の知識でほとんどの問題に正答できるでしょう。

これだけは覚えよう！

- 反応速度は、反応物の濃度に比例します。
- 反応速度は、温度上昇に対して指数的（爆発的）に増大します（アレニウス則）。
- 活性化エネルギーが大きいほど、反応速度が遅くなります。
- 触媒は、活性化エネルギーを下げ、反応速度を増加させます。
- 触媒を用いた場合でも、その反応の反応熱自体は変わりません。

1 反応の速度 　　　　　　　　　　重要度 ★★

（1）反応速度

たとえば、液体ロケットエンジンは、水素 H_2 と酸素 O_2 を反応（燃焼）させて、大きな推力を生み出します。ガソリンエンジンは、ガソリンと酸素 O_2 を反応させて、自動車を走らせます。このように、水素やガソリンなどの可燃物は、爆発的な燃焼の危険性があります。

しかし、常温常圧で水素 H_2 と酸素 O_2 を混ぜただけでは、燃焼や爆発は起こりません。「電気火花を飛ばす」、「高温熱源にさらす」、「圧縮する」などのきっかけを与えると、爆発的に燃焼します。つまり、次のように理解できます。

反応速度 $r \propto [H_2] \times [O_2]$

ここで、∝は「比例する」という意味で、$[H_2]$ は「H_2 の濃度」という意味です。まず、反応物である H_2 と O_2 の双方がなければ、反応は絶対に起こりません。よって、反応速度は H_2 と O_2 の濃度の積に比例します。この比例定数を k をすると、次の式になります。この k を反応速度定数といい、k が大きいほど反応速度が速くなります。

反応速度 $r = k[H_2][O_2]$

直感的に考えると、化学反応を起こすためには、次の2つの条件を満たす必要があります。

> ① 反応物同士がお互いに衝突すること（出会わなければ絶対に反応しません）
> ②"①"での衝突のエネルギーがあるしきい値（活性化エネルギー）を超えること

そもそも、ぶつからなければ反応は起こりません。しかし、ぶつかったとしても、そのエネルギーが小さければ、お互いに跳ね返るだけです。よって、①でぶつかったもののうち、②の条件を満たしたものが反応に至ります。

▼反応速度

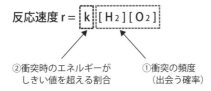

$$反応速度\, r = \boxed{k}\,\boxed{[H_2][O_2]}$$

②衝突時のエネルギーが　　①衝突の頻度
しきい値を超える割合　　（出会う確率）

(2) 活性化エネルギー

水素H_2と酸素O_2の燃焼を例にとって、反応に伴うエネルギー状態を下図に示します。燃焼前のH_2と$\frac{1}{2}O_2$の持つエネルギーと、燃焼後のH_2Oの持つエネルギーの差が反応熱です（この場合は発熱反応です）。しかし、反応物をH_2Oにするためには、いったんエネルギーの山を越えなければなりません。これを活性化エネルギーといいます。繰り返しになりますが、常温常圧で水素H_2と酸素O_2を混ぜただけでは爆発が起こらないのは、活性化エネルギー（反応開始のための障壁）があるためです。

▼活性化エネルギー

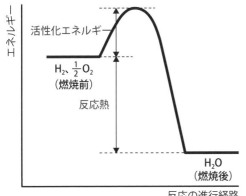

(3) 触媒の効果

触媒には、活性化エネルギーを低くする効果があります。つまり、触媒を用いると、反応速度が速くなります。ただし、活性化エネルギーが変わっても、反応熱（燃焼熱など）は変わりません。

▼触媒の効果

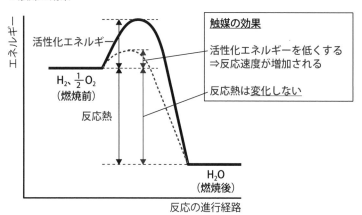

●反応速度に関する重要事項のまとめ
・ 活性化エネルギーが大きいと、反応速度が遅くなります。
・ 反応物の温度が増大すると、衝突のエネルギーが増すため、反応速度が速くなります。
・ 反応物の濃度や圧力が増大すると、衝突の頻度が増すため、反応速度が速くなります。
・ 触媒の働きで活性化エネルギーが低下するため、反応速度が増加します。その際、反応熱は変わりません。

2 化学平衡　重要度 ★★

(1) 化学平衡とは

たとえば、物質Aと物質Bが反応して物質Cと物質Dが生成される反応を考えます。AとBからCとDが生成される反応を正反応といいますが、通常同時にその逆の反応（逆反応といいます）も起きています。

$$A + B \rightleftarrows C + D$$

正反応と逆反応の反応速度が同じになったとき、反応は見かけ上、止まったように見えます。この状態を化学平衡といいます。

(2) ルシャトリエの法則

化学平衡にある状態において、反応の条件（圧力、濃度、温度）を変化させると、その変化を打ち消す方向に平衡状態が移動します。これを、ルシャトリエの法則といいます。具体例を次にまとめます。

▼ルシャトリエの法則の具体例

状態変化	平衡状態の移動
圧力増加	圧力増加で分子密度が増加するため、圧力が低下する方向、つまり分子数を減少させる方向に平衡が移動する
濃度増加	濃度が減少する方向に平衡が移動する
温度増加	温度を増加させると、温度を低下させる方向、つまり吸熱反応の方向に平衡が移動する

練習問題 次の問について、○×の判断をしてみましょう。

① 反応物の濃度が増加すると、反応速度が低下する。
② 活性化エネルギーが低下すると、反応速度が増大する。
③ 触媒を用いると、反応速度が低下する。
④ 触媒を用いると、反応熱が変化する。
⑤ 平衡状態にある系を加熱すると、発熱反応の方向に平衡が移動する。
⑥ 平衡状態にある系を加圧すると、分子数が減る方向に平衡が移動する。

解答

① × 濃度が増加すると衝突回数が増すため、反応速度が増加します。
② ○ 活性化エネルギーは反応開始のための障壁です。これが低いほど、容易に反応が起こります。つまり、反応速度が増加します。
③ × 触媒は活性化エネルギーを低下させるので、反応速度が増加します。
④ × 触媒により反応速度は変化しますが、反応熱自体は変化しません。
⑤ × 加熱すると吸熱方向に平衡が移動します。
⑥ ○ 加圧すると分子数が減少する方向（圧力が低下する方向）に平衡が移動します。

2-14　溶液の性質

甲種危険物取扱者試験では、溶液の濃度の計算法、溶液中に溶ける固体や気体の溶解度、溶液濃度の変化による沸点上昇や凝固点降下についての特性などが問われます。本節でポイントを押えましょう。

これだけは覚えよう！

- 溶液濃度の表し方には、主に「質量パーセント濃度」、「モル濃度」、「質量モル濃度」の3種類があります。
- 液体の温度が増加すると、固体の溶解度は高くなりますが、気体の溶解度は低くなります（固体と気体とで逆の特性を持っています）。
- 液体に不揮発性物質を溶かすと、沸点が上昇します。

1　溶液とは　　　　　　　　　　　重要度　★

　水に食塩を溶かすと食塩水になります。このように、液体に他の物質が均質に溶けることを溶解といいます。また、このような液体を溶液といいます。このとき、食塩のように溶けている物質を溶質、水のように溶かす側の液体を溶媒といいます。特に、溶媒が水の場合の溶液を水溶液といいます。

2　溶解度　　　　　　　　　　　重要度　★★

　溶液100g中に溶解する溶質の最大質量[g]を溶解度といいます。溶液の溶解度について、次の特徴を覚えておくとよいでしょう。

固体と気体の溶解度

　溶液の温度が増加すると、①固体の場合、溶解度が増加します。一方で、②気体の場合、溶解度が低下します。

　①の具体例として、熱いコーヒーほど、砂糖がよく溶けます。②の具体例として、温まった炭酸飲料からは、溶けていた炭酸ガス（CO_2）が多く抜けてしまいます。

ヘンリーの法則：温度一定において、溶媒に溶ける気体の量は圧力に比例します。これをヘンリーの法則といいます。炭酸飲料を開封した際、ボトル内の圧力が下がって炭酸ガス（CO_2）が抜け出すのはこのためです。

208

3 溶液の濃度　　　　重要度 ★★

溶液の濃度の表し方を次に示します。

①質量パーセント濃度　溶液中に溶ける溶質の量を質量割合で表したもの。

$$質量パーセント濃度[\%] = \frac{溶質の質量[g]}{溶液の質量[g]} \times 100$$

②モル濃度　溶液1Lに溶けている溶質の物質量[mol]のこと。

$$モル濃度[mol/L] = \frac{溶質の物質量[mol]}{溶液の容積[L]}$$

③質量モル濃度　溶媒1kgに溶けている溶質の物質量[mol]のこと。

$$質量モル濃度[mol/kg] = \frac{溶質の物質量[mol]}{溶媒の質量[kg]}$$

4 沸点上昇と凝固点降下　　　　重要度 ★★

1気圧での水の沸点は100℃、凝固点は0℃です。しかし、食塩水の沸点は100℃以上になります。これを沸点上昇といいます。また、食塩水の凝固点は0℃未満になります。これを凝固点降下といいます。

沸点上昇：液体に不揮発性物質を溶かすと、沸点が上昇する現象。不揮発性物質を溶かした場合の沸点と、純溶媒の沸点との温度差を沸点上昇度とよぶ。
凝固点降下：溶液の凝固点が溶媒の凝固点より低下する現象。不揮発性物質を溶かした場合の凝固点と、純溶媒の凝固点との温度差を凝固点降下度とよぶ。

薄い非電解質溶液の沸点上昇度と凝固点降下度は、溶質の種類とは無関係に、溶液の質量モル濃度（一定量の溶媒に溶けている溶質のモル数）で決まります。この関係は、ラウールの法則から導かれます。

【例題】
　一定量の溶媒に対して、フェノール（C_6H_5OH）を20gと溶かした場合と、酢酸（CH_3COOH）を20gと溶かした場合とでは、凝固点降下度が大きいのはどちらか。

【解答】

　質量モル濃度が高いほど凝固点降下度が大きいことになります。

　分子式からそれぞれの溶質の分子量 (g/mol) を求めて、20g 当たりのモル数を求めればよいことが分かります。

＜分子量＞

　フェノールC_6H_5OH　→　C_6H_6O　→　$12 \times 6 + 1 \times 6 + 16 \times 1 = 94$g/mol

　酢酸CH_3COOH　　　→　$C_2H_4O_2$　→　$12 \times 2 + 1 \times 4 + 16 \times 2 = 60$g/mol

＜20g 当たりのモル数＞

　フェノール　　$20 \times \dfrac{1}{94} \fallingdotseq 0.213$ mol

　酢酸　　　　　$20 \times \dfrac{1}{60} \fallingdotseq 0.333$ mol

　よって、溶媒中に20gのフェノールまたは酢酸を溶かした場合、酢酸を溶かした溶液の方が、質量モル濃度が高く、凝固点降下度が高いことが分かります。

5　浸透圧　　重要度 ★★

　溶液と溶媒とを、セロファンなどの半透膜（溶質は通さずに溶媒のみを通す膜）で仕切ると、溶媒が半透膜を通過して溶液側に拡散します。この現象を浸透とよびます。また、浸透してくる溶媒の圧力を浸透圧といいます。

　溶媒が非電解質の場合には、浸透圧は溶液のモル濃度と絶対温度に比例します。

6　コロイド溶液　　重要度 ★★

(1) コロイド溶液とは

　溶媒の中に、直径1nm（ナノメートル）～ 100nm程度の粒子が沈殿せずに混じっているものをコロイド溶液とよびます。

(2) コロイド溶液の性質

①ブラウン運動

　コロイド溶液中の粒子を観察可能な顕微鏡で拡大観察すると、不規則に振動しています。これは、水分子が熱運動によって不規則に衝突することで生じます。このような現象をブラウン運動とよびます。

②チンダル現象

コロイド溶液中に強い光を透過させると光路（光の通り道）が明るく光って見えます。これは、コロイド粒子が光を散乱しているためです。このような現象をチンダル現象とよびます。

③電気泳動

コロイド粒子は正または負に帯電している場合が多いため、コロイド溶液中に電極を入れて直流電圧を加えると、正（＋）に帯電しているコロイド粒子は負極（－）に向かって移動し、負（－）に帯電しているコロイド粒子は正極（＋）に移動します。このような現象を電気泳動とよびます。

④疎水コロイド

分散媒である水との親和性が低いコロイド粒子によるコロイド溶液を疎水コロイドとよびます。コロイド粒子は静電的な反発力で水中に分散していますが、疎水コロイドに少量の電解質を加えると、イオンによって電荷が中和されてコロイド粒子間の反発力が失われます。その結果、コロイド粒子が集まって大きくなり、沈殿します。このような現象を凝析とよびます。

また、疎水コロイドに親水コロイドを加えると、疎水コロイドの表面が親水化されるため、凝析を起こしにくくなります。このような親水コロイドを保護コロイドとよびます。

練習問題 次の問について、○×の判断をしてみましょう。

① 溶液の温度が高いほど、固体の溶解度は低下し、気体の溶解度は増加する。
② 気体の圧力が増加すると、溶液中に溶ける気体の量は低下する。
③ 一般に、不揮発性物質を溶かすと、溶液の沸点が低下する。
④ 溶媒が非電解質の場合の浸透圧は、温度に無関係である。
⑤ コロイド溶液に電極を入れて直流電圧をかけると、帯電しているコロイド粒子は同じ符号の電極に向かって移動する。

解答 ......

① × 固体の溶解度は増加し、気体の溶解度は低下します。
② × 気体の圧力が高いほど、気体の溶解度は増加します（ヘンリーの法則）。
③ × 不揮発性物質を溶かした溶液の沸点は上昇します。
④ × 浸透圧は溶液のモル濃度と絶対温度に比例するため、温度に依存します。
⑤ × 帯電しているコロイド粒子は逆の符号の電極側に引き寄せられます。

酸と塩基・中和・水素イオン指数

酸性と塩基（アルカリ）性の特徴と、水素イオン指数（pH）について、基本的な事項を知っておく必要があります。

これだけは覚えよう！

- リトマス紙が、赤になる ⇒ 酸性、青になる ⇒ 塩基（アルカリ）性
- 中和：酸H^+と塩基OH^-から塩と水ができる反応のこと
- pHが、7未満 ⇒ 酸性、7を超える ⇒ 塩基性、7 ⇒ 中性

1 酸と塩基　　　　　　　　　　　　　　　　　重要度 ★★

（1）酸とは

水に溶けると電離して水素イオンH^+を生じる物質、もしくは、他の物質に水素イオンH^+を与える物質のことを酸といいます。

（2）塩基（アルカリ）とは

水に溶けると電離して水酸化物イオンOH^-を生じる物質、もしくは、他の物質から水素イオンH^+を受け取れる物質のことを塩基といいます。

このように、水に溶けると電離して陽イオンと陰イオンを生じる物質を電解質といいます。

酸の例として、塩酸、酢酸、硝酸、硫酸などが挙げられます。

塩基の例として、水酸化ナトリウム、水酸化カルシウム、アンモニアなどが挙げられます。

たとえば、塩酸は塩化水素（HCl）の水溶液ですが、HClは水溶液中で次のように水素イオンH^+と塩化物イオンCl^-に電離しています。

＜塩酸（塩化水素HClの水溶液）＞

$$HCl \rightarrow H^+ + Cl^-$$

なお、水溶液中でH^+はオキソニウムイオンH_3O^+として存在しているため、次のように書くこともあります。

$$HCl + H_2O \rightarrow H_3O^+ + Cl^-$$

水酸化ナトリウム（NaOH）は、水溶液中でナトリウムイオンNa^+と水酸化物イオンOH^-に電離しています。

＜水酸化ナトリウム（NaOH）の水溶液＞

$$NaOH \rightarrow Na^+ + OH^-$$

リトマス紙の変化

酸　：リトマス紙を赤色に変える。
塩基：リトマス紙を青色に変える。

覚え方 リトマス紙を「赤から青」、「青から赤」のように覚えると混乱します。上で示したように、**変化後の色だけを覚えれば簡単です**（変化後の色が分かれば変化前の色は明らかなため）。

（3）酸の価数・塩基の価数

①酸の価数

1つの酸の分子が電離して生じる水素イオンH^+の数を、その酸の価数といいます。

→化学式の中にいくつのHが含まれているかを示す数と考えると判別しやすい。

②塩基の価数

1つの塩基の分子が電離して生じる水酸化物イオンOH^-の数を、その塩基の価数といいます。

→化学式の中にいくつのOHが含まれているかを示す数と考えると判別しやすい。

代表的な酸と塩基の価数を表に示します。化学式の中に含まれるHやOHの数によって価数が判別できます。

▼酸と塩基の価数

価数	酸		塩基	
1価	塩化水素（塩酸） 硝酸 酢酸	HCl HNO_3 CH_3COOH	水酸化ナトリウム 水酸化カリウム アンモニア※	NaOH KOH NH_3
2価	硫酸 シュウ酸	H_2SO_4 $H_2C_2O_4$	水酸化カルシウム 水酸化バリウム	$Ca(OH)_2$ $Ba(OH)_2$
3価	りん酸	H_3PO_4	水酸化鉄（Ⅲ）	$Fe(OH)_3$

※アンモニアNH_3は、$NH_3 + H_2O \Leftrightarrow NH_4^+ + OH^-$なので、1価の塩基です。

（4）酸・塩基の強さ

上記の表で示したように、塩化水素（塩酸）HClと酢酸CH_3COOHは、どちらも1価の酸です。

＜塩酸HCl＞

$$HCl \rightarrow H^+ + Cl^- \qquad 1価の酸$$

＜酢酸CH₃COOH＞

$$CH_3COOH \rightarrow H^+ + CH_3COO^- \qquad 1価の酸$$

　塩酸は強い酸性を示す強酸ですが、酢酸は弱い酸性を示す弱酸です。つまり、価数が酸性や塩基性の度合いを示す訳ではありません。

　これは、塩酸と酢酸とでは、水に溶けた際に電離する割合が異なるためです。

　酸や塩基が水に溶けて電離しているとき、溶けている電解質の全量に対して、電離している電解質の割合を電離度 α とよびます。

$$電離度\ \alpha = \frac{電離している電解質の物質量}{溶けている電解質の物質量}$$

　たとえば、塩素、硝酸の電離度は1に近く、これらを強酸とよびます。酢酸の水溶液は電離度が小さいため、弱酸性を示します。水酸化ナトリウムの電離度は1に近く、これを強塩基とよびます。

　次の表に、酸および塩基性の強弱で物質を分類した結果を示します。

▼酸および塩基の強弱による分類

強酸	弱酸	価数	弱塩基	強塩基
塩酸 HCl 硝酸 HNO₃	酢酸 CH₃COOH ふっ化水素 HF	1価	アンモニア NH₃	水酸化ナトリウム NaOH 水酸化カリウム KOH
硫酸 H₂SO₄	硫化水素 H₂S シュウ酸 (COOH)₂ 炭酸　H₂CO₃	2価	水酸化マグネシウム Mg (OH)₂ 水酸化銅 Cu (OH)₂	水酸化カルシウム Ca (OH)₂ 水酸化バリウム Ba (OH)₂
	りん酸 H₃PO₄	3価		

② 中和　　　　　　　　　　　重要度 ★★

(1) 中和とは

　酸 H^+ と塩基 OH^- から塩と水ができる反応のことを中和といいます。

　たとえば、酸である塩酸HClと塩基である水酸化ナトリウムNaOHを混ぜると次のように中和します。

```
<酸>        <塩基>                <塩>           <水>
HCl   +     NaOH       →       NaCl    +      H₂O
塩酸    水酸化ナトリウム        塩化ナトリウム        水
```

このとき、酸から生じるH^+の物質量と、塩基から生じるOH^-の物質量が等しい場合に中和が起こります。

＜中和の条件＞

> **酸から生じるH^+の物質量[mol]＝塩基から生じるOH^-の物質量[mol]**

なお、価数aの酸n_a[mol]から生じるH^+はan_a[mol]、価数bの塩基n_b[mol]から生じるOH^-は、bn_b[mol]です。よって、中和する条件では酸と塩基に次の関係が成り立ちます。

> **酸の価数a×酸の物質量n_a[mol]＝塩基の価数b×塩基の物質量n_b[mol]**

【例題1】　中和

196gの硫酸H_2SO_4を中和するのに必要な水酸化カルシウム$Ca(OH)_2$の質量を求めてください。

【解答】

まず、H_2SO_4と$Ca(OH)_2$の式量を求めておきます。原子量は、H＝1、S＝32、O＝16、Ca＝40、H＝1なので、H_2SO_4の式量は2＋32＋16×4＝98（g/mol）、$Ca(OH)_2$の式量は40＋（16＋1）×2＝74です。よって、196gの硫酸の物質量（モル数）は、196/98＝2molです。硫酸も水酸化カルシウムも2価の酸と塩基なので、

酸の価数a×酸の物質量n_a[mol]＝塩基の価数b×塩基の物質量n_b[mol]
2×2＝2×n_bとなります。つまり、中和するために必要な水酸化カルシウムは2molです。よって、必要な水酸化カルシウムの質量は、

2×74＝148gです。

（2）中和滴定

体積V_a[mL]の酸の水溶液（価数a、モル濃度n_a[mol/L]）と、体積V_b[mL]の塩基の水溶液（価数b、モル濃度n_b[mol/L]）が過不足なく中和するとき、次の関係が成り立ちます。

$$an_aV_a = bn_bV_b$$

　一定体積の酸（または塩基）をとり、そこに塩基（または酸）の水溶液を中和するまで滴下していき、中和に必要な塩基（または酸）の容積を求める操作を中和滴定といいます。酸または塩基のいずれかの水溶液のモル濃度nが分かっていれば、上記の式を用いてもう一方の水溶液のモル濃度が求められます。

【例題2】　中和滴定

　酢酸CH_3COOHの水溶液20mLに対して、モル濃度0.10mol/Lの水酸化ナトリウム$NaOH$水溶液26mLを混合させたところ、中和した。このとき、酢酸水溶液のモル濃度は何mol/Lか。

【解答】

　酢酸は1価の酸、水酸化ナトリウムは1価の塩基です。酢酸水溶液をa（濃度未知）、水酸化ナトリウム水溶液をb（濃度既知）とします。中和をしているため、次の関係が成り立ちます。

$$an_aV_a = bn_bV_b$$

　よって、酢酸水溶液のモル濃度n_aは、次のように求められます。

$$n_a = \frac{bn_bV_b}{aV_a} = \frac{1 \times 0.10 \times 26}{1 \times 20} = 0.13 \text{ mol/L}$$

---

③ 水素イオン指数（pH）　　　　重要度 ★★★

（1）水のイオン積

　純水も、わずかに電気を通します。これは、純水H_2Oがわずかに電離してH^+とOH^-が生じているためです。

　酸性の水溶液では、水素イオンの濃度$[H^+]$が高く、水酸化物イオンの濃度$[OH^-]$が低い。逆に、塩基性の水溶液では、水酸化物イオンの濃度$[OH^-]$が高く、水素イオンの濃度$[H^+]$が低い。このとき、水素イオン$[H^+]$の濃度と、水酸化物イオンの濃度$[OH^-]$の積は、同じ温度なら一定になります。25℃の水では、次の値になります（水のイオン積）。

$$[H^+] \times [OH^-] = 1.0 \times 10^{-14} \text{ (mol}^2\text{/L}^2\text{)}$$

　この関係により、$[H^+]$と$[OH^-]$の相互の変換ができます。

(2) 水素イオン指数 (pH)

pHは、溶液の酸性や塩基性 (アルカリ性) の度合いを示す指標のことです。pHは7.0を境に次の特徴があります。

- pHは0 ～ 14まである。
- pH＝7は中性。pHが7未満は酸性、7より大きければ塩基性。
- pHの数値が小さいほど強い酸性、大きいほど強い塩基性になる。

水素イオン濃度$[H^+]$の逆数の常用対数をとったものを、その溶液の水素イオン指数pHとよびます。

$$pH = \log_{10} \frac{1}{[H^+]} = \log_{10}[H^+]^{-1} = -\log_{10}[H^+]$$

常用対数について

$x = 10^n$のとき、nをxの常用対数とよび、$n = \log_{10}x$と書きます。

＜対数法則＞

$\log_{10}A^B = B\log_{10}A$

$\log_{10}AB = \log_{10}A + \log_{10}B$

$\log_{10} \dfrac{A}{B} = \log_{10}A - \log_{10}B$

$\log_{10}1 = 0, \ \log_{10}10 = 1, \ \log_{10}100 = 2, \ \log_{10}1000 = 3,$

$\log_{10} \dfrac{1}{10} = \log_{10}10^{-1} = -\log_{10}10 = -1$

酸性、塩基性、水素イオン指数 (pH)、水のイオン積の関係を図示すると次のようになります。

▼pHの関係

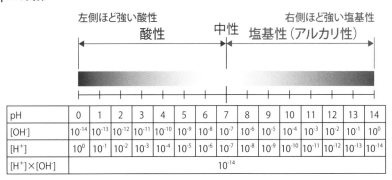

左側ほど強い酸性 / 酸性 / 中性 / 塩基性 (アルカリ性) / 右側ほど強い塩基性

pH	0	1	2	3	4	5	6	7	8	9	10	11	12	13	14
$[OH^-]$	10^{-14}	10^{-13}	10^{-12}	10^{-11}	10^{-10}	10^{-9}	10^{-8}	10^{-7}	10^{-6}	10^{-5}	10^{-4}	10^{-3}	10^{-2}	10^{-1}	10^{0}
$[H^+]$	10^{0}	10^{-1}	10^{-2}	10^{-3}	10^{-4}	10^{-5}	10^{-6}	10^{-7}	10^{-8}	10^{-9}	10^{-10}	10^{-11}	10^{-12}	10^{-13}	10^{-14}
$[H^+] \times [OH^-]$	10^{-14}														

(3) pH指示薬

pH指示薬の種類によって、変色するpHの領域が異なります。そのため、確認対象の物質のpHに応じて、使用するpH指示薬を選択します。

▼pH指示薬の変色域とpH指示薬の選択

酸と塩酸の組み合わせ	強酸	弱酸	弱塩基	強塩基
強酸＋強塩基	強酸 ➡	リトマス	⬅ 強塩基	
強酸＋弱塩基	強酸 ➡ メチルオレンジ	⬅ 弱塩基		
弱酸＋強塩基		弱酸 ➡ フェノールフタレイン	⬅ 強塩基	
弱酸＋弱塩基		弱酸 ➡ リトマス ⬅ 弱塩基		

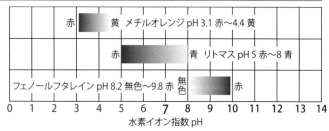

練習問題 次の問について、○×の判断をしてみましょう。

① ある溶液を赤色リトマス紙に垂らすと青色に変化した。この溶液は酸性である。
② 酸と塩基から塩と水ができる反応のことを中和という。
③ pHが6.5の溶液は弱アルカリ性である。
④ pHが13の溶液は強酸性である。
⑤ 弱酸と弱塩基及び強酸と強塩基の組み合わせでpHを確認する際は、フェノールフタレインが最も適切である。
⑥ 弱酸と強塩基の組み合わせでpHを確認する際は、リトマスが適切である。

解答
① × 青に変化しているので塩基性（アルカリ性）です。
② ○ 正しい記述です。
③ × pHが7未満は酸性です（pH6.5は弱酸性といえます）。
④ × pHが7超はアルカリ性です。pHは最大で14ですので、13は強アルカリ性だといえます。
⑤ × リトマスが適切です。
⑥ × フェノールフタレインが適切です。

2-16 酸化と還元

酸化と還元の定義と、出題されやすい具体例を知っておくとよいでしょう。

これだけは覚えよう！

・相対的に、酸素の割合が増えれば酸化、減れば還元と理解しましょう。
・物質が酸素と化合する、水素を失う、電子を失うのは酸化反応。
・物質に酸素を供給するものを酸化剤、酸素を奪うものを還元剤といいます。

1 酸化と還元の定義 　　　　　重要度 ★★★

　物質が酸素と化合することを酸化ということは理解しやすいと思いますが、それ以外にも酸化とよばれるものがあります。考え方は次の通りです。

考え方 酸化と還元の判別法
酸化：酸素の占める比率が相対的に増える。
還元：酸素の占める比率が相対的に減る。

	結び付く	失う
酸素	酸　化	還　元
水素	還　元	酸　化
電子	還　元	酸　化

　以上のように、物質が水素Hと化合することと、物質が電子を受け取ることも還元といいます。逆に、物質が水素や電子を失うことを酸化といいます。つまり、広義には電子を奪われる反応が酸化、電子を受け取る反応が還元です。

2 酸化剤と還元剤 　　　　　重要度 ★★

　前項で説明した酸化と還元について、それを起こす物質を酸化剤・還元剤とよびます。

酸化剤：他の物質を酸化させる（酸素を供給する）物質のこと。つまり、酸化剤自身は還元されることになります。

　【例】 酸素O_2、過酸化水素H_2O_2、硝酸HNO_3

還元剤：他の物質を還元させる（酸素を奪う）物質のこと。

　　【例】　水素H_2、一酸化炭素CO、ナトリウムNa、カリウムK

＜酸化還元反応＞

　酸素との反応のほかに、水素や電子のやり取りも含めると1つの化学反応の中で酸化と還元が同時に進行する場合もあります。このような反応を酸化還元反応といいます。

　たとえば、図のように、酸化銅CuOと水素H_2が反応して銅Cuと水H_2Oができる反応では、CuOは還元され、H_2は酸化されています。このようにして、酸化と還元が同時に起こります。

酸素Oを失う
還元
$$CuO + H_2 \rightarrow Cu + H_2O$$
酸化
酸素Oと結合

練習問題　次の問について、○×の判断をしてみましょう。

① 酸素が奪われる反応は酸化反応である。
② 水素が奪われる反応は還元反応である。
③ 電子が奪われる反応は酸化反応である。
④ 鉄が空気中で錆びる反応は還元反応である。
⑤ 黄りんを加熱すると赤りんになった。これは酸化反応である。
⑥ 赤熱した炭素に触れた二酸化炭素が一酸化炭素になった。これは酸化反応である。

解答
① × 酸素が奪われているので、還元です。
② × 水素が奪われているので酸化です。
③ ○ 電子が奪われているので酸化です。
④ × 鉄が酸素と化合して酸化鉄になっているので、酸化です。
⑤ × 黄りんと赤りんは同素体です。酸素と結びついたり酸素を失ったりしている訳ではありませんので、酸化でも還元でもありません。
⑥ × CO_2がCOになっていますので、還元です。

2-17 金属・イオン化傾向と腐食

イオン化傾向が高い金属ほど錆びやすいといえます。よって、各金属のイオン化列（イオン化のしやすさ）を知っていると、異種金属を結合した際にどちらが錆びやすいかが判断可能です。また、金属が腐食しやすい条件はよく出題されますので、知っておきましょう。

これだけは覚えよう！

・金属の特徴を知っておきましょう。
・イオン化傾向が大きいほど錆びやすい。イオン化列を覚えましょう。
・金属が錆びやすい条件と具体例を知っておきましょう。

1 金属の一般的特徴　　　　　重要度 ★★

金属には、一般的に次の特徴があります。

- 電気と熱をよく伝える。
- 金属独特の光沢（金属光沢）がある。
- 延性、展性がある（伸ばしたり広げたりが可能）。
- 比重が4を超える金属を重金属、比重が4以下の金属を軽金属という。
- 水より軽いものもある（ナトリウムNa、カリウムK、リチウムLiなど）。
- 粉末にした金属は、空気との接触面積が大きくなるため、燃焼しやすくなる。

2 イオン化傾向と腐食　　　　　重要度 ★★★

金属が、水溶液中で電子を放出して陽イオンになろうとする傾向があることをイオン化傾向といいます。

重要 イオン化しやすい金属ほど腐食しやすい
　イオン化しやすい金属ほど腐食しやすいといえます。
　たとえば、異なる金属を接続すると、イオン化傾向の大きい金属が先に腐食します。つまり、イオン化傾向の小さい側の金属の腐食が防止されます。
　金属をイオン化しやすい順に並べると次のようになります。これを、イオン化列とよびます。語呂合わせでイオン化列を覚えておくと、異種金属を接合した際にどちらが錆びやすいかなどが問われたときに容易に正答できます。

▼イオン化列

イオン化傾向「大」、反応しやすい、「錆びやすい」

こうりし	かりよう	か	な	ま	あ	あ	て	に	す	な	ひ	ど	す	ぎる	しゃっ	きん
Li	K	Ca	Na	Mg	Al	Zn	Fe	Ni	Sn	Pb	(H)	Cu	Hg	Ag	Pt	Au
リチウム	カリウム	カルシウム	ナトリウム	マグネシウム	アルミニウム	あえん	てつ（鉄）	ニッケル	スズ	なまり（鉛）	Hydrogen	どう（銅）	すいぎん（水銀）	ぎん（銀）	はっきん（白金）	きん（金）

【例】 トタン屋根の錆び防止

　トタンとは、鋼板に亜鉛メッキを施した板です。鋼の主成分は鉄です。上のイオン化列を見ると、亜鉛の方がイオン化傾向が大きいため、亜鉛が先に酸化します。そのため、鉄の酸化が抑えられます。亜鉛は酸化しても鉄のようにボロボロにはなりにくいため、結果的に鋼板に比べて長持ちします。

3 金属腐食が起きやすい条件　重要度 ★★★

　危険物の貯蔵容器の腐食が起こると、危険物の漏えいや火災などの危険が生じます。金属が腐食しやすい条件の代表例を次に示します。出題されやすいので覚えておきましょう。

重要 金属が腐食しやすい条件
・水分が多い（例：湿った土壌、湿気の多い大気など）
・塩分が多い（例：海砂など）
・酸性の強い土壌
・中性化が進んだコンクリート（正常なコンクリートは強アルカリ性）
・異種金属が接合している場所
・迷走電流が流れている土壌（例：直流電気鉄道の近く）
・土の質が異なる場所にまたがって金属の配管などを埋設した場合

4 その他の特徴　重要度 ★

(1) 金属と非金属

　周期表（本書巻頭を参照）に示されるように、元素は金属元素と非金属元素

に大別できます。一般に、金属元素の原子は、電子を放出して陽イオンになりやすく、非金属元素の原子（ただし、希ガスを除く）は、電子を受け取って陰イオンになりやすい特徴があります。

(2) アルカリ金属とアルカリ土類金属

　周期表において、水素を除く1族の元素6種類をアルカリ金属といいます。また、マグネシウムとベリリウムを除く2族の元素4種類をアルカリ土類金属といいます。両金属の特徴と代表例を次の表にまとめます。

▼アルカリ金属とアルカリ土類金属の性質

	アルカリ金属	アルカリ土類金属
元素名	リチウム (Li) 　【第3類危険物】 ナトリウム (Na)【第3類危険物】 カリウム (K) 　　【第3類危険物】 ルビジウム (Rb) セシウム (Cs) フランシウム (Fr)	カルシウム (Ca)【第3類危険物】 ストロンチウム (Sr) バリウム (Ba) 　【第3類危険物】 ラジウム (Ra)
特徴	・イオン化傾向が大きく、常温で水と反応し水素を発生し、水酸化物となって強い塩基性を示す（ただし、反応性は【アルカリ金属 ＞ アルカリ土類金属】）	
	・柔らかく融点の低い軽金属 ・1価の陽イオンになりやすい※	・銀白色の軽金属 ・2価の陽イオンになりやすい※

※1価の陽イオンとは、電子を1個失ってできる陽イオン、2価の陽イオンとは、電子を2個失ってできる陽イオンのことです。

(3) 軽金属

　前述の通り、比重が4以下のものを軽金属、4を超えるものを重金属とよびます。次の表に、消防法の危険物に指定されている軽金属をまとめます。

▼危険物に指定されている軽金属

軽金属の元素名		比重	危険物の類
アルミニウム (Al)		2.7	第2類 （可燃性固体）
マグネシウム (Mg)		1.7	
アルカリ金属	リチウム (Li)	0.5	第3類 （自然発火性物質および禁水性物質）
	カリウム (K)	0.86	
	ナトリウム (Na)	0.97	
アルカリ土類金属	カルシウム (Ca)	1.6	
	バリウム (Ba)	3.6	

(4) 炎色反応

アルカリ金属およびアルカリ土類金属を火炎にさらすと、それぞれの元素に特有の色を伴った発光が起こります。これを炎色反応といいます。それぞれの元素の炎色反応を次の表にまとめます。

▼アルカリ金属およびアルカリ土類金属の炎色反応

アルカリ金属			アルカリ土類金属			※
リチウム Li	ナトリウム Na	カリウム K	カルシウム Ca	ストロンチウム Sr	バリウム Ba	銅 Cu
赤	黄	赤紫	橙赤	紅	黄緑	青緑

※ 銅はアルカリ金属・アルカリ土類金属ではありませんが、炎色反応を示します。

アドバイス

上記の物品の炎色反応の色を覚えておくとよいでしょう。なお、炎色反応は特定の波長の光なので、単一の色であることが特徴です（可視光なら赤～紫に至る波長中の一色です）。炎色反応の問題で、ある元素の炎色反応が「白」とあったらそれは間違っています。白は、すべての波長が重なったものですので、炎色反応ではありません。

練習問題　次の問について、○×の判断をしてみましょう。

① 海砂で金属タンクを埋めると、タンクが腐食しやすくなる。
② 強アルカリ性のコンクリート中では、金属は急速に腐食する。
③ 鉄と銅を接触させることで鉄の腐食が抑制される。
④ 乾燥した土と湿った土の境に配管を設置すると錆びにくくなる。
⑤ 直流電気鉄道付近など、迷走電流の多い土壌では金属が腐食しにくい。
⑥ ストロンチウムは青緑色の炎色反応を呈する。

解答
① ○ 塩分は腐食を促進します。塩分を含む海砂で金属腐食が促進します。
② × 強アルカリではなく、中性化が進んだコンクリート中で腐食します。
③ × この場合、銅よりもイオン化傾向が大きい鉄が腐食しやすくなります。
④ × 錆びやすくなります。乾燥した土だけの条件に埋没するのがよい。
⑤ × 迷走電流が流れているところでは、金属が腐食しやすくなります。
⑥ × ストロンチウムの炎色反応は紅色です。青緑色は銅の炎色反応です。

2-18 電池

電池のしくみ、代表的な電池の種類、起電力などが問われることがあります。
基本的事項を押さえましょう。

これだけは覚えよう！

・電池の基本原理を知っておきましょう。
・代表的な電池の電極材料、電解液の種類を知っておきましょう。
・代表的な電池の起電力を知っておきましょう。

1 電池の仕組み　　重要度 ★★★

▼電池の仕組み

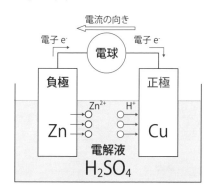

図に示すように、イオン化傾向が異なる2種類の電極を電解液に浸け、導線で繋ぐと、電流が流れます。

たとえば、正極材に銅Cu、負極材に銅よりもイオン化傾向が大きい亜鉛Znを用いて、電解液である希硫酸に浸すと、イオン化傾向が大きいZnが酸化されて陽イオンZn^{2+}と電子e^-が発生します。発生した電子は導線を伝って正極側に移動することで、電流が発生します。正極に移動した電子は、希硫酸から電離したH^+と結合して水素H_2になり、正極の表面から水素H_2が発生します。つまり、亜鉛版Znが溶け、銅板Cuから水素が発生します。

$$Zn \rightarrow Zn^{2+} + 2e^-$$
$$2H^+ + 2e^- \rightarrow H_2$$

▼実用電池の材料

電池	負極材	電解質	正極材
ボルタ電池	Zn	H_2SO_4	CuO
鉛蓄電池	Pb	H_2SO_4	PbO_2
ナトリウム・硫黄電池	Na	βアルミナ	S

② 実用電池　　　　　　　　　　　　　　　　　重要度

　化学エネルギーとして電力を蓄える装置を化学電池といいます。化学電池は、大きく分けると一次電池と二次電池があります。

> **重要**
> **一次電池**：蓄えた電力を放電することのみ可能な電池
> 　　　【例】マンガン乾電池、アルカリマンガン乾電池、ボルタ電池
> **二次電池**：放電した後、充電して繰り返し利用できる電池
> 　　　【例】鉛蓄電池、ニッケル水素電池、ニッケルカドニウム電池、リチ
> 　　　　　　ウムイオン電池、ナトリウム・硫黄電池

　自動車用バッテリーなどに用いられる鉛蓄電池は、負極材に鉛Pb、正極材に二酸化鉛PbO_2、電解液に希硫酸H_2SO_4を用いています。放電時には、負極は酸化されて硫酸鉛$PbSO_4$を生じ、正極は還元されて$PbSO_4$を生じます。電解液は水の発生によって硫酸の濃度が低くなります。

　危険物取扱者試験では、代表的な電池の起電力の大小関係が問われることがあります。以下に示す電池の名称と起電力の大小関係を知っておきましょう。

▼実用電池の起電力

> **練習問題**　　次の問について、○×の判断をしてみましょう。
>
> ① 一次電池は、充電することで繰り返し使用できる。
> ② リチウムイオン電池の起電力は、マンガン電池の起電力よりも大きい。
> ③ 鉛蓄電池の1セル当たりの起電力は、リチウムイオン電池よりも大きい。
> ④ ニッケル水素電池の起電力は、アルカリマンガン電池の起電力よりも大きい。
> ⑤ 鉛蓄電池は、放電をすると電解液の硫酸濃度が高くなる。
>
> **解答** ･･･
> ① × 充電して繰り返し使えるのは二次電池です。
> ② ○　③×
> ④ × 起電力は「リチウムイオン電池約4V ＞ 鉛電池約2V ＞ マンガン電池＆ア
> 　　ルカリマンガン電池約1.5V ＞ ニッケル水素電池＆ニッケルカドニウム
> 　　電池約1.2Vの順です。
> ⑤ × 硫酸の濃度が低くなります。

2-19 有機化合物

特に、第4類の危険物のほとんどは有機化合物です。有機化合物の種類と基本的な性質を理解しておきましょう。

これだけは覚えよう！

- 有機化合物の特徴的な性質を知っておきましょう。
- 各種官能基と具体的な化合物名を知っておきましょう。
- 炭化水素が完全燃焼すると二酸化炭素 CO_2 と水 H_2O になります。
- 有機化合物には多くの構造異性体が存在し、その反応機構は複雑です。
- 有機化合物は一般に水に溶けにくく、有機溶剤によく溶けます。

1 有機化合物の種類　　　　　　　　　重要度 ★★

(1) 有機化合物とは

　炭素Cが主体となる化合物を有機化合物といいます（ただし、二酸化炭素 CO_2、一酸化炭素COなどは除きます）。

　有機化合物の結合状態による分類を次に記します。有機化合物は、炭素の結合が鎖状なのか環状なのかによって「鎖式化合物」と「環式化合物」に大別されます。結合が単結合の有機化合物を「飽和化合物」といい、二重結合や三重結合を持つものを「不飽和化合物」といいます。また、ベンゼンなどのように、ベンゼン環構造を持つものを「芳香族化合物」といい、芳香族以外の環式化合物を「脂環式化合物」といいます。

　特に、炭素Cと水素Hからなる有機化合物を炭化水素 (C_mH_n) といいます。

▼構造による有機化合物の分類

有機化合物	鎖式化合物	飽和化合物（メタン、プロパン、ヘキサンなど）
		不飽和化合物（エチレン、プロピレン、アセチレンなど）
	環式化合物	脂環式化合物（シクロヘキサンなど）
		芳香族化合物（ベンゼン、トルエン、キシレン、ナフタレンなど）

(2) 官能基

炭化水素の特性は、炭素に結合する特徴的な原子団（官能基）によって大きく特徴づけられることが多くあります。代表的な官能基を次の表に記します。

▼官能基による有機化合物の分類

官能基		式	性質	化合物の例
炭化水素基（アルキル基）	メチル基	$-CH_3$	疎水性	トルエン $C_6H_5CH_3$
	エチル基	$-C_2H_5$		硝酸エチル $C_2H_5NO_3$
	フェニル基	$-C_6H_5$		アニリン $C_6H_5NH_2$
ヒドロキシ基（水酸基）	アルコール	$-OH$	親水性、中性	メタノール CH_3OH
	フェノール類		親水性、弱酸性	フェノール C_6H_5OH
カルボニル基	アルデヒド基（ホルミル基）	$-CHO$	親水性、還元性	アセトアルデヒド CH_3CHO
	ケトン基	$>CO$	中性	アセトン CH_3COCH_3
カルボキシ（ル）基		$-COOH$	親水性、弱酸性	酢酸 CH_3COOH
ニトロ基		$-NO_2$	中性、疎水性	ニトロベンゼン $C_6H_5NO_2$
アミノ基		$-NH_2$	親水性、弱塩基性	アニリン $C_6H_5NH_2$
スルホ基（スルホン酸基）		$-SO_3H$	親水性、酸性	ベンゼンスルホン酸 $C_6H_5SO_3H$

(3) アルコール

炭化水素 C_mH_n のHがヒドロキシ基（OH）に置き換わったものをアルコールといいます。OH基は親水性を有するため、メタノール、エタノールのような低級のアルコールや、グリセリンのようにOHが多いものは水に溶けます（水溶液は中性）。炭素数が大きくなると、水に溶けにくくなり（1ブタノールは水に難溶）、沸点や融点が高くなります。

①アルコールの価数

分子中のヒドロキシル基OHの数が価数に対応します。たとえば、メタノール CH_3OH、エタノール C_2H_5OH、1プロパノール $CH_3(CH_2)_2OH$ は1価のアルコール。エチレングリコール $C_2H_4(OH)_2$ は2価のアルコールです。

②第一級・第二級・第三級アルコール

OHと結合している炭素C原子が何個のCと結合しているかに対応します。

　0または1個の場合は第一級アルコール、2個の場合は第二級アルコール、3個の場合は第三級アルコールです。メタノール、エタノールなどの第一級アルコールが酸化されるとアルデヒドに、さらに酸化されると、カルボン酸になります。第二級アルコールが酸化するとケトンが生じます（第三級アルコールは酸化されにくい）。たとえば、メタノールが酸化するとホルムアルデヒド、さらに酸化するとギ酸になります。エタノールC_2H_5OHが酸化するとアセトアルデヒドCH_3CHO、さらに酸化すると酢酸CH_3COOH（カルボン酸）になります。

▼最も簡単な1級アルコールであるメタノールの酸化

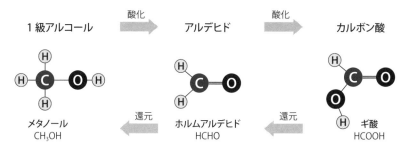

（4）フェノール

　ベンゼンのHが水酸基（-OH）に置き換えられた化合物です。アルコールは中性なのに対して、フェノールは弱酸性です。

（5）ケトン

　ケトン基（=CO）に2つの炭化水素基がついた化合物です。

（6）エーテル

　酸素原子Oに2つの炭化水素基Rが結合（R-O-R）した化合物です。

【例】ジエチルエーテル$C_2H_5OC_2H_5$

（7）カルボン酸

　カルボキシル基（-COOH）を持つ化合物で、弱酸性を示します。なお、ベンゼン環にカルボキシル基がついた化合物を芳香族カルボン酸といいます。

▼カルボン酸

飽和1価カルボン酸	酢酸CH_3COOH、ステアリン酸$CH_3(CH_2)_{16}COOH$
不飽和1価カルボン酸	アクリル酸$CH_2=CHCOOH$、リノール酸$C_{17}H_{31}COOH$
不飽和2価カルボン酸	マレイン酸$HOOC–CH=CH–COOH$
芳香族カルボン酸	安息香酸C_6H_5COOH、フタル酸$C_6H_4(COOH)_2$
	サリチル酸HOC_6H_4COOH

(8) アミン

アンモニアNH_3の水素原子を炭化水素基に置換した化合物（炭化水素の水素原子がアミノ基（$-NH_2$）に置換した化合物）で、弱塩基性を示します。

(9) アミノ酸

分子内にカルボキシル基（$-COOH$）とアミノ基（$-NH_2$）を有する化合物です。

【例】グリシンH_2NCH_2COOH

(10) エステル

カルボン酸とアルコールから水が取れて結合（縮合）し、エステルが生成されます。このような反応をエステル化と呼びます。

【例】酢酸エチル$CH_3COOC_2H_5$ は、酢酸とエタノールの縮合で生成する。

$$\underset{酢\ 酸}{CH_3COOH} + \underset{エタノール}{C_2H_5OH} \rightleftarrows \underset{酢酸エチル}{CH_3COOC_2H_5} + \underset{水}{H_2O}$$

(11) 高分子化合物

低級化合物を多数縮合（縮合重合）させたり、付加重合させることで生成された高分子の化合物で、一般には分子量が10000程度以上のものを指します。

② 有機化合物の重要な性質のまとめ　　重要度 ★★★

試験によく問われる有機化合物の重要な特性を次に記します。

●**有機化合物の重要な性質のまとめ**

・主に、炭素Cと水素Hのほか、酸素O、窒素Nなどから構成される。

・水に溶けないものが多い（溶けるものもある）が、有機溶剤（アルコールなど）には溶けやすい。

・可燃性で、完全燃焼すると二酸化炭素CO_2と水H_2Oになる。

・静電気を蓄積しやすいものが多い（電気の不良導体のため）。

・CやHの数、組み合わせ、構造の違いにより、種類は極めて多い。

・反応速度が遅いものが多く、その反応機構は複雑である。

・一般に融点や沸点が低く、固体で存在するものは少ない（第4類は液体）。

練習問題 次の問について、○×の判断または空欄を埋めてみましょう。

① 有機化合物の多くは水と有機溶剤によく溶ける（○・×）。
② 炭化水素はHとCから構成され、化合物の種類は少ない（○・×）。
③ 炭化水素の構成原子はHとCのため、その反応機構は単純である（○・×）。
④ 炭化水素が完全燃焼すると、一酸化炭素と水を生じる（○・×）。
⑤ 第1級アルコールを酸化するとアルデヒドが生成する（○・×）。
⑥ 酢酸はカルボニル基を含んでいる（○・×）。
⑦ アセトンはカルボキシ基を含んでいる（○・×）。
⑧ エタノールはヒドロキシル基を含んでいる（○・×）。
⑨ アニリンはアミノ基を含んでいる（○・×）。
⑩ フェノールは、ベンゼンの水素原子1個をメチル基で置換したものであり、中性である（○・×）。
⑪ アルコール水溶液は（（ア）酸・塩基・中）性を示す。また、アルキル基の炭素数が増すほど沸点や融点が（（イ）高く・低く）なり、水への溶解度が（（ウ）大きく・小さく）なる。
⑫ アセトアルデヒドはケトン基を有する（○・×）。

解答

① × 多くは有機溶剤には溶けますが、水には溶けないものが多い。
② × 構成元素はCとHの数や結合の組合せによる膨大な種類があります。
③ × 問題「②」と同じく、膨大な種類の化合物により反応機構も複雑です。
④ × 完全燃焼すると二酸化炭素CO_2と水H_2Oを生じます。不完全燃焼の場合はCOを生じます。
⑤ ○ 正しい。アルデヒドがさらに酸化されるとカルボン酸になります。
⑥ × 酢酸はカルボ**キシ（ル）**基-COOHを含んでいます。
⑦ × アセトンはカルボ**ニル**基-COを含んでいます。
⑧ ○ エタノールなどのアルコール類はヒドロキシル基-OHを含んでいます。
⑨ ○
⑩ × フェノールは、ベンゼンの水素原子1個をヒドロキシ基（OH）で置換したものです。また、中性ではなく弱酸性です。
⑪ （ア）中性、（イ）高く、（ウ）小さく
⑫ × アセトアルデヒドはアルデヒド基を有します。

演習問題2-2　化学に関する問題

問　題

■物理変化と化学変化 ─────────────────

問題1　☑☑☑

物理変化と化学変化について、誤っているものはいくつあるか。

A：原油を蒸留して灯油を造るのは化学変化である。
B：ドライアイスが気体の二酸化炭素になるのは化学変化である。
C：炭化水素が燃焼して二酸化炭素と水を生成するのは化学変化である。
D：ニクロム線に電流を流すと赤熱するのは物理変化である。
E：鉄釘が大気中で錆びてボロボロになるのは物理変化である。
(1) 1つ　　(2) 2つ　　(3) 3つ　　(4) 4つ　　(5) 5つ

問題2　☑☑☑

次のうち、化学変化はいくつあるか。

A：紙が濃硫酸に触れて黒く変色した。
B：鉄板が錆びてボロボロになった。
C：ばねに力を加えたら、伸びた。
D：ドライアイスを放置していたら、消えた。
E：水を加熱したら、沸騰した。
(1) 1つ　　(2) 2つ　　(3) 3つ　　(4) 4つ　　(5) 5つ

■物質の種類 ─────────────────────

問題3　☑☑☑

単体、化合物、混合物について、正しいものはどれか。

(1) 二酸化炭素は、炭素と酸素の混合物である。
(2) 水は、水素と酸素の混合物である。
(3) ガソリンは、種々の炭化水素の混合物である。

（4）空気は、窒素と酸素の化合物である。

（5）一酸化炭素は単体である。

問題4

✓ ✓ ✓

次のうち、混合物のみの組合せはどれか。

（1）空気	石油
（2）硝酸	空気
（3）空気	水銀
（4）硝酸	塩化ナトリウム
（5）二酸化炭素	水

問題5

✓ ✓ ✓

次のうち、互いに同素体であるものの組合せはいくつあるか。

A：酸素とオゾン

B：パラキシレンとオルトキシレンとメタキシレン

C：黒鉛とダイヤモンド

D：黄りんと赤りん

E：エタノールとジメチルエーテル

（1）1つ　　（2）2つ　　（3）3つ　　（4）4つ　　（5）5つ

問題6

✓ ✓ ✓

次のうち、互いに異性体であるものの組合せはいくつあるか。

A：エタノールとメタノール

B：n-ブタンとイソブタン

C：二酸化炭素と一酸化炭素

D：オゾンと酸素

（1）1つ　　（2）2つ　　（3）3つ　　（4）4つ　　（5）なし

問題7

次の物質のうち、1molを完全燃焼させるのに必要な酸素量が、エタノール1molを完全燃焼させるのに必要な酸素量と同じになるものはどれか。

（1）メタノール
（2）アセトン
（3）イソブタン
（4）アセトアルデヒド
（5）ジメチルエーテル

■化学反応・熱化学反応・反応速度 ─────────

問題8

炭素Cが完全燃焼する際の熱化学方程式は次の通りです。

$$C + O_2 = CO_2 + 394\,kJ$$

以上の式について、次のうち正しいものはいくつあるか。ただし、炭素の原子量は12、酸素の原子量は16である。

A：炭素24gが完全燃焼して生成されるCO_2の容積は、標準状態で22.4Lである。
B：同じ温度と圧力であれば、反応前の酸素O_2に比べて反応後の二酸化炭素CO_2の容積は2倍になる。
C：この反応は吸熱反応である。
D：炭素12gが完全燃焼すると、12gの二酸化炭素が生成される。
（1）1つ　　（2）2つ　　（3）3つ　　（4）4つ　　（5）なし

問題9

反応速度に関する説明で、次のうち誤っているものはどれか。

（1）活性化エネルギーが小さいほど、反応速度が増加する。
（2）一般に、反応温度が上昇すると反応速度が指数的に増加する。
（3）触媒を用いると、活性化エネルギーが増大する。
（4）触媒を用いると、反応速度は変化するが、反応熱自体は変化しない。
（5）触媒を用いても、その反応系の平衡状態自体は変化しない。

■酸と塩基・中和・水素イオン指数

問題10　☑☑☑

酸と塩基の性質について、誤っているものはどれか。

(1) 酸性またはアルカリ性の度合いは、水素イオン指数(pH)で表せる。
(2) 酸と塩基が反応して塩と水ができる反応を中和という。
(3) 酸は、赤色リトマス紙を青に変え、塩基は青色リトマス紙を赤に変える。
(4) 酸とは、水に溶けて電離し、水素イオンH^+を放出する物質をいう。あるいは、他の物質にH^+を与えることができる物質をいう。
(5) 塩基とは、水に溶けて電離し、水酸化物イオンOH^-を放出する物質をいう。あるいは他の物質から水素イオンH^+を受け取ることができる物質をいう。

問題11　☑☑☑

次に示す水素イオン指数で、アルカリ性で、かつ中性に最も近いものはどれか。

(1) pH 2.2　　(2) pH4.6　　(3) pH6.9　　(4) pH7.2　　(5) pH10.5

問題12　☑☑☑

水溶液中で0.1%電離している濃度0.1mol/Lの酢酸水溶液のpHはいくらか。

(1) 1　　(2) 2　　(3) 3　　(4) 4　　(5) 5

■酸化と還元

問題13　☑☑☑

酸化と還元について、誤っているものはどれか。

(1) 同一の反応系において、酸化と還元が同時に起こることはない。
(2) 酸化物が酸素を失うことを還元という。
(3) 化合物が水素を失うことを酸化という。
(4) 物質が酸素と化合することを酸化という。
(5) 物質が水素と化合することを還元という。

問題 14 ☑☑☑

次の反応のうち、下線部が還元されているものはどれか。

(1) エタノールが燃焼して二酸化炭素と水になった。
(2) 木炭が燃焼して二酸化炭素になった。
(3) 銅を加熱したら黒く変色した。
(4) 二酸化炭素が赤熱した炭素に触れて一酸化炭素になった。
(5) 黄りんが燃焼して五酸化二りんになった。

■金属・イオン化傾向 ─────────────

問題 15 ☑☑☑

金属の性質として誤っているものはどれか。

(1) 金属は燃焼しない。
(2) 金属の中には水より軽いものがある。
(3) イオン化のしやすさは金属の種類によって異なる。
(4) 比重が4以下の金属を軽金属という。
(5) 希硫酸と反応しない金属もある。

問題 16 ☑☑☑

地中に埋設された金属配管を電気化学的な腐食から守るために、配管に異種金属を接続する方法がある。配管が鋼（鉄）製の場合、接続すると腐食を防ぐ効果のあるものはいくつあるか。

A：マグネシウム　　B：亜鉛　　C：銅　　D：銀　　E：アルミニウム
F：鉛　　G：スズ　　H：ニッケル
(1) 1つ　　(2) 2つ　　(3) 3つ　　(4) 4つ　　(5) 5つ

問題 17 ☑☑☑

鋼製の配管を埋設した場合、最も腐食しにくい状況はどれか。

(1) 土壌中とコンクリート中にまたがって埋設されている。
(2) エポキシ樹脂塗料に完全に被覆されて土壌に埋設されている。
(3) 直流電気鉄道のレールに近接した土壌に埋設されている。

(4) 乾いた土壌と湿った土壌の境目に埋設されている。

(5) 土壌埋設配管がコンクリート中の鉄筋に接触しているとき。

■有機化合物

問題 18

☑ ☑ ☑

有機化合物の一般的説明について、正しいものはどれか。

(1) 燃焼すると、主に二酸化炭素と水を生ずる。

(2) 水に溶けるものが多い。

(3) 無機化合物に比べて、種類が少ない。

(4) 一般に反応速度は大きく、その反応機構は単純である。

(5) 無機化合物に比べて融点が高いものが多い。

解 答 ・ 解 説

問題 1

解答 (3)

　A、B、Eが誤り。AとBは化学反応は起きていないので、物理変化です。一方、Eは鉄が酸化鉄に変わっているので、化学変化です。2-10節参照。

問題 2

解答 (2)

　AとBが化学変化で、それ以外は物理変化です。代表的な具体例ですので、知っておくとよいでしょう。2-10節参照。

問題 3

解答 (3)

　(1) 二酸化炭素はCとOの化合物、(2) 水はHとOの化合物、(4) 空気はN_2とO_2その他の微量成分の混合物、(5) 一酸化炭素はCOなので単体ではなくCとOの化合物。化合物と混合物を混乱しないようにしましょう。2-11節参照。

問題 4

解答 (1)

　この中で、混合物のみの組合せは「空気」と「石油」です。空気は、窒素・酸素・二酸化炭素などの混合物、石油は、さまざまな種類の有機化合物の混合物です。2-11節参照。

問題5　　　　　　　　　　　　　　　　　　　　　　　　　　解答（3）

A、C、Dが同素体です。BおよびEは共に異性体です。2-11節参照。

問題6　　　　　　　　　　　　　　　　　　　　　　　　　　解答（1）

異性体の特徴は、化学式が同じであることです。この中で、異性体なのはB（ともにC_4H_{10}で、化学結合の仕方が違う）のみです。2-11節参照。

問題7　　　　　　　　　　　　　　　　　　　　　　　　　　解答（5）

物質を構成する各元素の数が一致していれば、必要な酸素量も同じになります。つまり、異性体であれば、完全燃焼する際の必要酸素量が同じになります。この中で、異性体は（5）です。2-11節参照。

問題8　　　　　　　　　　　　　　　　　　　　　　　　　　解答（5）

次の理由で、すべて正しくありません。
A：標準状態で1molの理想気体が占める容積は22.4Lです。炭素の原子量は12ですので、炭素24gは2molです。よって容積は44.8Lが正解です。
B：反応前の酸素O_2と反応後に生成される二酸化炭素CO_2はともに1molなので、同温同圧であれば同じ体積になります。
C：この反応は発熱反応（炭素の燃焼反応）です。
D：反応の前後で、質量は保存されます。1molの炭素C（12g）と1molの酸素分子O_2が反応して1molのCO_2になります。1molのO_2の質量は、32gです。よって生成されるCO_2は44gです。2-12節参照。

問題9　　　　　　　　　　　　　　　　　　　　　　　　　　解答（3）

触媒を用いると、活性化エネルギーが低下して反応速度が増加します。2-13節参照。

問題10　　　　　　　　　　　　　　　　　　　　　　　　　解答（3）

酸は、リトマス紙を赤に変え、塩基は青に変えます。2-15節参照。

問題11　　　　　　　　　　　　　　　　　　　　　　　　　解答（4）

pH7.0が中性です。7を超えると塩基性（アルカリ性）です。2-15節参照。

問題12　解答（4）

0.1％＝0.001電離しているので、[H$^+$]＝0.1×0.001＝0.0001です。

pH＝$-\log_{10}$[H$^+$]＝$-\log_{10}$[0.0001]＝$-\log_{10}\left(\dfrac{1}{10000}\right)$

　　＝$-(\log_{10}1-\log_{10}10000)=-(0-4)=4$

2-15節参照。

問題13　解答（1）

化学反応は、正方向と逆反応が同時に起こり、活発な方向に全体の反応が進行していきます。2-16節参照。

問題14　解答（4）

（4）では酸素が奪われているので、還元反応です。2-16節参照。

問題15　解答（1）

金属には、燃焼するものが沢山あります。2-17節参照。

問題16　解答（3）

A、B、Eの3つが、鉄Feよりもイオン化傾向が大きいので、鉄と接続すると鉄よりも先に腐食します。その結果、鉄の腐食が抑えられます。この手の問題は、イオン化列（コウリシ、カリヨウカナ、マアアテニスナ、ヒドスギル、シャッキン）を覚えておけば対応できます。2-17節参照。

問題17　解答（2）

（1）と（4）のように、土壌の質や種類が変わると腐食しやすくなります。（3）のように、迷走電流が流れている場では腐食しやすくなります。（5）のように、配管が異種金属に接すると腐食しやすくなります。2-17節参照。

問題18　解答（1）

有機化合物を構成する原子のほとんどはCとHであるため、完全燃焼時の生成物は、ほとんどが二酸化炭素CO_2と水H_2Oで占められます。2-18節参照。

2-20 燃焼の三要素と消火理論

危険物取扱者試験において、物理と化学を学ぶ大きな理由は、やはり火災予防のためでしょう。そのため、火災に直結する「燃焼」は、大変出題率が高い項目です。燃焼の三要素がすべて揃うと、「燃焼」が起こります。言い方を変えると、その1つでも欠けると「消火」できます。燃焼の三要素と消火法の関係をしっかり理解しましょう。

これだけは覚えよう！

- 燃焼の定義は「発熱と光を伴う急激な酸化反応」です。
- 燃焼の三要素「可燃物・酸化剤・熱源」が1つでも欠けると燃焼しません。つまり、いずれか1つを取り去れば消火できます。
- 可燃物を取り去るのを「除去消火」、酸化剤を取り去るのを「窒息消火」、熱源を取り去るのを「冷却消火」といいます。

1 燃焼の定義　　　　　　　　重要度 ★★★

(1) 燃焼とは

　発熱と発光を伴う急激な酸化反応を燃焼といいます。たとえば、次のような状況は燃焼とはいえません。

【例1】　鉄が錆びると酸化鉄になります。これは酸化反応ですが、「発熱や発光を伴った急激な酸化反応」ではありません。よって、燃焼とはよべません。
【例2】　ニクロム線に電流を流すと、発光しながら発熱します。しかし、ニクロム線が酸化反応を起こしてるわけではないので、燃焼ではありません。

2 燃焼の三要素と消火法　　　　重要度 ★★★

(1) 燃焼の三要素

　燃焼は、次の三要素が揃うと生じます。

1. 可燃物：燃料など
2. 酸化剤：空気（酸素 O_2）、酸化性固体（第1類）、酸化性液体（第6類）など
3. 熱源（点火源）：加熱、火種、電気火花、圧縮など（局所または全体に対して、燃焼が起こり得る程の十分な高温状態が形成されるもの）

　熱源の具体例を問う問題が出ることがあります。ポイントは、十分高温な熱源でないと燃焼しないことです。つまり、一般に高温な場を作れない次のものは、熱源にはなりませんので注意しましょう。

熱源にならないもの：水の融解熱や凝縮熱。放射線、磁力など

> **重要**
> 燃焼の三要素のうち1つでも欠ければ燃焼しません。つまり消火できます。

(2) 燃焼の三要素から見た消火理論

　燃焼の三要素のいずれか1つを排除すれば消火ができます。どの要素を排除するかによって次の4種類の消火方法に分類できます。

(a) 除去消火

　ガスの元栓を閉めるなど、可燃物そのものを取り去ることを「除去消火」といいます。貯蔵された危険物の火災など、可燃性の危険物自体を除去できない場合、この方法は適用が困難です。

(b) 窒息消火

　危険物が空気中の酸素と反応している場合、危険物への酸素の供給を遮断すると消火できます（酸素を完全に遮断しなくても、酸素濃度をある程度以下まで低下させると消炎します）。これを「窒息消火」といいます。乾燥砂や、不活性ガスを吹きかける（CO_2消火剤など）のは、窒息消火が狙いです。

(c) 冷却消火

　燃焼が継続するのは、反応に伴い多量の熱が生じて高温が継続するためです。つまり、冷やしてしまえば消火できます。これを「冷却消火」といいます。水をまくのが最も一般的な方法です。ただし、消防法上の危険物には、水による消火が不適切なものが数多くあります。

(d) 抑制消火（負触媒消火）

　以上の三要素に加えて、もう1つの消火法を紹介します。一般に、反応が継続[※]することで熱が供給されます。そこで、反応を抑制することで結果的に熱源を取り去る方法を「抑制消火（負触媒消火）」といいます。ハロゲン化物消火剤など、反応を抑制する薬剤を散布するのがこれに該当します。

※可燃物・酸化剤・熱源の三要素に、「反応の継続」を加えて燃焼の四要素とよぶ場合もあります。

▼燃焼の三要素に応じた消火法

	特　徴	具体例
除去消火	「可燃物」を除去する	・ろうそくを吹き消す ・ガスの元栓を閉める ・山火事の際、木を伐採して延焼を食い止める
窒息消火	「酸化剤（酸素）」を遮断する	・火炎に蓋をする　・砂をかける ・不活性ガス（CO_2など）で覆う
冷却消火	「熱源」を遮断する	・水をかける
抑制消火 （負触媒消火）	化学反応（熱）を抑制し、結果的に「熱源」を遮断する	・ハロゲン化物消火剤で消火

▼燃焼と消火の関係

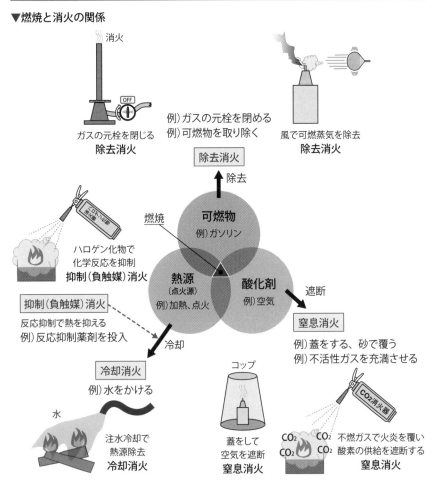

練習問題 次の問について、○×の判断または空欄を埋めてみましょう。

① 燃焼とは、(A)と(B)を伴う激しい(C)反応のことをいう。

② (A)と(B)と(C)を燃焼の三要素という。この三要素が揃わなければ燃焼は起こらない（消火できる）。

③ 静電気は着火源になる（○・×）。

④ 水の融解熱は着火源にならない（○・×）。

⑤ 空気とヘリウムと電気火花により、燃焼が起こる恐れがある（○・×）。

⑥ 可燃物の燃焼には、必ず空気が必要である（○・×）。

⑦ 熱の供給源を取り除くことによる消火法を（　　）消火という。

⑧ ハロゲン化物消火剤は、除去消火を利用している（○・×）。

⑨ 一般に、空気中の酸素濃度を一定値以下にすると、消火できる（○・×）。

⑩ 二酸化炭素消火剤などの不活性ガスによる消火は、分子内に酸素を含有する危険物による火災の消火に有効である（○・×）。

解答

① A：熱、B：光（AとBは順不同）、C：酸化。熱と光を伴う酸化反応。

② A：可燃物、B：酸化剤、C：熱源（順不同）。可燃物、酸化剤、熱源を燃焼の三要素といいます。必ず理解しましょう。

③ ○ 静電気による放電で局所的に高温部位が作られ、引火が起こり得ます。

④ ○ 水の融解は0℃で起こります。このような低温下で発する熱では着火源になりません。

⑤ × 燃焼の三要素を考えます。酸化剤（空気）と熱源（電気火花）はありますが、ヘリウムは不燃物なので可燃物が揃っていません。

⑥ × 酸化剤は空気とは限りません。たとえば、第5類（自己反応性物質）は分子内に酸素を持っているので空気がなくても燃焼します。可燃物が第1類（酸化性固体）または第6類（酸化性液体）と混合していれば、それらから酸素が供給されるので空気がなくても燃焼します。

⑦ 冷却消火

⑧ × ハロゲン化物消火剤は抑制（負触媒）効果により熱源を取り去る方式なので、除去消火ではなく抑制消火です。

⑨ ○ 一般に、酸素濃度が低下すれば消火します。酸素を完全に除去しなくてはならない訳ではありません。

⑩ × 不活性ガス消火剤は、可燃物と酸化剤の混合を遮断するのが役目です。そのため、分子内に多量の酸素を含有しているような危険物の消火には効果がありません。

燃焼には、いくつかの形態があります。出題率も高いので、具体例を含めて知っておきましょう。

これだけは覚えよう！

- 「蒸発燃焼・分解燃焼・表面燃焼」の特徴と具体例を知っておこう。
- ガソリンなどの第4類に加え、硫黄やナフタレンも蒸発燃焼に分類されます。
- 木材や石炭は分解燃焼で、セルロイドやニトロセルロースは自己燃焼です。
- 木炭やコークスは、加熱しても可燃性ガスが生じずに、表面燃焼をします。
- 炭化水素が不完全燃焼すると、有毒な一酸化炭素COが発生します。

1　燃焼の仕方　　　　　重要度 ★★★

（1）蒸発燃焼

　液体や固体から蒸発（または昇華）した可燃蒸気が空気と混合して燃焼する形態を蒸発燃焼といいます。具体例を次に示します。

- ガソリン、アルコール、灯油などの第4類の危険物の燃焼。
- ナフタレン、硫黄など固体が昇華して可燃性蒸気を作って燃える場合も蒸発燃焼に属します（昇華燃焼とはいいません！）。

（2）分解燃焼

　加熱された可燃物から分解して生じた可燃ガスが燃焼することを分解燃焼といいます。

- 木材、石炭、プラスチック、紙など（これらが分解して可燃性ガスが放出され、燃焼する）

> **注意** ニトロセルロース、セルロイドの燃焼も分解燃焼ですが、これらは自身の内部に含まれる酸素を用い燃焼するので、自己燃焼（内部燃焼）といいます。

（3）表面燃焼

　可燃物の表面のみが燃焼する現象を表面燃焼といいます。

- 木炭、コークス、金属粉（加熱しても、内部から分解する可燃ガス成分はありません。そのため、表面の炭素Cなどが燃焼します）。

▼蒸発燃焼・分解燃焼・表面燃焼

蒸発

引火性液体
（第4類の危険物）

蒸発燃焼

硫黄や
ナフタレン

蒸発燃焼（固体）

木材

加熱により
可燃性ガスを
発生し燃焼

分解燃焼

表面のみが燃焼
（内部に可燃性ガスが
存在しないため）

木炭

表面燃焼

第**2**章　物理学および化学

（4）無炎燃焼

　燃焼時に火炎を伴わない場合があります。このような燃焼を無炎燃焼とよびます。一般に、酸素濃度が低い場合など、火炎を伴った燃焼が維持できない場合に起こります。多量の煙が発生し、酸素不足により一酸化炭素も多く発生する恐れがあります。無炎燃焼は、固体の燃焼で起こります。十分な酸素を供給すると、炎を伴った有炎燃焼に移行する場合があります。

（5）粉じん爆発

　可燃性の粉末や固体の微粒子が空気中に充満しているとき、何らかの火種によって着火すると、爆発的に燃焼することがあります。これを粉じん爆発とよびます。粉じん爆発の特徴が問われることがありますので、以下の点を覚えておきましょう。

① 粉じんは、通常の可燃性気体の混合気による着火に比べて最小着火エネルギーが高いため、着火しにくい。

② 粉じん爆発で生じるエネルギーは、ガス爆発よりも大きい。

③ 最初の爆発で舞い上がった粉じんが、次々に爆発的に燃焼し、大きな被害が出る危険性がある。

④ 粉じん爆発は、開放空間よりも密閉空間の方が起こりやすい。

⑤ 有機化合物による粉じん爆発では、不完全燃焼により一酸化炭素（CO）が発生しやすい。

粉じん爆発が起きやすい条件	
粒子のサイズ	細かい方が起きやすい
粉じんの濃度	粉じん爆発が起こる一定の濃度範囲が存在する
空気と粉じんの混合状態	よく混ざっているときに起きやすい

② 予混合燃焼と拡散燃焼 　　重要度 ★★

(1) 予混合燃焼

その名の通り、燃料などの可燃性ガスと空気(酸化剤)が予め混合した状態(混合気といいます)で燃焼する形態を予混合燃焼とよびます。

(2) 拡散燃焼

可燃性ガスと空気が別々に供給され、混合しながら燃焼する形態を拡散燃焼といいます。そもそも、自己燃焼を起こす物質でない限り、可燃性ガスと酸化剤が混合しなければ燃焼は起こりません。拡散燃焼では、混合現象とその後に起こる燃焼現象とが同時進行で起こるような形態です。

> 予混合燃焼の例：ガソリンエンジンの燃焼、漏えいガスの爆発現象など
> 拡散燃焼の例　：ディーゼルエンジンの燃焼、ろうそくの燃焼など

▼予混合燃焼と拡散燃焼

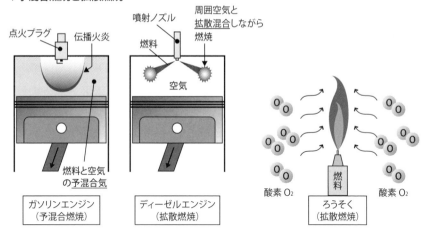

③ 完全燃焼と不完全燃焼 　　重要度 ★★★

炭化水素は炭素Cと水素Hの化合物です。つまり、完全燃焼すると二酸化炭素CO_2と水H_2Oになります。特に、酸素不足の場合は、炭素CがすべてCO_2になれずに不完全燃焼し、一酸化炭素COが生成されます。COは、吸入すると一酸化炭素中毒を起こす、人体にとって有害な物質です。一酸化炭素は燃焼してCO_2になります(可燃性です)。

炭化水素が完全燃焼 ⇒ 二酸化炭素 CO_2 と水 H_2O が生成
炭化水素が不完全燃焼 ⇒ 人体に有毒な一酸化炭素 CO が発生

知っておくべき CO と CO_2 の特性比較を次の表に示します。

▼一酸化炭素COと二酸化炭素CO₂の比較

特性 ＼ ガス種	一酸化炭素CO	二酸化炭素CO₂
常温常圧での状態	無色無臭の気体	
比重（空気に対する）	0.97（分子量28）	1.5（分子量44）
空気中での燃焼性	青白い炎を上げて燃える	燃えない
毒性	有害（CO中毒）	人体に直接は無害
水溶性	ほとんど溶けない	よく溶ける
液化	困難	容易
その他	還元性がある	酸化性がある

4 湿度と燃焼　　重要度 ★★

湿度とは、空気中に含まれる水分（水蒸気）量の大小を表す指標であり、次のものがあります。

(1) 絶対湿度

決められた量の空気（たとえば$1m^3$の空気）の中に含まれる水蒸気の絶対量（質量kg）を絶対湿度とよびます。

(2) 相対湿度

空気は、温度が高いほどより多くの水蒸気を含むことができます。空気が最大含むことができる水蒸気の量（飽和水蒸気量）を基準として、実際に空気中に含まれている水蒸気の割合を表したものが、相対湿度です。

たとえば、気温0℃のときと気温30℃のときに、$1m^3$あたりに同じ質量の水蒸気が含まれていた場合、絶対湿度は変わりませんが、相対湿度は気温が高いほうが低く算出されます（温度が高いほど、飽和水蒸気分圧が大きくなる）。

(3) 実効湿度

一般に、湿度が低くて乾燥しているときの方が、可燃物が燃焼しやすく、火災の危険性が高くなります※。ただし、木造住宅の火災を考えた際、湿度は毎日変わるのに対して、木材内部に含まれる水分量の変化は鈍くなります。たとえば、乾燥した日が長く続いた後、湿度が高い日が訪れたとき、空気の湿度は高かったとしても、木材内部は乾燥していて非常に延焼しやすい状態であるこ

ともあります。そのため、「過去からの湿度の推移を考慮に入れた湿度」を用いる場合があります。これを実効湿度とよびます。気象庁が発する「乾燥注意報」には、この実効湿度も考慮されています。

※ 第3類の危険物など、水と反応する物品については、湿度が高いことで結露が発生することで危険度合いが高くなる場合もあります。

練習問題　次の問について、○×の判断をしてみましょう。

① 常温のガソリンに火種を近づけると、大気中で激しく燃焼する。これを分解燃焼という。

② 木材、石炭、プラスチックの燃焼は、表面燃焼に分類できる。

③ 木炭、コークス、金属粉の燃焼は分解燃焼に分類できる。

④ 硫黄やナフタレンは、加熱により昇華して可燃性蒸気を生成し、蒸発燃焼を起こす。

⑤ ニトロセルロースやセルロイドは、内部に含む酸素により自己（内部）燃焼する。

⑥ 一酸化炭素は人体には無害であるが、地球環境には有害である。

⑦ 一酸化炭素は不燃性物質である。

⑧ 可燃性ガスと空気が予め混ざった状態で燃焼することを拡散燃焼という。

⑨ 粉じん爆発は、急速に完全な燃焼が行われるため、一酸化炭素は発生しにくい。

解答

① × 蒸発燃焼といいます。蒸発したガソリンの蒸気が、周囲の空気と混合し燃焼しています。

② × 木材、石炭、プラスチックは、加熱により内部から可燃性ガスが分解・放出し、その可燃性ガスが燃焼します。これを分解燃焼といいます。

③ × 木炭、コークス、金属粉は、内部から可燃性ガスが生じずに表面のみが燃焼しますので、表面燃焼です。

④ ○ 硫黄やナフタレンのように、昇華して可燃性蒸気を生じ燃焼する現象も、蒸発燃焼といいます（昇華燃焼とはいいません）。

⑤ ○ 問題文の通り、内部燃焼とよびます。このような物質は、周囲に空気などの酸化剤がなくても燃焼します。

⑥ × 一酸化炭素は、人体に有害です。

⑦ × 一酸化炭素COが酸素と反応してCO_2になります。つまり燃えます。

⑧ × 予混合燃焼といいます。

⑨ × 一酸化炭素が発生しやすいのが特徴です。

2-22 危険物の燃焼特性

引火と発火は違います。たとえば、ガソリンと軽油を比べると、引火しやすいのはガソリンですが、発火しやすいのは軽油です。引火点と発火点の違いをよく理解しておきましょう。また、燃焼範囲とは何かについても、理解しておきましょう。

これだけは覚えよう！

- 可燃性ガスと空気が混合していたとしても、その混合割合が燃焼範囲から外れると、燃焼しません。
- 「発火」と「引火」の違いを明確にしておきましょう。
- 発火点：外部からの点火がなくとも発火し、燃焼を継続できる最低の液温。
- 引火点：他の熱源を点火源として引火が起こる最低の液温。
- 引火点にある状態では、燃焼の下限界の濃度の混合気が形成されています。

1 燃焼範囲　　　　　重要度 ★★★

可燃性ガスと空気が混合していると燃焼の危険性がありますが、どのような混合割合でも燃える訳ではありません。たとえば、ガソリン蒸気と空気の混合気があったとします。ガソリン蒸気の濃度が非常に低いと、火種を近づけても燃焼しません。逆に、ガソリン蒸気の濃度が高すぎても、燃焼しません。

▼燃焼範囲

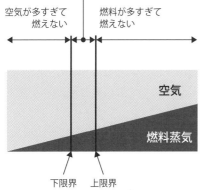

	燃焼範囲（Vol%）	
	下限界	上限界
ガソリン	1.4	7.6
灯油	1.1	6.0
ジエチルエーテル	1.9	36
エタノール	3.3	19

　可燃物と空気の混合気が燃焼可能な混合割合（体積割合）の範囲を燃焼範囲（可燃範囲、爆発範囲）といいます。

　燃焼範囲は次の式で計算されます。たとえば、ガソリンと空気の混合気の場合、ガソリン蒸気の濃度が1.4Vol% ～ 7.6Vol%の範囲内で燃焼が起こります。

$$混合気の容積割合 [\%] = \frac{燃料蒸気の容積}{混合気全体の容積} \times 100$$

$$= \frac{燃料蒸気の容積}{燃料蒸気の容積＋空気の容積} \times 100$$

2　発火点と引火点と燃焼点　　重要度 ★★★

（1）発火点

　たとえば、灯油などの可燃性液体を、裸火や電気火花などの点火源に触れないようにゆっくり加熱し、液温がある温度に到達すると、外部からの点火がなくとも、自然に発火して燃焼が起こります。これを発火といいます。発火が起こる最低の液温を発火点といいます。

（2）引火点と燃焼点

　たとえば、大気中に置かれた常温のガソリンは発火しませんが、裸火や電気火花を近づけると容易に燃焼が起こります。この現象を引火といいます。これは、ガソリンの蒸気が液面付近で空気と混合し、燃焼可能な状態になっているために起こります。つまり、温度が低すぎると、十分な濃度の可燃性蒸気が生じないため、引火は起こりません。

　他の熱源を点火源として引火が起こる最低の液温を引火点といいます。

　言い方を変えると、引火点にある液体可燃物の液面には、燃焼の下限界の濃度の混合気が形成されていることを意味します。

　なお、引火点において引火が発生したとしても、燃焼が継続せずに消えてしまう場合があります。これは、燃焼が継続されるのに必要な濃度の可燃性混合気が形成されていないためです。燃焼が継続されるのに必要な濃度の可燃性混合気を液面上に形成する温度を燃焼点とよびます。

　燃焼点は、引火点よりも数℃程度高くなります。

　引火点、燃焼点、発火点の大小関係は、次のようになります。

　　引火点　＜　燃焼点　＜　発火点

▼引火点と発火点

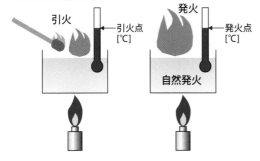

練習問題　次の問について、○×の判断をしてみましょう。

① 可燃物に火種を近づけた際に燃焼が開始する最低液温を発火点という。

② 引火点にある危険物の液面上には可燃範囲の上限界の濃度の混合気が存在する。

③ 一般に燃焼点は、引火点よりも数℃低い。

④ 液温を上昇させた際に、自然に燃焼が開始する場合、そのときの液温を引火点という。

⑤ 可燃範囲1.4〜7.6Vol%の液体可燃物の蒸気10Lと、空気90Lの混合気は燃焼する。

解答 ・・・

① × 引火点といいます。火種がなくても自然に燃焼が起こる最低液温が発火点です。

② × 上限界ではなく下限界です。

③ × 燃焼点は引火点よりも数℃高くなります。

④ × 発火点といいます。

⑤ × 混合気の容積割合＝（燃料蒸気の容積）÷（混合気全体の容積）＝（燃料蒸気の容積）÷（燃料蒸気の容積＋空気の容積）＝10÷（10＋90）＝0.1（10%）となります。つまり、上限界7.6Vol%以上なので燃焼しません。

2-23 燃焼の難易

どのような条件で燃焼は起こるのか（燃焼の難易）は、危険物による火災予防にとって非常に重要です。そのため、よく出題されます。理屈をしっかりと理解すれば、細かいケースを暗記しなくても正答できます。原理的に理解することを心がけましょう。

これだけは覚えよう！

- 基本は燃焼の三要素です。常に燃焼の三要素をもとに考えると、正答できる可能性が高くなります。
- どんなときに燃焼しやすいか、代表的な具体例とその理由（原理）を知っておくとよいでしょう。

1 燃焼しやすい条件 　　　　　　　　　　重要度 ★★★

燃焼が起こるには、燃焼の三要素（可燃物、酸化剤、熱源）が揃うことが必要です。それを考えれば、燃焼の難易は容易にイメージできると思います。次の表に具体例を示します。燃焼の三要素と照らし合わせて理解しましょう。

▼大きいほど燃えやすいもの

項　目	理　由
空気との接触面積	酸化剤が供給されやすいため
温度	熱源の供給に対応。また、高温ほど化学反応は活発になる
発熱量	発熱量が大きいほど多量の熱が生じるため
酸化されやすさ	酸化されやすいほど反応が進行しやすい（発熱しやすい）
燃焼範囲が広い	可燃物と酸化剤の条件が揃いやすい

▼小さいほど燃えやすいもの

項　目	理　由
熱伝導率	熱伝導率が小さい⇒熱が伝わりにくい⇒熱が逃げにくい⇒温度が下がりにくい⇒燃焼しやすい
比熱	比熱が小さい⇒温度が上昇しやすい⇒燃焼しやすい
水分が少ない	乾燥しているため
引火点・発火点が低い	より低い温度で引火・発火が起こるため

2 比表面積　　重要度 ★★

固体粒子が燃焼する際、表面が空気と接触して燃焼するため、表面積の大きさが燃焼の速さに大きな影響を及ぼします。

大きな粒子は表面積も大きいですが、質量もまた大きいです。そこで、表面積Aを質量mで割ったものである比表面積Sを用います。Sが大きいほど、燃焼しやすくなります。密度を ρ、容積をVとすると次のように記されます。

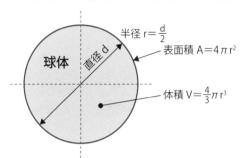

半径 r＝$\frac{d}{2}$

表面積 A＝$4\pi r^2$

体積 V＝$\frac{4}{3}\pi r^3$

球体

直径 d

$$S = \frac{A}{m} = \frac{A}{\rho V} \quad [m^2/kg]$$

球体の場合、表面積A＝$4\pi r^2$、容積V＝$\frac{4}{3}\pi r^3$です。よって、直径をdとすれば、比表面積Sは次のようになります。

$$S = \frac{A}{\rho V} = \frac{4\pi r^2}{\rho}\frac{3}{4\pi r^3} = \frac{3}{\rho r} = \frac{6}{\rho d}$$

以上のように、球体の比表面積Sは、球体の直径dに反比例します。

練習問題　次の問について、○×の判断をしてみましょう。

① 熱伝導率が大きいほど、燃焼しやすい。
② 液体の危険物を霧状に噴射すると、燃焼しにくくなる。
③ 灯油など、引火点が常温以上の危険物を布に染みこませると、引火しやすくなる。
④ 比熱が大きい方が燃焼しやすい。
⑤ 湿度が高い方が燃焼しやすい。

解答 ・・・

① × 熱伝導率が大きいと、熱が逃げやすいため、高温を維持しにくくなり燃焼しにくくなります。
② × 霧状にすれば空気との接触面積が増加し、燃焼しやすくなります。
③ ○ 布に染みこませると、繊維の表面から蒸発するので、霧状に噴射したときと同様の理由で、燃焼しやすくなります。
④ × 比熱が大きいと発熱しても温度が上昇しにくいので、燃焼しにくくなります。
⑤ × 水は不燃物です。しかも温度上昇を妨げます（冷却効果）。湿度は低い方が燃焼しやすくなります。

2-24 火災の種類と消火法

消火のとき、誤った消火法を適用すると、かえって延焼が拡大する恐れがあります。たとえば、ガソリンの火災に水をかけるのは適しません。禁水性の物質の火災に水をかけるのも危険です。つまり、火災の種類に応じ、適切な消火剤を選ぶ必要があります。それぞれの火災の特徴と、適応する消火剤の種類を知っておきましょう。

これだけは覚えよう！

- 火災は「A火災（普通火災）」・「B火災（油火災）」・「C火災（電気火災）」の3つに区分される。
- 第4類の火災は「B火災（油火災）」で、水による消火をしてはいけません（火災を拡大する）。
- 消火剤の種類と特徴を理解しておこう。
- 棒状の強化液も油火災に使用できない。
- 水溶性の危険物に泡消火器を使う場合「水溶性液体用泡消火剤」を使う。

1 火災の種類 重要度 ★★★

火災の種類はA火災・B火災・C火災の3種に分けられます。

(1) 普通火災（A火災）

紙や木材など、一般可燃物の火災を普通火災（A火災）といいます。

(2) 油火災（B火災）

ガソリンや軽油など、引火性液体による火災を油火災（B火災）といいます。第4類の危険物の火災はすべてB火災です。

第4類は、液体では水より軽く、かつ水に溶けないものが多い。つまり、水をかけると水に浮いた危険物の火災が拡大する恐れがあります。よって、B火災は水による消火をしてはいけません。

(3) 電気火災（C火災）

モーター、変圧器など、電気設備による火災を電気火災（C火災）といいます。電気火災に棒状の水や泡消火剤を放射すると、通電して感電する恐れがありますので、棒状の水や泡消火剤は適しません。

消火器には、上記のどの火災に適応するかが、次のようなマーク（イラスト）

で記されています。

▼適応する火災のマーク

| A 火災用 | B 火災用 | C 火災用 |
| 普通火災 | 油火災 | 電気火災 |

消火器
への表示

※カラー版はカバーの内側を参照。

2 消火剤と適応火災　　重要度 ★★★

消火剤の種類と特徴を次の表にまとめます。

▼消火剤の種類

消火剤		特徴	消火効果	適応する火災		
				普通	油	電気
水	棒状	比熱、蒸発熱が大きく、冷却効果が高い	冷却	○	×	×
	霧状			○	×	○
強化液	棒状	・炭酸カリウムK_2CO_3の濃厚な水溶液 ・消火後の再燃防止効果あり ・霧状に用いれば油と電気火災に適用可	冷却（抑制）	○	×	×
	霧状			○	○	○
泡		・泡で燃焼面を覆い、窒息消火する ・水溶性液体には「水溶性液体用泡（耐アルコール泡）」を使用	窒息、冷却	○	○	×
ハロゲン化物		・抑制（負触媒）効果と窒息効果で消火する	抑制、窒息	×	○	○
二酸化炭素		・空気より重い不活性ガスで炎を覆う ・酸欠に注意が必要	窒息	×	○	○
粉末	ABC	・りん酸塩（りん酸アンモニウム）を主成分とし、万能な消火剤	抑制、窒息	○	○	○
	Na	・炭酸水素ナトリウム$NaHCO_3$を主成分とする（BC消火剤）		×	○	○

水と強化液には、液体の噴射法によって「棒状」と「霧状」があります。

棒状は、水道の蛇口から出る水のように一本の水流の形状をした噴射形態の

ことです。

　霧状は、霧吹きで噴射したような形状です。通常、「水」と「強化液（主成分は水）」は油火災（第4類の火災）には不適ですが、強化液を霧状に噴霧する場合は油火災にも適用可能です。

　泡消火剤は、泡による窒息効果で消火しますが、アルコールやアセトンなど、水溶性の危険物に泡消火剤を噴射すると、泡が消失してしまいます。そのため、水溶性の危険物の火災に泡消火剤を用いる場合は、「水溶性液体用泡（耐アルコール泡）消火剤」を使用します。泡消火剤には、①付着（粘着）性を有する、②熱に対して安定、③油に浮く、④加水分解しない、⑤流動性あり、という特性が求められます。

　主な消火剤について、その特徴を以下にまとめます。

・粉末（Na）消火器：炭酸水素ナトリウム（$NaHCO_3$）

　水溶液は弱塩基（アルカリ）性で、加熱して分解すると二酸化炭素と水を発生します。また、塩酸を加えることでも二酸化炭素を発生します。

・粉末（ABC）消火器：りん酸アンモニウム（りん酸塩）

　りん酸アンモニウム$(NH_4)_3PO_4$を主成分とした消火剤です。具体的な消火薬剤として、りん酸二水素アンモニウム$NH_4H_2PO_4$が用いられ、サーモンピンクに着色されています。

・化学泡消火器：炭酸水素ナトリウム$NaHCO_3$と硫酸アルミニウム$Al_2(SO_4)_3$

　両消火剤の水溶液を混ぜると、次の反応によって二酸化炭素を含んだ多量の泡が発生し、それを放射して消火します。

　$6NaHCO_3 + Al_2(SO_4)_3 \rightarrow 2Al(OH)_3 + 3Na_2SO_4 + 6CO_2$

・二酸化炭素消火器：液化二酸化炭素

　放射された二酸化炭素による窒息効果に加えて、液化二酸化炭素が蒸発する際の気化熱による冷却効果もあります。

　消火剤と適応火災の重要ポイントを次にまとめます。

重要
・水は冷却効果が高いが、油火災（B火災）には使用できない。
・霧状の強化液は油火災に使用可。
・水溶性液体（アルコール、アセトンなど）に「泡」を使う場合は「水溶性液体用泡（耐アルコール泡）」消火剤を用いる。

練習問題　次の問について、○×の判断または空欄を埋めてみましょう。

① ガソリンなどの引火性液体の火災はA火災に該当する (○・×)。

② モーターや変圧器などの電気火災はB火災に該当する (○・×)。

③ 水は比熱、蒸発熱が共に大きいため、高い冷却効果を持っている (○・×)。

④ 強化液は高濃度の (　　　　　　　) 水溶液である。

⑤ 強化液には、冷却効果に加えて抑制効果もあり、再燃焼の防止効果が期待できる (○・×)。

⑥ 強化液式の消火剤は、棒状に噴射する場合は油や電気火災にも適用できる (○・×)。

⑦ 灯油が燃焼している場合、霧状の水で消火することができる (○・×)。

⑧ アセトンが燃焼している場合、泡消火剤による消火が有効である (○・×)。

⑨ 泡消火剤は抑制消火を主な目的とした消火剤である (○・×)。

⑩ 二酸化炭素消火剤は、窒息消火を主目的としているため、密室で使用するとよい (○・×)。

⑪ ABC粉末消火剤は (　　　　　) を主成分とする消火剤である。

⑫ 泡消火剤に要求される特性は (　A　) と (　B　) と (　C　) と (　D　) と (　E　) の5つである.

解答 ･･

① × 引火性液体の火災はB火災 (油火災) です。

② × C火災 (電気火災) です。

③ ○

④ 炭酸カリウム

⑤ ○

⑥ × 霧状であれば適用可能です。棒状に噴射すると、油火災であれば延焼の拡大、電気火災であれば感電の恐れがあります。

⑦ × 噴射形態に依らず、油火災に水は適用できません。強化液を霧状で噴射した場合は、油火災にも適用可能です。

⑧ × アセトンは水溶性なので、通常の泡消火剤では泡が消失して消火ができません。「水溶性液体用泡消火剤」であれば適用できます。

⑨ × 泡消火剤のもつ消火効果は窒息消火と冷却消火です。

⑩ × 消火法は窒息消火であるが、密室で使用すると酸欠の恐れがあります。

⑪ りん酸塩 (りん酸アンモニウム)

⑫ A：付着性がある、B：熱に対して安定、C：油に浮く、D：加水分解しない、E：流動性がある (順不同)。

演習問題2-3　燃焼に関する問題

■燃焼と燃焼の三要素

問題1

燃焼について、誤っているものはどれか。

(1) 物質の燃焼に必要な酸素供給源は空気であり、物質自身に含まれている酸素では燃焼は起こらない。

(2) 可燃物が燃焼すると、より安定な酸化物に変化する。

(3) 燃焼とは、熱と光の発生を伴う急激な酸化反応である。

(4) 有機化合物の燃焼において、酸素が不足すると一酸化炭素やすすなどが生じ、不完全燃焼になる。

(5) 燃焼には、可燃物と酸素供給源に加えて、反応を開始するための点火源（熱源）が必要である。

問題2

次の文章の空欄に当てはまる語句の組合せはどれか。

『燃焼は、（A）の発生を伴う（B）反応である。炭化水素が燃焼する際、酸素の供給が不足すると、（C）、すすなどの発生割合が増加する』

	（A）	（B）	（C）
(1)	熱と光	還元	二酸化炭素
(2)	熱と光	酸化	二酸化炭素
(3)	煙と炎	中和	一酸化炭素
(4)	熱と光	酸化	一酸化炭素
(5)	煙と炎	還元	二酸化炭素

問題3

次のうち、燃焼が起こる条件を満たしているものはいくつあるか。

A： 亜鉛粉　　　　　水素　　　　磁力線
B： 二酸化炭素　　　酸素　　　　電気火花
C： 二硫化炭素　　　空気　　　　電気火花
D： 水　　　　　　　酸素　　　　直射日光
E： ガソリン　　　　空気　　　　放射線

(1) 1つ　　(2) 2つ　　(3) 3つ　　(4) 4つ　　(5) 5つ

問題4

燃焼に関する一般的説明で、誤っているものはどれか。

(1) 静電気による放電火花や金属の衝撃に伴う火花は、点火源になる。
(2) 気化熱や融解熱は、点火源になる。
(3) 可燃物、酸素供給源、点火源を燃焼の三要素という。
(4) 二酸化炭素は不燃物である。
(5) 酸素供給源は、必ずしも空気とは限らない。

問題5

エタノールの燃焼反応式は以下の通りである。

$$CH_3CH_2OH + 3O_2 \rightarrow 2CO_2 + 3H_2O$$

このとき、エタノール1molを燃焼させるのに必要な理論酸素量は次のうちどれか、ここで、各元素の原子量はC = 12、H = 1、O = 16である。

(1) 16g　　(2) 32g　　(3) 48g　　(4) 64g　　(5) 96g

■燃焼の形態

問題6

可燃物とその燃焼の仕方の組合せで誤っているものはどれか。

(1) セルロイド……………内部（自己）燃焼
(2) 木炭………………………表面燃焼
(3) ガソリン…………………蒸発燃焼
(4) 重油………………………表面燃焼
(5) 石炭………………………分解燃焼

問題7

可燃性物質とその燃焼形態の組合せで正しいものはどれか。

(1) ジエチルエーテル、ナフタレン……………蒸発燃焼
(2) 石炭、コークス……………………………表面燃焼
(3) 木材、木炭…………………………………分解燃焼
(4) ニトロセルロース、硫黄…………………内部（自己）燃焼
(5) ガソリン、セルロイド……………………蒸発燃焼

■引火点・発火点・燃焼範囲

問題8

引火性液体の引火点についての説明で、正しいものはどれか。

(1) 空気中の可燃物を加熱した際、他から点火しなくても自然に燃焼を開始
する最低の温度のこと。
(2) 発火点と同じ意味であり、可燃物が液体の場合を引火点、固体の場合を
発火点という。
(3) 可燃性液体が、燃焼（爆発）範囲の下限界の濃度の混合気を液面上に形
成する最低の温度のこと。
(4) 可燃性液体を燃焼させるのに必要な熱源の温度のこと。
(5) 可燃性液体の蒸気が生じ始める最低の温度のこと。

問題9

可燃性液体の燃焼範囲の説明として、正しいものはどれか。

(1) 燃焼によって被害を受ける範囲のこと。
(2) 可燃性蒸気が燃焼することができる熱源の温度範囲のこと。
(3) 可燃性混合気が燃焼した際に燃焼ガスが膨張する範囲のこと。
(4) 可燃性蒸気が空気中で燃焼することができる濃度範囲のこと。
(5) 可燃性液体の発火点と引火点の差異のこと。

問題10

　燃焼範囲の下限界が1.4 Vol%、上限界が7.6%の危険物を100Lの空気中に混合させ、均一な混合気を形成した。このとき、燃焼が可能な蒸気量はどれか。

　(1) 0.1L　　(2) 1L　　(3) 5L　　(4) 10L　　(5) 20L

問題11

　発火点220℃の液体可燃物が空気中に置かれている。この液体の発火特性について、正しいものはどれか。

　(1) 液温が220℃未満であれば、火源があっても燃焼しない。
　(2) 液温が220℃以上であっても、火源がなければ燃焼しない。
　(3) 液温が220℃に達すれば、火源がなくても燃焼する。
　(4) 液温が220℃に達すれば、引火する。
　(5) 液温が220℃に達すると、空気を遮断しても燃焼する。

■燃焼の難易 ────────────────────────

問題12

燃焼の難易について、誤っているものはいくつあるか。

　A： 発熱量が大きいほど燃えやすい。
　B： 熱伝導率が大きいほど燃えやすい。
　C： 酸素との接触面積が小さいほど燃えやすい。
　D： 湿気が少ないほど（乾燥しているほど）燃えやすい。
　E： 酸化されやすいものほど燃えやすい。
　(1) 1つ　　(2) 2つ　　(3) 3つ　　(4) 4つ　　(5) 5つ

問題13

軽油を霧状に噴霧すると燃焼しやすくなる理由で、誤っているものはどれか。

　(1) 空気との接触面積が増え、蒸発が促進されるため。
　(2) 熱交換が活発になるため。
　(3) 液体が霧状に分裂する際の摩擦熱で温度が増大するため。
　(4) 液体の表面積が増加するため。
　(5) 空気との混合が促進されるため。

問題14　☑☑☑

自然発火について、次の文章の空欄に入る語句の正しい組合せはどれか。

『自然発火とは、物質が空気中で自然に（A）し、その熱が長時間（B）されて、ついにはその物質の（C）に達して燃焼が起こる現象である。動植物油類において自然発火を起こしやすいものを（D）という』

	（A）	（B）	（C）	（D）
(1)	発熱	蓄積	発火点	乾性油
(2)	吸熱	放出	引火点	不乾性油
(3)	発熱	蓄積	発火点	不乾性油
(4)	吸熱	蓄積	発火点	不乾性油
(5)	発熱	放出	引火点	乾性油

問題15　☑☑☑

自然発火について、誤っているものはどれか。

(1) よう素価が大きいほど、自然発火しやすい。

(2) 引火点が低いほど、自然発火しやすい。

(3) 乾性油の方が、不乾性油よりも自然発火しやすい。

(4) 放熱しやすい状態で保存した方が自然発火しにくい。

(5) 一般に、不飽和結合が多い方が自然発火しやすい。

■消火理論

問題16　☑☑☑

消火に関する説明で、誤っているものはどれか。

(1) 液温を引火点以下にすれば消火できる。

(2) 一般に、酸素濃度を14〜15Vol%以下にすれば消火できる。

(3) 化学反応を抑制する働きを持つ消火剤で消火する方法は、抑制（負触媒）効果を利用したものである。

(4) 燃焼の三要素がすべて取り除かれた場合に、消火が起こる。

(5) 可燃性蒸気と空気との混合気の濃度を燃焼下限界未満にすれば消火できる。

問題17　☑☑☑

消火方法と消火効果の組合せで正しいものはどれか。

	消火方法	消火効果
(1)	少量のガソリンに引火したので、ハロゲン化物消火器で消火した	除去消火
(2)	天ぷら油が発火したので、粉末消火器で消火した	冷却消火
(3)	容器内の灯油に引火したので、蓋をして消火した	抑制消火
(4)	軽油が燃えていたので二酸化炭素消火器で消火した	窒息消火
(5)	油のしみたウエスが燃えていたので、乾燥砂をかけて消火した	冷却効果

問題18　☑☑☑

消火方法と消火効果の組合せで正しいものはどれか。

	消火方法	消火効果
(1)	燃えている木片に水をかけて消火した	抑制消火
(2)	元栓を閉めてガスコンロの火を消した	窒息消火
(3)	アルコールランプに蓋をして火を消した	除去消火
(4)	灯油の火災を泡消火剤で消した	窒息消火
(5)	ろうそくの炎に息を吹きかけて消した	冷却効果

問題19　☑☑☑

消火について、誤っているものはどれか。

(1) ニトロセルロースやセルロイドのように、分子内に酸素を含有している物質の消火には、二酸化炭素消火剤などによる窒息消火が有効である。

(2) 窒息消火とは、酸素の濃度を低下させて消火する方法である。

(3) 乾燥砂による主たる消火効果は、窒息である。

(4) 燃焼の三要素のうち、1つでも取り除けば消火することができる。

(5) 水は、比熱と蒸発熱が大きいため、冷却効果が大きい。

■消火剤

問題20

消火器と、主な消火効果の組合せで誤っているものはどれか。

	消火器	消火効果
(1)	強化液消火器（霧状噴射）	冷却効果、抑制効果
(2)	粉末消火器	抑制効果、窒息効果
(3)	泡消火器	窒息効果
(4)	ハロゲン化物消火器	冷却効果
(5)	二酸化炭素消火器	窒息効果

問題21

火災と、適応する消火器の組合せで誤っているものはどれか。

	火災の種類	適応する消火器
(1)	電気設備の火災	泡消火器
(2)	石油類の火災	二酸化炭素消火器
(3)	石油類の火災	粉末（りん酸塩類）消火器
(4)	木材などの火災	強化液消火器
(5)	電気設備の火災	ハロゲン化物消火器

問題22

強化液消火剤について、誤っているものはどれか。

(1) 油火災に対しては、霧状に放射した場合でも適応しない。

(2) 炭酸カリウムの濃厚な水溶液である。

(3) 消火後の再燃防止の効果がある。

(4) 霧状に放射すれば、電気火災に適応する。

(5) 主に冷却効果と抑制効果を持つ消火剤である。

問題23

次のうち、灯油の火災に適応しない消火法や消火剤はいくつあるか。

A：霧状の水をかける。

B： 棒状の強化液消火器を用いる。

C： 二酸化炭素消火器を用いる。

D： 泡消火器を用いる。

E： 粉末消火器を用いる。

F： ハロゲン化物消火器を用いる。

（1）1つ 　　（2）2つ 　　（3）3つ 　　（4）4つ 　　（5）5つ

問題24

✓ ✓ ✓

二酸化炭素を放射する不活性ガス消火設備について、次のA～Dの説明で誤っているものはいくつあるか。

A： 空気中に放出すると酸素濃度を低下させ、窒息効果による消火を行う。

B： 油火災、電気火災の双方に適応する。

C： 空気より軽いガスを噴射するので、密閉空間でしか使用できない。

D： 消火剤である二酸化炭素は、人体には直接無害なので人がいる密閉空間での消火に安全に使用できる。

（1）1つ 　　（2）2つ 　　（3）3つ 　　（4）4つ 　　（5）すべて正しくない

解 答 ・ 解 説

問題1

解答（1）

物質内に含有されている酸素Oも、酸化剤になります。2-20節参照。

問題2

解答（4）

不完全燃焼を起こすと一酸化炭素COが生じます。2-21節参照。

問題3

解答（1）

Cのみ、燃焼の三要素（可燃物、酸化剤、点火源）が揃っています。磁力や放射線は、点火源にはならないことを知っておきましょう。2-20節参照。

問題4

解答（2）

気化熱や融解熱は、非常に低い温度でやり取りされる熱なので、通常は点火源にはなりません（【例】水の沸点は100℃だが、多くの危険物は100℃の熱源

では引火しません。引火点が100℃未満の危険物は多数存在しますが、あくまでも、裸火や電気火花などの高温な熱源に触れたときの話です）。2-20節参照。

問題5

解答（5）

この反応式に示されるように、1molのエタノールを燃焼させるのに、3molの酸素が必要です。酸素O_2の分子量は、$16 \times 2 = 32$です。つまり、O_2が1molあると32gです。よって、O_2が3molあると、$3 \times 32 = 96$gとなります。2-12節参照。

問題6

解答（4）

重油を含め、第4類（引火性液体）の燃焼は蒸発燃焼です。2-21節参照。

問題7

解答（1）

ジエチルエーテルは液体が蒸発し燃焼しますが、ナフタレンは固体が昇華して可燃蒸気が生じ、燃焼します。どちらの場合も蒸発燃焼とよばれます。その他は、石炭と木材が分解燃焼、コークスと木炭が表面燃焼、ガソリンと硫黄が蒸発燃焼、ニトロセルロースとセルロイドが内部燃焼です。2-21節参照。

問題8

解答（3）

液温が上がるほど液体が蒸発し、やがて燃焼限界の下限界の濃度の混合気が液面上に形成されると、火種を近づければ引火します。そのときの液温が「引火点」です。（1）は発火点の説明です。2-22節参照。

問題9

解答（4）

2-22節参照。

問題10

解答（3）

濃度は、燃料の容積V_f÷全体の容積Vで表されます。よって、（1）0.1／100.1≒0.1／100＝0.001⇒0.1%（100倍すれば%になる）です。同様に、（2）1／101≒0.01⇒1%、（3）5／105≒0.048⇒4.8%、（4）10／110≒0.091⇒9.1%、（5）20／120≒0.17⇒17%となります。よって、（3）のみが燃焼範囲内です。2-22節参照。

問題11　　　　　　　　　　　　　　　　　　　　　解答（3）

発火点は、火種がなくても燃焼が開始する液温のことです。2-22節参照。

問題12　　　　　　　　　　　　　　　　　　　　　解答（2）

BとCが誤っています。熱伝導率が大きいと、発生した熱が拡散して逃げやすいので、燃焼しにくくなります。酸素との接触面積が小さいと、酸化反応が促進されず、燃焼しにくくなります。2-23節参照。

問題13　　　　　　　　　　　　　　　　　　　　　解答（3）

噴霧による摩擦では、温度はほとんど上昇しません。2-23節参照。

問題14　　　　　　　　　　　　　　　　　　　　　解答（1）

乾性油は、分子内に不飽和結合（やや不安定な結合状態のこと）を含むため、大気中の酸素と反応して発熱します。その熱が逃げにくい状況にあれば、やがて発火点に達し、自然発火します。乾性油はよう素価が高いことも特徴ですので覚えておきましょう。2-22節・3-5節参照。

問題15　　　　　　　　　　　　　　　　　　　　　解答（2）

引火点と自然発火には、直接的な関係はありません（引火しにくいが発火しやすいものもあれば、引火も発火もしやすいものもあれば、引火も発火もしにくいものもあります）。2-22節・3-5節参照。

問題16　　　　　　　　　　　　　　　　　　　　　解答（4）

燃焼の三要素がすべて取り除かれれば、当然燃焼はしませんが、燃焼の三要素の1つでも取り除かれただけでも、燃焼しません。2-20節参照。

問題17　　　　　　　　　　　　　　　　　　　　　解答（4）

酸素を遮断する方法が窒息消火です。（1）はハロゲン化物消火剤の反応抑制効果を利用した「抑制消火」、（2）は消火粉末による「抑制消火と窒息消火」、（3）は蓋による「窒息消火」、（5）は砂で空気を遮断する「窒息消火」です。2-20節・2-24節参照。

問題18 解答（4）

　泡消火剤は、容積の大きい泡で空気を遮断する「窒息消火」（冷却効果もある）を行うものです。(1)は「冷却消火」、(2)は可燃物の供給を断つ「除去消火」、(3)は「窒息消火」、(5)はろうそくの芯近傍に形成されている可燃蒸気を吹き飛ばすので「除去消火」です。2-20節・2-24節参照。

問題19 解答（1）

　窒息消火は、外部から供給される酸素（空気）を遮断する方法なので、内部に酸素がある場合は遮断できません。2-20節参照。

問題20 解答（4）

　ハロゲン化物消火剤は、化学反応を抑制する「抑制（負触媒）効果」による消火法です。2-24節参照。

問題21 解答（1）

　電気火災に泡消火剤を使うと、泡を伝って通電し、感電の恐れがあります。

問題22 解答（1）

　強化液は、水と違い抑制効果もあるので、霧状に噴射すれば油火災にも適応します。棒状に噴射すると油が浮いて液面を伝い延焼を拡大する恐れがあるので、適しません。2-24節参照。

問題23 解答（2）

　AとBが適応しません。油火災には、窒息と抑制消火が効果的です。水による消火は無条件に適応しません。強化液の場合、霧状に噴射すれば油火災にも適応します。2-24節参照。

問題24 解答（2）

　CとDが誤っています。二酸化炭素CO_2の分子量は44、空気の分子量は約29であり、CO_2の方が空気より重い。また、CO_2は直接は人体に毒性はありませんが、密閉空間でCO_2濃度が増加すると酸素が欠乏し窒息するので、「密閉空間での使用」は適切ではありません。2-24節参照。

第 **3** 章

危険物の性質ならびに
その火災予防および消火の方法

3-1 危険物の概要

本章では、数多くの危険物が出てきますが、その個々の細かい特性を覚える以前に、各類の危険物の概要を押えておくことが重要です。本節で全体像を理解した上で、それを失わずに、個々の危険物を理解しましょう。

これだけは覚えよう！

・全類（第1類から第6類）の危険物の性質を覚えましょう。
・全類の代表的な品名と物品名を覚えましょう。

1 危険物の一覧 重要度 ★★★

第1章（1-1節）で最初に学んだように、危険物は性質に応じて第1類から第6類に分類されます。危険物の分類と特に重要な性質を次の表にまとめます。覚え方は、『サコさん、カネコさん、資金と印鑑を持参へ』です。

▼危険物の分類と重要な特徴

類　別	性　質 （覚え方）	状態	特　徴	具体例
第1類	酸化性固体 （サコ さん）	固体	・それ自体は不燃物 ・酸素を出して可燃物を燃焼させる	塩素酸塩類 無機過酸化物 硝酸塩類
第2類	可燃性固体 （カネコ さん）	固体	・火炎によって着火しやすい、または低温で引火しやすい固体	硫黄、赤りん、 金属粉、 引火性固体
第3類	自然発火性物質および 禁水性物質 （資金）	液体 固体	・空気や水と激しく反応し発火もしくは可燃性ガスを発生する	カリウム、 アルキルアルミニウム、 黄りん
第4類	引火性液体 （印鑑）	液体	・引火しやすい液体	ガソリン 軽油、重油

270

| 第5類 | 自己反応性物質
(持) | | ・酸素を含有し、単独で爆発的に燃える
・低温で発熱し爆発的に反応が進行する | 有機過酸化物
硝酸エステル類
ニトロ化合物 |
| 第6類 | 酸化性液体
(参へ[え]) | 液体 | 第1類と同様
(ただし液体) | 過酸化水素
硝酸 |

- 消防法上の危険物には、単体(例：硫黄S、ナトリウムNaなど)、化合物(ベンゼンC_6H_6、エタノールC_2H_5OHなど)、混合物(ガソリン、灯油など)のいずれのものもあります。
- 鉄粉、金属粉など、同一の物質であっても粒度や形状によって危険物になる場合とならない場合があります。

2 押さえておきたい各類の全体的な特徴　重要度 ★★★

　上記の『性質』をしっかりイメージした上で、各類の共通の特徴を学びましょう。詳細は、この後各類の節で学びますが、全体像をイメージしておくことは非常に大切です。一見すると、個別の物品の特性を問うような問題でも、実は、「類ごとの共通の特徴」を知っていれば正答できる問題も少なくありません。

■[第1類：酸化性固体] 強い酸化力を持つ固体

- それ自体は不燃物です。『可燃性である』、『単独でも燃える』などと問われたら、それらは誤りです(単独でも燃えるのは第5類の危険物です)。
- 酸化性固体は、分解して酸素O_2を供給します。つまり、可燃物と混合すると、可燃物を爆発的に燃焼させる危険性があります。『分解して水素H_2やメタンCH_4などの可燃性ガスが生じる』などと問われたら、それらは誤りです。

■[第2類：可燃性固体] 可燃性の固体、低温で引火しやすい固体

- 第2類は、硫黄、鉄粉、金属粉などの可燃性の固体に加えて、固形アルコール、ゴムのりなどの引火性固体(引火点40℃未満のもの)も含まれます。そのことを利用して『第2類はすべて引火性の固体である』と問われることがありますが、それは誤りです。すべてが引火性な訳ではないことに注意しましょう。また、引火性固体は、引火点40℃未満のものに限られますので注意しましょう。

■[第3類：自然発火性物質および禁水性物質]

- 第3類は、水や空気と反応して発熱・分解し、水素などの可燃性ガスが生じ、燃焼します。

- 多くは自然発火性と禁水性の両方の性質を持ちますが、すべてではありません。『第3類は、すべて自然発火性と禁水性の両方の性質を持つ』と問われたら、それは誤りです。たとえば、黄りんは、自然発火性のみを有します。固体のリチウムは、禁水性のみを有します。

- 第3類は、水や空気と反応して燃えることから、単独で燃焼するようなイメージを持ちやすいですが、そうではありません。『第3類は単独でも燃焼する』と問われたら、それは誤りです（単独で燃えるのは第5類です）。

- 第3類の禁水性物質のほとんどは、水と反応して水素H_2、メタン、エタン、アセチレンガスなどの可燃性ガスが生じます。水と反応して酸素を発生するのは第1類の無機過酸化物ですので、混同しないように注意しましょう。

> ●水との反応で生成されるもの
>
> 　第1類の無機過酸化物　　＋水　⇒　酸素O_2を発生
>
> 　第3類の禁水性物質など　＋水　⇒　可燃性ガス（水素など）を発生

■[第4類：引火性液体]

- 引火しやすい液体であり、液体比重が1より小さいものが多く、かつ水に溶けないものが多いため、火災時に注水すると、危険物が水に浮いてしまい、かえって延焼を拡大する恐れがあります。

- 蒸気比重はすべて1より大きく、蒸気は底部に滞留します。

- 電気の不良導体が多く、攪拌や高速流動などによって静電気が蓄積されやすいです。

- 火災時には、窒息効果と抑制効果で消火します。

■[第5類：自己反応性物質]

- 第5類は、可燃物であることに加え、分子内に酸素を含むため、分解して単独で燃えます（自己燃焼します）。衝撃や加熱で分解すると、内部の酸素と反応して爆発的に反応します。そのイメージから、『第5類は自然発火性を有する』と問われることがありますが、それは誤りです。自然発火性を持つのは、第3類の危険物です。

- 火災時には、基本的に水で消火します（例外あり）。しかし、爆発的に燃焼が進行するものが多く、一般的に消火は困難です。

■[第6類：酸化性液体] 強い酸化力を持つ液体

- 第1類と第6類は、共に酸化性で、固体か液体かの違いです。よって、第6類にも、基本的に前記の第1類と同じことがいえます。
- 腐食性があり、皮膚を侵します。また、蒸気も有毒です。

[消火の方法について]

　危険物ごとに、適応する消火方法が大きく異なります。くわしくは、各類の章で学びますが、『同じ類だからといって同じ消火方法が適する訳ではない』ことを押さえておきましょう。たとえば、第1類の危険物の中には、水で消すのが効果的なものもあれば、水をかけるのが厳禁のものもあります。

▼これも知っておきたい各類の代表的特性

類	比重	水溶性	その他
第1類	一般に1より大きい	水溶性／非水溶性が両方あり	・潮解性※のものが複数ある ・分解して酸素を発生
第2類		一般に非水溶性	・微粉状のものは粉じん爆発に注意
第3類	1未満のものもある	（水と反応するものが多い）	・分解して可燃性ガスを発生
第4類	多くは1より小さい	水溶性／非水溶性が両方あり	・多くは静電気を蓄積しやすい
第5類	1より大きい		・燃焼が速く爆発的。自己反応する
第6類		一般に水溶性	・腐食性と毒性が強い

※潮解性とは、固体結晶が空気中の水分を取り込んで溶ける現象です。

　つまり、『比重はすべて1より小さい』『すべて水に溶ける』『すべて水に溶けない』などと問われた場合、即座に間違いだと分かります。

3 代表的な危険物の一覧　　　重要度 ★★★

　各類の代表的な危険物の一覧を以下に記します。個々の物品の特性は次節以降で学びますので、ここでは、すべての類の危険物の全体像を眺めてイメージするように心掛けてください。個々の物品の特性を事細かに暗記しなくても、正答できるケースが多々あります。特に、次の2点を心掛けましょう。

①代表的な物品がどの類に属するのかを知る

⇒ どの類かが分かるだけで、「類ごとの共通の特徴」に当てはめれば、個々の物品の特性の詳細を知らなくても、正答できる可能性が高くなります。
　【例】　過酸化水素は第6類であることを知っていれば、「それ自体は不燃物である。液体で腐食性と毒性がある。」などの多くの情報が得られる

②潮解性があるもの、保護液中に保存するもの、禁水のもの、水との接触や燃焼で有毒ガスを生じるものなど、各物品の特徴的な事項（個性）を知る

⇒『個性』や『特徴』は問われやすいのでまとめて理解しましょう。

(1) 第1類：酸化性固体

品　名	物品名		消火法	潮解※、吸湿性
塩素酸塩類	塩素酸	カリウム	大量の水による注水消火　注水消火	
	塩素酸	ナトリウム		潮解　（吸湿）
	塩素酸	アンモニウム		
	塩素酸	バリウム		
過塩素酸塩類	過塩素酸	カリウム		
	過塩素酸	ナトリウム		潮解　（吸湿）
	過塩素酸	アンモニウム		
無機過酸化物	過酸化	カリウム	注水不可：粉末消火器や乾燥砂を用いる　禁水　乾燥砂	潮解　（吸湿）
	過酸化	ナトリウム		吸湿
	過酸化	マグネシウム		
	過酸化	カルシウム		
	過酸化	バリウム		
亜塩素酸塩類	亜塩素酸	ナトリウム	大量の水による注水消火　注水消火	吸湿
	亜塩素酸	カリウム		
臭素酸塩類	臭素酸	ナトリウム		
	臭素酸	カリウム		

			大量の水による	
硝酸塩類	硝酸	カリウム	注水消火	
	硝酸	ナトリウム		潮解　（吸湿）
	硝酸	アンモニウム	注水消火	潮解　（吸湿）
よう素酸塩類	よう素酸	ナトリウム		
	よう素酸	カリウム		
過マンガン酸塩類	過マンガン酸	カリウム		
	過マンガン酸	ナトリウム		潮解　（吸湿）
重クロム酸塩類	重クロム酸	アンモニウム		
	重クロム酸	カリウム		
その他	三酸化クロム			潮解　（吸湿）
	二酸化鉛			
	亜硝酸ナトリウム			吸湿
	次亜塩素酸カルシウム			吸湿
	ペルオキソ二硫酸カリウム			

※固体が空気中の水分を吸収し、湿って溶解する現象を潮解（ちょうかい）といいます。

ポイント

・『○○酸塩類』とよばれるものは第1類の危険物です。
・『無機過酸化物』のみ、水による消火が適応しません。注水により激しく反応して酸素 O_2 を放出します（特に、無機過酸化物の中のアルカリ金属の過酸化物）。なお、第1類以外で水と激しく反応する物質（第2類の金属粉、第3類の禁水性物質など）は、水と反応して可燃性ガス（水素など）を生じます。
　　第1類の無機過酸化物 ＋ 水　⇒ 酸素 O_2 を発生
　　第3類の禁水性物質など ＋ 水 ⇒ 可燃性ガス（水素など）を発生
・潮解性がある物品が問われることがあります。潮解性を示す物品は第1類の『○○ナトリウム』ばかりです。無機過酸化物のみ、『過酸化カリウム』に潮解性がありますが、それ以外には『○○ナトリウム』以外で潮解性のものはほとんどないと理解しましょう（ちなみに、それ以外の潮解性物品は三酸化クロムと硝酸アンモニウムです）。
　○○ナトリウムについては、『塩素酸、過塩素酸、硝酸、過マンガン酸 ナトリウム』に潮解性があると覚えましょう。
　また、第1類以外で潮解性があるのは、第5類のヒドロキシルアミン（p.375）だけです。

275

（2）第2類：可燃性固体

品　名	物品名	消火法	特記事項
硫化りん	三硫化りん	乾燥砂や不活性ガスによる窒息消火　**乾燥砂**　**不活性ガス**	水や熱湯と反応し有毒・可燃性の硫化水素（H_2S）を発生
	五硫化りん		
	七硫化りん		
赤りん		注水消火　**注水消火**	
硫　黄		水（水と土砂）	
鉄　粉		乾燥砂などで窒息消火　**乾燥砂**	水分との接触を避ける
金属粉	アルミニウム粉		
	亜鉛粉		
マグネシウム			
引火性固体	固形アルコール	泡、二酸化炭素、粉末消火剤	引火点40℃未満のものが該当
	ゴムのり		
	ラッカーパテ		

（3）第3類：自然発火性物質および禁水性物質

品　名	物品名	消火法	特記事項
カリウム		乾燥砂	注水厳禁 灯油中に保存
ナトリウム			
アルキルアルミニウム		消火困難．乾燥砂、膨張ひる石などで流出を防ぎ、燃え尽きるのを監視．注水厳禁	
アルキルリチウム	ノルマルブチルリチウム		
黄りん		水（および土砂）	水中に保存、猛毒あり
アルカリ金属※1およびアルカリ土類金属	リチウム	乾燥砂	注水厳禁 灯油中に保存
	カルシウム		
	バリウム		
有機金属化合物※2	ジエチル亜鉛	粉末消火剤	注水厳禁・ハロゲン系消火剤で有毒ガス発生
金属の水素化物	水素化ナトリウム	乾燥砂など	注水厳禁
	水素化リチウム		
金属のりん化物	りん化カルシウム	乾燥砂	水と作用して有毒可燃性ガス発生
カルシウムまたはアルミニウムの炭化物	炭化カルシウム	粉末消火剤・乾燥砂	注水厳禁
	炭化アルミニウム		
その他	トリクロロシラン	乾燥砂など	

※1　カリウム、ナトリウムを除く（別に掲げられているため）
※2　アルキルアルミニウムおよびアルキルリチウムを除く（別に掲げられているため）

ポイント

・黄りんは水中に貯蔵する。それ以外は水との接触厳禁。水との接触で、水素などの
　可燃性ガスが発生する（くわしくは後述します）。同じ理由で、泡消火剤も使用不可。
　　第1類の無機過酸化物 + 水　⇒ 酸素 O_2 を発生
　　第3類の禁水性物質など + 水 ⇒ 可燃性ガス（水素など）を発生

(4) 第4類：引火性液体

品　名	物品名	特記事項
特殊引火物 発火点100℃以下 または 引火点－20℃以下で 沸点40℃以下のもの	ジエチルエーテル	
	二硫化炭素	水没貯蔵
	アセトアルデヒド	水溶性
	酸化プロピレン	
第1石油類 引火点21℃未満	ガソリン	
	ベンゼン	有毒
	トルエン	
	n-ヘキサン	
	酢酸エチル	
	エチルメチルケトン	
	アセトン	水溶性
	ピリジン	水溶性　　悪臭
	ジエチルアミン	水溶性
アルコール類 炭素数3まで（C_1～C_3）の飽和 1価アルコール	メタノール	水溶性
	エタノール	
	n-プロピルアルコール	
	イソプロピルアルコール	
第2石油類 引火点 21℃以上70℃未満	灯油	
	軽油	
	クロロベンゼン	
	キシレン	
	n-ブチルアルコール	
	酢酸	水溶性
	アクリル酸	

（続き）

品　名	物品名		特記事項
第3石油類 引火点70℃以上200℃未満	重油		
	クレオソート油		
	アニリン		
	ニトロベンゼン		
	エチレングリコール		水溶性
	グリセリン		
第4石油類 引火点200℃以上250℃未満	ギヤー油		
	シリンダー油		
動植物油類 引火点250℃未満	不乾性油	やし油	
	乾性油	アマニ油、キリ油	自然発火しやすい

※ 品名欄に示した、引火性、発火点、沸点の条件は、1気圧での数値です。

（5）第5類：自己反応性物質

品　名	物品名	消火法	特記事項
有機過酸化物	過酸化ベンゾイル	注水消火 泡消火	容器に通気性を持たせる
	エチルメチルケトンパーオキサイド		
	過酢酸		
硝酸エステル類	硝酸メチル		含酸素のため 消火困難
	硝酸エチル		
	ニトログリセリン		爆発的で消火困難
	ニトロセルロース	注水消火	
ニトロ化合物	ピクリン酸	注水消火	含酸素のため 消火困難
	トリニトロトルエン		
ニトロソ化合物	ジニトロソペンタメチレンテトラミン	注水または泡	
アゾ化合物	アゾビスイソブチロニトリル	注水消火	
ジアゾ化合物	ジアゾジニトロフェノール		消火困難
ヒドラジンの誘導体	硫酸ヒドラジン		
ヒドロキシルアミン	ヒドロキシルアミン		潮解性
ヒドロキシルアミン塩類	硫酸ヒドロキシルアミン		
	塩化ヒドロキシルアミン		
その他	アジ化ナトリウム	乾燥砂	注水厳禁
	硝酸グアニジン	注水消火	

ポイント

・第5類は分子内に酸素を含むので、窒息消火は効果がない。
・アジ化ナトリウムのみ、乾燥砂（注水厳禁）を使い、それ以外の多くは注水消火をする。ただし反応が爆発的なため、消火が困難な物品もある。

（6）第6類：酸化性液体

品　名	物品名	消火法	特記事項
過塩素酸		注水消火	
過酸化水素			容器に通気性を持たせる
硝　酸	硝酸	燃焼物に応じた消火法 防毒マスクなどの保護具着用	
	発煙硝酸		
その他	三ふっ化臭素	粉末消火剤 乾燥砂	水系の消火剤は不適合（水と激しく反応し猛毒のふっ化水素を発生）
	五ふっ化臭素		
	五ふっ化よう素		

練習問題　次の問について、○×の判断をしてみましょう。

(1) 危険物には、化合物および混合物のものはあるが、単体のものはない。
(2) 同一の金属であっても、形状および粒度によっては危険物になるものとならないものがある。
(3) 第1類の危険物は、非常に酸化されやすい。
(4) 第1類のアルカリ金属の無機過酸化物は、水と反応して水素を発生する。
(5) 第1類の危険物は単独でも燃焼する。
(6) 第2類の危険物は、比較的低温で引火・着火しやすい液体である。
(7) 第2類の危険物にはすべて引火性がある。
(8) 第3類のカリウムや黄りんは、水を保護液として水中貯蔵する。
(9) 第3類の危険物は、すべて自然発火性と禁水性の両方の性質を持つ。
(10) 第3類の危険物は、単独でも燃焼する。
(11) 第4類の危険物は静電気が蓄積されにくい。
(12) 第4類の危険物の火災時には、窒息消火と抑制消火は効果的である。
(13) 第5類の危険物の火災には、窒息消火が効果的である。
(14) 第5類のニトロセルロースは、酸素を含有し、熱的に不安定な物質である。
(15) 第6類の危険物は、それ自身は不燃物である。
(16) 第6類の危険物の水溶液はすべて強酸である。
(17) 塩素酸カリウムは、潮解性ではない。

解答 ●●●

(1) × 危険物には、ナトリウム、カリウム、硫黄など、単体のものも多くあります。

(2) ○ たとえば、鉄粉は、目開き53μmの網ふるいを通過するものが50%未満の場合には危険物に該当しません。

(3) × 第1類は、酸素を供給して可燃物を酸化させる危険物です。そのため、第1類自身は酸化されやすくはありません。

(4) × 第1類は、酸素を含有しています。無機過酸化物は水と反応して酸素を供給します。水と反応して水素を発生するのは第3類のカリウム、ナトリウム、アルカリ金属、アルカリ土類金属、金属の水素化物です。

(5) × 第1類の危険物は、それ自体は不燃性であり、単独では燃えません。

(6) × 第2類は、比較的低温で引火・着火しやすい固体です。

(7) × 引火性固体は引火性がありますが、それ以外は引火性物質ではありません。

(8) × 黄りんは水中貯蔵しますが、カリウムは水との接触は厳禁です。カリウムは灯油中に貯蔵します（3-4節で詳述します）。

(9) × 黄りんは自然発火性のみ、固体のリチウムは禁水性のみを有します。

(10) × 単独では燃焼しません。

(11) × 第4類は電気の不良導体が多いため、一般に静電気が蓄積されやすいです。

(12) ○

(13) × 第5類は自己燃焼するため、外部からの酸素の供給を遮断する窒息消火は適応しません。

(14) ○ 第5類は自己反応性物質です。それ自体が発火、爆発する特性を持っています。

(15) ○ 第1類と第6類は、それ自身は不燃物です。

(16) × 第6類は、可燃物を酸化させる能力が強いですが、それは「強酸」であることとは別です。「第1類や第6類は強酸」という設問が出たら間違いです。

(17) ○ 「○○カリウム」とよばれるもので潮解性を示すのは過酸化カリウムだけです。潮解性を示すものの多くは第1類でかつ「○○ナトリウム」とよばれるものです。それ以外では、三酸化クロム（第1類）、ヒドロキシルアミン（第5類）を知っていれば十分でしょう。

上記の問題に加えて、1-1節（p.30）の練習問題を実施し、基礎事項を再確認しておくとよいでしょう。

演習問題3-1　共通の特性に関する問題

問　題

問題1

危険物の類ごとの共通性状として、正しいものはどれか。

（1）第1類は、可燃性があり、すべて固体である。

（2）第2類は、自然発火性がある液体または固体である。

（3）第3類は、火災時に水による消火が適する。

（4）第5類は、引火性の液体である。

（5）第6類は、酸化力が強い液体である。

問題2

危険物の性状として、誤っているものはどれか。

（1）それ自身は不燃性であっても、酸素を放出して可燃物の酸化を促進するものがある。

（2）発火や引火を防ぐために、保護液として二硫化炭素の中に貯蔵されるものがある。

（3）水と反応して酸素や可燃性ガスを放出するものがある。

（4）外部から酸素が供給されなくても燃焼するものがある。

（5）同じ物質であっても、粒径や形状によって危険物になる場合とならない場合とがある。

問題3

危険物の性状として、次のうち正しいものはいくつあるか。

A： 常温、常圧（20℃、1気圧）において、固体、液体、気体のものがある。

B： 液体の危険物の比重はすべて1より小さいが、固体の比重はすべて1より大きい。

C： 類が同じでも、適応する消火方法が異なる場合がある。

D： 空気と接触すると自然発火するものがある。

E： すべて可燃性である。

(1) 1つ　　(2) 2つ　　(3) 3つ　　(4) 4つ　　(5) 5つ

問題4　☑☑☑

消火に関して、誤っているものはどれか。

(1) 第1類の危険物の中には、水による消火が適さないものがある。

(2) 第2類の危険物の消火には、すべて注水消火が適する。

(3) 第3類の危険物は、一部を除き注水消火が適さない。

(4) 第4類の危険物の消火には、窒息消火が有効である。

(5) 第5類の危険物は、一部を除き注水消火が適する。

問題5　☑☑☑

次のうち、潮解性がある危険物はいくつあるか。

A：塩素酸カリウム　　B：塩素酸ナトリウム　　C：塩素酸アンモニウム、

D：硝酸ナトリウム　　E：三酸化クロム

(1) 1つ　　(2) 2つ　　(3) 3つ　　(4) 4つ　　(5) 5つ

解　答　・　解　説

問題1　解答 (5)

　第6類は、酸化性液体ですので、(5) が正解です。それ以外が正しくない理由は次の通りです。(1) 第1類は「それ自身は不燃性」です。可燃性ではありません。(2) 第2類は、可燃性固体ですので、液体は含まれません。(3) 第3類は、自然発火および禁水性の物質ですので、ほとんどの物品は水による消火が厳禁です。(4) 第5類は、自己反応性物質ですが、固体と液体の両方があります。引火性の液体は第4類です。

問題2　解答 (2)

　保護液に貯蔵される危険物はありますが、保護液として二硫化炭素が用いられることはありません。主な保護液は、水や石油です。また、二硫化炭素自体、第4類の特殊引火物で非常に引火しやすいため、水の中に貯蔵されます。

問題3　　　　　　　　　　　　　　　　　　　　　　　　　　　　解答（2）

　正しいのは、CとDです。Cについては、たとえば第1類の多くは水による
消火が適しますが、第1類の無機過酸化物は水と接触して酸素を放出するので、
水による消火は適しません。Dについては、第3類のアルキルアルミニウムや
黄りんなど、空気に触れて発火する危険性が高いものがあります。それ以外が
正しくない理由は次の通りです。

　A：消防法上の危険物は常温常圧で「液体か固体」です。気体はありません。
B：比重が1より大きな液体もあります。比重が1より小さな固体もあります（リ
チウムなど）。E：第1類と第6類は、それ自身は不燃性です（単独では燃えま
せん）。

問題4　　　　　　　　　　　　　　　　　　　　　　　　　　　　解答（2）

　第2類の中には、硫化りん、鉄粉、金属粉、マグネシウムなど、水による消
火が適さないものがあります。

問題5　　　　　　　　　　　　　　　　　　　　　　　　　　　　解答（3）

　B、D、Eに潮解性があります。第1類の○○ナトリウムと付くものに潮解性
の物が多い。○○ナトリウムは、「過酸化」「亜塩素酸」「よう素酸」「亜硝酸」は潮
解性がありません。つまり、「過酸化」「亜」「よう素」が付く○○ナトリウム以外
は潮解性と覚えましょう。○○ナトリウム以外で潮解性があるのは、Eの「三
酸化クロム」と「過酸化カリウム」です。つまり、○○カリウムと付くもので潮
解性は「過酸化カリウム」だけです。それ以外「○○アンモニウム、○○カルシ
ウム、○○バリウム」などは潮解性がないと覚えましょう。

3-2 第1類の危険物

第1類は**酸化性固体**です。分子内に酸素を含み、加熱や摩擦などで分解して酸素を供給するため、可燃物の燃焼を促進します。それ自体は不燃物ですが、可燃物との混合で爆発の危険性があります。

これだけは覚えよう！

- それ自体は不燃物だが、酸素供給体（強酸化剤）のため、可燃物と混合した状態での加熱や衝撃により、爆発の恐れがあります。
- 通常、多量の水で冷却し、消火します。ただし、アルカリ金属の過酸化物およびアルカリ土類金属の過酸化物（過酸化○○と呼ばれる物品）は、水と接触し酸素を放出するので注水不可。
- 多くは無色または白色の結晶や粉末ですが、一部には色があるものがあります（そのため、色があるものを覚えておくのが有効です）。
- 比重は1を超える（水に沈む）と理解しておきましょう。
- 水溶性、潮解性、吸湿性がある物品を覚えておきましょう。

1 第1類に共通の事項　　　　　重要度 ★★★

第1類に共通の特性、火災予防法、消火法をまとめます。

▼第1類の共通の特性

特　性	・多くは無色の結晶または白色の粉末 ・それ自体は不燃物だが、分子内に酸素を含有し、加熱や衝撃などで酸素を放出し、可燃物の燃焼を促進する（強酸化剤である） ・潮解性があるものは、木材、紙などに染み込み、乾燥した場合に爆発する恐れがある
火災予防法	・熱、衝撃、摩擦などを加えない ・可燃物、有機物などの酸化されやすい物質と接触させない ・強酸類と接触させない ・密栓して冷暗所に貯蔵する
消火法	無機過酸化物以外：大量の水で冷却消火
	第1類による火災は、危険物が分解して酸素が供給されることが原因なので、大量の注水で危険物を分解温度以下に冷やすのが有効　　**注水**消火

消火法	無機過酸化物（過酸化○○とよばれる物品）： 乾燥砂、粉末消火剤（炭酸水素塩類）などで消火（注水は不可）
	『無機過酸化物：過酸化○○とよばれる物品』のみ、水と反応して酸素を放出しやすいため、乾燥砂（膨張ひる石、膨張真珠岩を含む）、炭酸水素塩類の粉末消火剤を用いる　 **注意** 第1類のすべてに使用できる消火剤が問われたときは、「乾燥砂」と「炭酸水素塩類の粉末消火剤」です

2 品名ごとの特性　　　重要度 ★★

　以降、各物品の重要特性を一覧表にまとめ、学びます。以下の表の中では、覚える必要がない細かい数値などは、重点をぼやかしてしまうため、あえて掲載していません。

（1）塩素酸塩類

　塩素酸（$HClO_3$）の水素Hが、金属または他の陽イオンに置き換わったもの。

【例】　塩素酸カリウム $KClO_3$　塩素酸ナトリウム $NaClO_3$
　　　　塩素酸アンモニウム NH_4ClO_3

▼塩素酸塩類

物品名 化学式	塩素酸カリウム $KClO_3$	塩素酸ナトリウム $NaClO_3$	塩素酸アンモニウム NH_4ClO_3	塩素酸バリウム $Ba(ClO_3)_2$
形状	無色の結晶・ 光沢あり	無色の結晶		無色の粉末
比重	1より大きい※			
溶解性	熱水 （水には溶けにくい）	水、アルコール	・水に溶ける ・エタノールに溶けにくい	
潮解性 吸湿性	特になし	潮解 吸湿	特になし	
性質	400℃以上で分解して酸素を発生	約300℃で分解し酸素を発生	100℃以上で分解し爆発することがある	250℃以上で分解し酸素を発生
危険性	・赤りん、硫黄などの可燃性物質との混合は、わずかな刺激で爆発の危険あり ・加熱、衝撃、摩擦で爆発の危険あり ・強酸との接触で爆発の危険あり ・アンモニア、塩化アンモニウムと反応して不安定な塩素酸塩を生成し自然爆発することがある			

（続き）

物品名 化学式	塩素酸カリウム $KClO_3$	塩素酸ナトリウム $NaClO_3$	塩素酸アンモニウム NH_4ClO_3	塩素酸バリウム $Ba(ClO_3)_2$
火災予防法	・容器は密栓し、換気のよい冷暗所に保存 ・加熱、衝撃、摩擦を避ける ・分解を促す薬品類との接触を避ける			
消火法	注水により消火する（分解温度以下に冷却し、酸素の放出を抑える）			
補足事項		潮解して木や紙などに染み込むと、乾燥した際に衝撃などで爆発の恐れがある	不安定で、常温でも爆発の危険性があり、長期保存はできない	

※ 比重は2.3 〜 3.2程度ですが、個々の数値を覚える必要はありません。

・ 塩素酸塩類は、加熱すると分解して酸素を放出するため、加熱・摩擦・衝撃可燃物との接触を避けるのが基本です。また、火災時には注水で消火します。

（2）過塩素酸塩類

過塩素酸（$HClO_4$）の水素Hが、金属または他の陽イオンに置き換わったもの。

【例】　過塩素酸カリウム $KClO_4$　過塩素酸ナトリウム $NaClO_4$

　　　　過塩素酸アンモニウム NH_4ClO_4

ポイント 塩素酸塩類は□ ClO_3 であるが、過塩素酸塩類は酸素原子が1個増えて□ ClO_4 である（"□" は、金属または陽イオン）。

▼過塩素酸塩類

物品名 化学式	過塩素酸カリウム $KClO_4$	過塩素酸ナトリウム $NaClO_4$	過塩素酸アンモニウム NH_4ClO_4
形状	無色の結晶		
比重	1より大きい※		
溶解性	水に溶けにくい	・水、エタノール、アセトン ・エーテルには溶けない	
潮解性 吸湿性	特になし	潮解 吸湿	特になし
性質	400℃で分解して酸素を発生	200℃以上で分解し酸素を発生	150℃で分解し酸素を発生
危険性	・赤りん、硫黄などの可燃性物質との混合は、わずかな刺激で爆発の危険あり ・加熱、衝撃、摩擦で爆発の危険あり ・強酸との接触で爆発の危険あり ・アンモニア、塩化アンモニウムと反応して不安定な塩素酸塩を生成し自然爆発することがある		
火災予防法	・容器は密栓し、換気のよい冷暗所に保存 ・加熱、衝撃、摩擦を避ける ・分解を促す薬品類との接触を避ける		
消火法	塩素酸カリウムと同様（注水消火）		
補足事項	危険性は、塩素酸カリウムよりはやや低い		燃焼で多量のガスを発生するため、危険性は塩素酸カリウムよりやや高い

※ 比重は2.0～2.5程度ですが、個々の数値を覚える必要はありません。

・ 過塩素酸塩類も、塩素酸塩類と同様に加熱すると分解して酸素を放出します。塩素酸塩類と同じく加熱・摩擦・衝撃・可燃物との接触を避け、火災時には注水で消火します。

・ 過塩素酸塩類は、塩素酸塩類に比べると安定しているため、危険度合いは塩素酸塩類よりは低いといえます。

（3）無機過酸化物

過酸化物イオン（O_2^{2-}）を有する酸化物の総称。

【例】　過酸化カリウム K_2O_2　過酸化ナトリウム Na_2O_2（アルカリ金属の過酸化物）

　　　過酸化マグネシウム MgO_2　過酸化カルシウム CaO_2

　　　過酸化バリウム BaO_2（アルカリ土類金属の過酸化物）

> **ポイント** 過酸化水素 H_2O_2 の H が金属に置き換わったもの。水と反応して発熱分解し、酸素 O_2 を発生する。

▼無機過酸化物（アルカリ金属の過酸化物）

物品名 化学式	過酸化カリウム K_2O_2	過酸化ナトリウム Na_2O_2
形状	オレンジ色の粉末	黄白色の粉末（純粋なものは白色）
比重	1より大きい（数値を覚える必要はありません）	
溶解性	特になし（水と反応してしまう）	
潮解性 吸湿性	潮解 吸湿	吸湿
性質	・加熱すると融点（490℃）以上で分解して酸素を発生	・加熱すると約660℃で分解して酸素を発生
	水と作用して熱と酸素を発生する	
危険性	・水と作用し発熱・爆発の恐れがある ・皮膚を腐食する	
火災予防法	・容器は密栓し、水、有機物、可燃物との接触を防ぐ	
消火法	乾燥砂、炭酸水素塩類の粉末消火剤などをかける（注水禁止）	
補足事項	水と作用し水酸化カリウムKOHと酸素を生成	水と作用し水酸化ナトリウムNaOHと酸素を生成

※ 比重は1.7〜2.9程度ですが、個々の数値を覚える必要はありません。

▼無機過酸化物（アルカリ土類金属の過酸化物　他）

物品名 化学式	過酸化カルシウム CaO₂	過酸化バリウム BaO₂	過酸化マグネシウム MgO₂
形状	無色の粉末	灰白色の粉末	無色の粉末
比重	1より大きい		
溶解性	酸に溶ける		
	・水に溶けにくい		・水に溶けない
	・エタノール、エーテルに溶けない		
潮解 吸湿性	特になし		
性質	・加熱すると分解し酸素を発生 ・酸に溶けて過酸化水素を発生		
	275℃以上で爆発的に分解	840℃で酸素と酸化バリウムに分解	加熱すると酸素と酸化マグネシウムに分解
危険性		・有毒である	
火災予防法	・容器は密栓し、水、可燃物との接触を防ぐ ・酸との接触を避ける ・摩擦や衝撃を避ける		
消火法	乾燥砂、炭酸水素塩類の粉末消火剤などをかける（注水禁止）		
補足事項		・アルカリ土類金属の過酸化物の中では最も安定 ・熱湯と反応し酸素を発生	湿気や水の存在下で酸素を発生

　無機過酸化物は、加熱すると分解して酸素を放出することに加えて、水とも反応して酸素を放出します。特に、アルカリ金属の過酸化物の方が、アルカリ土類金属の過酸化物に比べて水との反応性が高い。よって、加熱・摩擦・衝撃・可燃物との接触を避けることに加えて、水や水分との接触も避けなければなりません。火災時には、注水は厳禁です。乾燥砂や炭酸水素塩類の粉末消火剤で消火します。

（4）亜塩素酸塩類

亜塩素酸（$HClO_2$）の水素Hが、金属または他の陽イオンに置き換わったもの。

【例】　亜塩素酸ナトリウム $NaClO_2$

> ポイント　塩素酸塩類は□ ClO_3 であるが、亜塩素酸塩類は酸素原子が1個減って□ ClO_2 である。

▼亜塩素酸塩類

物品名 化学式	亜塩素酸ナトリウム $NaClO_2$
形状	無色の結晶性粉末
比重	1より大きい
溶解性	水
潮解性 吸湿性	吸湿
性質	・加熱すると分解し酸素を発生し、塩素酸ナトリウムと塩化ナトリウムを生じる ・直射日光や紫外線で分解する ・強酸との混合により、有毒で刺激臭のある二酸化塩素ガスを生じ、高濃度（15Vol%以上）のものは爆発の恐れがある
危険性	・金属（鉄、銅など）を腐食する ・皮膚粘膜を刺激する
火災予防法	・直射日光を回避 ・酸、有機物、還元性物質と隔離する
消火法	多量の水で注水消火、爆発の恐れがあるので注意が必要
補足事項	発生する二酸化塩素は毒性と特異な刺激臭がある

(5) 臭素酸塩類

臭素酸（$HBrO_3$）の水素Hが、金属または他の陽イオンに置き換わったもの。

【例】　臭素酸カリウム $KBrO_3$

▼臭素酸塩類

物品名 化学式	臭素酸カリウム $KBrO_3$
形状	無色、無臭の結晶性粉末
比重	1より大きい
溶解性	・水に溶ける ・アルコールに溶けにくく、アセトンには溶けない
潮解性 吸湿性	特になし
性質	・加熱すると370℃で分解しはじめ、酸素と臭化カリウムを発生 ・酸との接触でも分解する
危険性	・衝撃で爆発の恐れ ・有機物と混合すると加熱、摩擦などで爆発の恐れ
火災予防法	酸、有機物、硫黄の混入や接触を避ける
消火法	注水

1類

（6）硝酸塩類

硝酸（HNO_3）の水素Hが、金属または他の陽イオンに置き換わったもの。

【例】　硝酸カリウム KNO_3　硝酸ナトリウム $NaNO_3$

硝酸アンモニウム NH_4NO_3

ポイント　硝酸塩類は水に溶けやすいものが多い。

▼硝酸塩類

物品名 化学式	硝酸カリウム KNO_3	硝酸ナトリウム $NaNO_3$	硝酸アンモニウム NH_4NO_3
形状	無色の結晶		
比重	1より大きい※		
溶解性	水		水、エタノール、メタノール
潮解性 吸湿性	特になし	潮解 吸湿	潮解 吸湿
性質	400℃で分解して酸素を発生	380℃で分解し酸素を発生	・約210℃で分解し有毒な亜酸化窒素（N_2O）と水を生じ、さらに加熱すると約500℃で爆発的に分解し、酸素と窒素を生じる ・水に溶けるときは吸熱する ・基本的に刺激臭等はない
危険性	・加熱により酸素を発生 ・可燃物、有機物との混合は衝撃や摩擦で爆発の恐れ		
火災予防法	・容器は密栓 ・加熱、衝撃、摩擦を避ける ・可燃物や有機物とは隔離		
消火法	注水		
補足事項	・黒色火薬の原料 ・吸湿性はない	反応性は硝酸カリウムよりは劣る	・アルカリ性の物質と反応しアンモニアを生成 ・肥料、火薬の原料

※ 比重は1.8〜2.3程度ですが、個々の数値を覚える必要はありません。

(7) よう素酸塩類

よう素酸（HIO_3）の水素Hが、金属または他の陽イオンに置き換わったもの。

【例】　よう素酸ナトリウム $NaIO_3$　よう素酸カリウム KIO_3

ポイント　無色の結晶で水溶性のものが多い。

▼よう素酸塩類

物品名 化学式	よう素酸ナトリウム $NaIO_3$	よう素酸カリウム KIO_3
形状	無色の結晶	
比重	1より大きい※	
溶解性	・水に溶ける ・エタノールには溶けない	
潮解性 吸湿性	特になし	
性質	加熱すると分解し酸素を発生	
危険性	可燃物を混合して加熱すると爆発の恐れ	
火災予防法	・加熱、可燃物の混入や接触と加熱を避ける ・容器は密栓する	
消火法	注水	

酸素O_2　O_2　O_2

粉末、結晶

注水 消火

※ 比重は3.9 〜 4.3程度ですが、個々の数値を覚える必要はありません。

第**3**章
危険物の性質ならびにその火災予防および消火の方法

1類

(8) 過マンガン酸塩類

過マンガン酸（$HMnO_4$）の水素Hが、金属または他の陽イオンに置き換わったもの。

【例】　過マンガン酸カリウム $KMnO_4$

　　　　過マンガン酸ナトリウム $NaMnO_4・3H_2O$

ポイント　強酸化剤である。赤紫色など、他の第1類（多くは無色の結晶）と比べ色に特徴がある。

▼過マンガン酸塩類

物品名 化学式	過マンガン酸カリウム $KMnO_4$	過マンガン酸ナトリウム $NaMnO_4・3H_2O$
形状	赤紫色、金属光沢の結晶	赤紫色の粉末
比重	1より大きい※	
溶解性	水	
潮解性 吸湿性	特になし	潮解 吸湿
性質	200℃で分解し酸素を発生	170℃で分解し酸素を発生
危険性	・硫酸を加えると爆発の危険 ・可燃物、有機物との混合は衝撃や摩擦で爆発の恐れ	
火災予防法	・加熱、摩擦、衝撃を避ける ・酸、有機物、可燃物と隔離 ・容器は密栓	
消火法	注水	
補足事項	・水溶液は赤紫または濃紫色である。ここに過酸化水素水を加えると、過マンガン酸カリウムの方が強い酸化力を持つため、色が薄くなる ・殺菌剤、消臭剤、染料に利用	・低い温度で分解するため、市販品は水溶液となっている

※比重は2.5〜2.7程度ですが、個々の数値を覚える必要はありません。

(9) 重クロム酸塩類

重クロム($H_2Cr_2O_7$)の水素Hが、金属または他の陽イオンに置き換わったもの。

【例】 重クロム酸アンモニウム $(NH_4)_2Cr_2O_7$ 重クロム酸カリウム $K_2Cr_2O_7$

> ポイント 強酸である。橙黄色や橙赤色など、他の第1類(多くは無色の結晶)と比べ色に特徴がある。

▼重クロム酸塩類

物品名 化学式	重クロム酸アンモニウム $(NH_4)_2Cr_2O_7$	重クロム酸カリウム $K_2Cr_2O_7$
形状	橙黄色の結晶	橙赤色の結晶
比重	1より大きい※	
溶解性	水、エタノール	水
潮解性 吸湿性	特になし	
性質	加熱すると窒素を発生	500℃以上で分解し酸素を発生
危険性	可燃物、有機物との混合は衝撃や摩擦で爆発の恐れ	強力な酸化剤なので、有機物や還元剤との混合で発火・爆発の恐れ
火災予防法	・加熱、摩擦、衝撃を避ける ・有機物と隔離 ・容器は密栓	
消火法	注水	

注水消火

※ 比重は2.2 〜 2.7程度ですが、個々の数値を覚える必要はありません。

第3章 危険物の性質ならびにその火災予防および消火の方法

1類

（10）その他のもので政令で定めるもの

▼その他のもので政令で定めるもの

物品名 化学式	三酸化クロム CrO_3	二酸化鉛 PbO_2	亜硝酸ナトリウム $NaNO_2$	次亜塩素酸カルシウム（高度さらし粉） $Ca(ClO)_2 \cdot 3H_2O$
形状	暗赤色の針状結晶	黒褐色の粉末	白色、淡黄色の固体	白色の粉末
比重	1より大きい※			
溶解性	水、希エタノール	酸、アルカリ	水	
潮解性 吸湿性	潮解 吸湿	特になし	吸湿	吸湿
性質	強酸化剤で、加熱すると250℃で分解し酸素を発生	・金属並みの導電率で、電極にも用いられる	・水溶液はアルカリ性。酸で分解し三酸化二窒素 N_2O_3 を発生	・水と反応して塩化水素を発生 ・空気中で次亜塩素酸を遊離し強い塩素臭がある
危険性	・有毒で皮膚を腐食する ・水を加えると腐食性が強い酸になる ・アルコール、ジエチルエーテル、アセトンなどと接触すると爆発的に発火することがある	・毒性が強い ・光分解や加熱で酸素を発生 ・塩酸に溶かすと塩素を発生	・可燃物と混合されると発火し急激に燃焼することがある ・アンモニア塩類、シアン化合物との混合で爆発の恐れがある	・光や熱で急激に分解 ・水溶液は容易に分解し酸素を発生 ・アンモニア、アンモニア塩類との混合は爆発の恐れがある
火災予防法	可燃物、アルコールなどとの接触を避ける	加熱を避ける	・加熱、摩擦、衝撃を避ける ・異物混入を避ける ・容器は密栓	
消火法	注水			
補足事項				プールの消毒に利用される

※ 比重は、二酸化鉛が9.4、それ以外は2.1～2.7程度ですが、個々の数値を覚える必要はありません。

▼その他のもので政令で定めるもの（続き）

物品名 化学式	ペルオキソ二硫酸カリウム $K_2S_2O_8$
形状	白色の結晶または粉末
比重	2.5（1より大きい）
溶解性	熱水（水にはわずかに溶ける）　**注意** 水に溶けない訳ではありません
性質	加熱すると100℃で分解し酸素を発生
危険性	・非常に燃焼促進性が強い。可燃物と混合すると発火しやすく、激しく燃焼
火災予防法	・乾燥状態で冷暗所に保存する ・容器は密栓する ・可燃物などとの接触を避ける
消火法	注水

3 知っておくと便利な特性まとめ　重要度 ★★★

試験で正解を導くために知っておくと便利な特性をまとめます。

(1) 水に溶けにくい物品

<u>色文字の下線付き斜体の物品</u>は、水に溶けないもしくは溶けにくいものです（水にわずかに溶ける物品は、水に溶けるものに含めます）。

<u>太い黒字の下線付きの物品</u>は、水と反応してしまう物品です。

第1類の多くは水に溶けやすいと理解した上で、少数派である水に溶けにくい物品だけを押さえておくと便利です。

品　名	物　品　名
塩素酸塩類	<u>塩素酸カリウム</u>、塩素酸ナトリウム、塩素酸アンモニウム、塩素酸バリウム
過塩素酸塩類	<u>過塩素酸カリウム</u>、過塩素酸ナトリウム、過塩素酸アンモニウム
無機過酸化物	**<u>過酸化カリウム</u>**、**<u>過酸化ナトリウム</u>**、**<u>過酸化マグネシウム</u>** <u>過酸化カルシウム</u>、<u>過酸化バリウム</u>（無機過酸化物は、水と反応してしまうか、水に溶けないかのいずれかです）
亜塩素酸塩類	亜塩素酸ナトリウム
臭素酸塩類	臭素酸カリウム
硝酸塩類	硝酸カリウム、硝酸ナトリウム、硝酸アンモニウム

よう素酸塩類	よう素酸ナトリウム、よう素酸カリウム
過マンガン酸塩類	過マンガン酸カリウム、過マンガン酸ナトリウム
重クロム酸塩類	重クロム酸アンモニウム、重クロム酸カリウム
その他	三酸化クロム、<u>二酸化鉛</u>、亜硝酸ナトリウム、<u>次亜塩素酸カルシウム</u>（水と反応）、ペルオキソ二硫酸カリウム

(2) 色が特徴的な物品

　第1類の危険物の多くは、無色や白の結晶（もしくは粉末）です。次の表に示す色を持つ物品を知っておくと便利です。

代表的形状	色などに特徴ある物品（カッコ内が色）
無色や白の結晶か粉末	過酸化カリウム（オレンジ）、過酸化ナトリウム（黄白色）、過酸化バリウム（灰白色）、過マンガン酸カリウムと過マンガン酸ナトリウム（赤紫色）、重クロム酸アンモニウム（橙黄色）、重クロム酸カリウム（橙赤色）、三酸化クロム（暗赤色）、二酸化鉛（黒褐色）

(3) 毒性がある物品

物品名
過酸化バリウム、亜塩素酸ナトリウム（有毒な二酸化塩素を発生）、三酸化クロム、二酸化鉛

　もし、分からない問題に遭遇したとき、以上の内容を知っておくと、個々の物品のくわしい特性を知らなくても正解できたり、消去法で絞り込んで正解にたどり着けたりします。

練習問題　次の問について、○×の判断または空欄を埋めてみましょう。

■ 第1類に共通する特性

(1) 第1類の危険物は、分解を抑制するために保護液に保存されているものもある（○・×）。

(2) 第1類の危険物の中には、分解を防ぐために水で湿らせて貯蔵するものがある（○・×）。

(3) 第1類の危険物には、水と反応して可燃性ガスが生じるものがある（○・×）。

(4) 一般に、第1類の火災を抑制するには、注水により（　A　）性物質の温度を（　B　）以下にすればよい。ただし、無機過酸化物は水と反応して（　C　）を発生するので注水は避けて（　D　）や粉末消火剤などを用いる。

■ 塩素酸塩類

(5) 塩素酸カリウムの火災に対して、注水は適さない（○・×）。

(6) 塩素酸ナトリウムは、水およびアルコールに溶ける（○・×）。

■ 過塩素酸塩類

(7) 過塩素酸カリウムは、塩素酸カリウムに比べると、可燃性物質との混合による危険性はやや低い（○・×）。

(8) 過塩素酸ナトリウムは水に溶けやすく潮解性がある（○・×）。

■ 無機過酸化物

(9) 過酸化カリウムによる火災の消火には、注水が有効である（○・×）。

(10) 過酸化カルシウム、過酸化マグネシウムは、酸と混合すると過酸化水素が生じる（○・×）。

■ 硝酸塩類

(11) 硝酸カリウムは、黒色火薬の原料の1つである（○・×）。

(12) 硝酸ナトリウムは潮解性が強い（○・×）。

(13) 硝酸アンモニウムは水に溶けるが、その際に発熱する（○・×）。

(14) 硝酸アンモニウムはアルカリ性の物質と反応してアンモニアが生じる（○・×）。

■ 重クロム酸塩類

(15) 重クロム酸アンモニウムは、水には溶けないがエタノールによく溶ける（○・×）。

(16) 重クロム酸カリウムは、水にもエタノールにも溶ける（○・×）。

■ その他のもので政令で定めるもの（重要なもの）

(17) 三酸化クロムは、白い粉末で水に溶けにくい（○・×）。

(18) 二酸化鉛は水によく溶ける（○・×）。

(19) 二酸化鉛は無色の粉末である（○・×）。

解答 ••

■ 第1類に共通する特性

(1)　×　第1類には、保護液中に保管されるものはありません。知っておくとよいでしょう。

(2)　×　第1類には、水で湿らせて貯蔵するものはありません。

(3)　×　第1類の無機過酸化物（特にアルカリ金属の過酸化物）は、水と反応して酸素を生じますが、可燃性ガス（水素、メタンなど）は生じません。

(4)　A：酸化　B：分解温度　C：酸素　D：乾燥砂

■ 塩素酸塩類

(5)　×　無機過酸化物以外は、基本的に注水が適応します。

(6)　○

■ 過塩素酸塩類

(7)　○

(8)　○

■ 無機過酸化物

(9)　×　第1類の多くは、注水が有効ですが、無機過酸化物（過酸化○○とよばれるもの）だけは、水と激しく反応して酸素（水素などの可燃性ガスではありません！）を生じますので、注水は不可です。『過酸化○○は注水不可』と理解しておきましょう。

(10)　○

■ 硝酸塩類

(11)　○

(12)　○

(13)　×　少し難易度の高い問題です。硝酸アンモニウムは水に溶けるのは正しいですが、その際に「熱を吸収（吸熱）します」。

(14)　○

■ 重クロム酸塩類

(15)　×　水にも溶けます。

(16)　×　重クロム酸カリウムは、水に溶けますがエタノールには溶けません。

■ その他のもので政令で定めるもの（重要なもの）

(17)　×　暗赤色の針状結晶で水によく溶けます。

(18)　×　水に溶けません。

(19)　×　黒褐色の粉末です。

演習問題3-2　**第1類の問題**

問　題

問題1

第1類の危険物について、誤っているものはいくつあるか。

A： 保護液として水中に保存されるものがある。
B： それ自身は不燃性である。
C： 水と反応して可燃性ガスを生じるものがある。
D： 酸化されやすいものとの混合により発火や爆発する危険性がある。
E： 非水溶性の液体である。

(1) 1つ　　(2) 2つ　　(3) 3つ　　(4) 4つ　　(5) 5つ

問題2

第1類のすべてに共通する貯蔵・取扱方法で、誤っているものはどれか。

(1) 水との接触を避ける。
(2) 強酸類との接触を避ける。
(3) 密封して冷暗所に貯蔵する。
(4) 火気、加熱、摩擦を避ける。
(5) 可燃物との接触を避ける。

問題3

第1類の危険物の性状について、誤っているものはどれか。

(1) 塩素酸ナトリウム………潮解性がある
(2) 過塩素酸カリウム………加熱すると分解して酸素を放出する
(3) 過酸化カリウム…………水と作用して酸素を発生する
(4) 硝酸カリウム……………黒色火薬の原料である
(5) 塩素酸ナトリウム………オレンジ色の粉末である

問題4

次の空欄A〜Cに当てはまる語句の組合せで正しいものはどれか。

『第1類の危険物による火災は、分解して生じた「　A　」が可燃物を「　B　」することで生じる。そのため、消火には大量の水を用いて第1類の危険物を「　C　」以下にすればよい。ただし、「　D　」には注水は適用できない。』

	A	B	C	D
(1)	水素	還元	引火点	硝酸塩類
(2)	酸素	酸化	分解温度	無機過酸化物
(3)	水素	還元	分解温度	硝酸塩類
(4)	酸素	酸化	引火点	無機過酸化物
(5)	酸素	酸化	発火点	過塩素酸塩類

問題5

塩素酸カリウムの性状として、誤っているものはどれか。

(1) 赤りん、硫黄と接触すると、衝撃などで爆発する恐れがある。
(2) 水によく溶ける。
(3) アンモニアと混合すると不安定な塩素酸塩を生じ、自然爆発する恐れがある。
(4) 比重は1より大きい。
(5) 注水による消火が適する。

問題6

塩素酸ナトリウムの性状として、誤っているものはどれか。

(1) 水には溶けるがアルコールには溶けない。
(2) 潮解性がある。
(3) 加熱すると約300℃で分解して酸素を発生する。
(4) 無色の結晶である。
(5) 可燃物と混合すると衝撃などで爆発する危険性がある。

問題7

過塩素酸塩類の性状として、誤っているものはどれか。

(1) 硫黄、赤りんなどの可燃性物質と混合したものに衝撃を加えると、爆発する恐れがある。
(2) 過塩素酸カリウムは、水には溶けにくい。
(3) 過塩素酸ナトリウムは、水によく溶け、潮解性がある。
(4) 過塩素酸アンモニウムの比重は1を超える。
(5) 注水による消火ができない。

問題8

過塩素酸カリウムの性状として、誤っているものはどれか。

(1) 水に溶けにくい。
(2) 強い酸化力を有する。
(3) 比重は1を超える。
(4) 加熱すると分解し、400℃程度で主に塩素とカリウムを生じる。
(5) 無色の結晶である。

問題9

過塩素酸アンモニウムの性状として、誤っているものはどれか。

(1) エーテルには溶けない。
(2) 水、エタノール、アセトンに溶ける。
(3) 分解温度になると分解して酸素を放出し、自己燃焼する。
(4) 注水による消火が適応する。
(5) 潮解性はない。

問題10

過酸化カリウムの性状として、誤っているものはどれか。

(1) オレンジ色の粉末である。
(2) 吸湿性・潮解性を有する。
(3) 消火時は、注水を避け、乾燥砂などを用いる。

(4) 有機物などから隔離し、容器を密栓して貯蔵する。

(5) 水と反応し、水素を生ずる。

問題11

硝酸ナトリウムの性状として、誤っているものはどれか。

(1) 潮解性がある。

(2) 無色の結晶である。

(3) 水に溶けない。

(4) 比重は1を超える。

(5) 加熱すると分解して酸素を放出する。

問題12

二酸化鉛の性状として、誤っているものはどれか。

(1) 毒性がある。

(2) 黒褐色の粉末である。

(3) 水によく溶ける。

(4) 導電性がある。

(5) 加熱すると分解して酸素を放出する。

問題13

三酸化クロムの性状として、誤っているものはどれか。

(1) 潮解性がある。

(2) 暗赤色の針状結晶である。

(3) 有毒で皮膚を腐食させる。

(4) 注水による消火が適応する。

(5) 水との接触を避けるために、アルコール中に貯蔵する。

解 答 ・ 解 説

問題1

解答 (3)

A、C、Eが誤りです。理由は次の通りです。

A：第1類で保護液に貯蔵されるものはありません。C：無機過酸化物は水と反応しますが、生じるのは可燃性ガスではなく「酸素」です。E：第1類は酸化性固体ですので、そもそも液体はありません。

問題2　　　　　　　　　　　　　　　　　　　　解答（1）

第1類の無機過酸化物を除いて、多くの物品は水による消火が適しています。よって、（1）が誤りです。

問題3　　　　　　　　　　　　　　　　　　　　解答（5）

塩素酸ナトリウムは無色の結晶です。第1類は無色の結晶や粉末が多い。色があるものだけを覚えておくと、この手の問題には完璧に対応できますが、覚えていなくても「多くは無色の結晶」と理解しておけば、正解できる可能性が高い。

問題4　　　　　　　　　　　　　　　　　　　　解答（2）

第1類は、加熱などにより分解し酸素を放出して可燃物を酸化します。そのため、注水して分解温度以下にすれば、火災を抑制できます。ただし、無機過酸化物（過酸化○○とよばれるもの）は、水と反応して分解して酸素を放出するので、注水による消火はできません。

問題5　　　　　　　　　　　　　　　　　　　　解答（2）

塩素酸カリウムは、水に溶けにくい（熱水には溶けます）。

問題6　　　　　　　　　　　　　　　　　　　　解答（1）

塩素酸ナトリウムは水、アルコールに溶けます。アルコールに溶けることを知らなくても、選択肢（3）〜（5）は第1類の多くに共通する内容なので、消去法で正答できる可能性が高い問題です。「○○℃で分解して酸素を放出する」という共通の性質においては、分解温度が正しいかが問われることは、ほとんどないと思われます（○○℃の部分は気にしなくてもよいと思います）。

問題7　　　　　　　　　　　　　　　　　　　　解答（5）

過塩素酸塩類の消火は、大量の注水が適します。第1類で注水ができないのは、「無機過酸化物」で、「過酸化○○」とよばれるものだけであることを知っておけば正答できます。

問題8

塩素酸カリウムが分解すると、主に酸素を放出します。塩素とカリウムに分解する訳ではありません。第1類の基本は、分解して酸素O_2を放出することです。

問題9
解答（3）

第1類は、分解温度になると分解して酸素を放出するのが特徴です。自身は燃焼しません。第1類の共通特性を知っていれば正答できます。

問題10
解答（5）

第1類の無機過酸化物（過酸化○○）は、水と作用して水素を発生しません。発生するのは酸素です。この点だけを知っておけば、選択肢（1）〜（4）の内容を知らなくても正答が可能な問題です。水と作用して水素を発生するのは、第3類のアルカリ（土類）金属、第2類の金属粉などです。

問題11
解答（3）

硝酸ナトリウムは水によく溶けます。第1類の○○ナトリウムとよばれるものは、すべて水に溶けると覚えておくとよいでしょう（過酸化ナトリウムは、水に溶ける前に水と反応して酸素を放出します）。その他、第1類は水に溶けるものが多い。水に溶けにくいものとして、塩素酸カリウム（熱水には溶ける）、過塩素酸カリウム、二酸化鉛を知っておけばよいでしょう（それ以外はほとんどのものが水に溶ける）。

問題12
解答（3）

二酸化鉛は水に溶けません。第1類で出題されやすい物品の中で、水に溶けないもしくは溶けにくいのは、塩素酸カリウム、過塩素酸カリウム、二酸化鉛が代表的です。

問題13
解答（5）

そもそも第1類は酸化性固体ですので、アルコール他、可燃性物質や有機物との接触は厳禁です。実は、三酸化クロムの個別の特性を知らなくても、正答できます。

3-3 第2類の危険物

第2類は**可燃性固体**です。火炎によって着火しやすい、あるいは比較的低温で引火しやすい特性を持った固体です。それ自身または燃焼ガスが有毒のものもあります。

これだけは覚えよう！

- 第2類の代表的な品名は、「硫化りん」「赤りん」「硫黄」「鉄粉」「金属粉」「マグネシウム」「引火性固体」です。
- 低温で着火しやすい可燃性物質で、燃焼が速く、有害ガスを発生するものがあります。
- 酸化剤（第1類、第6類、空気など）との接触や混合は、打撃などで爆発の危険があります。
- 微粉状のものは粉じん爆発の危険性があります。
- 水や酸との接触で可燃性ガス（水素）を発生するものがあります。

1 第2類に共通の事項 重要度 ★★★

第2類に共通の特性、火災予防法、消火法をまとめます。

▼第2類の共通の特性

特　性	・可燃性の固体であり、酸化されやすい ・一般に、比重は1より大きい ・低温で着火しやすく、燃焼が速いため、消火が困難 ・有毒なものや、燃焼して有毒ガスを生じるものがある ・酸化剤との接触や混合は、打撃や摩擦などで爆発の恐れがある ・微粉状のものは粉じん爆発の危険性がある ・水や酸との接触により、可燃性ガス（水素）を生じるものがある ・酸だけでなくアルカリとも反応して水素を生じるものがある 　（両性元素であるアルミニウム粉および亜鉛粉）
火災予防法	・炎、火花、高温源などに近づけない ・防湿に注意し、密栓して冷暗所に貯蔵する ・鉄粉、金属粉、マグネシウムなどは、水や酸と接触させない ・粉じん爆発の恐れがある場合、「換気」「静電気蓄積防止」「使用する電気設備を防爆構造にする」「不活性ガスを封入する」などの対策をとる

307

(続き)

消火法	水と反応して可燃性ガスや有毒ガスを生じる物品： 乾燥砂などで窒息消火
	硫化りん（水と反応して有毒ガスを発生）、鉄粉、金属粉、マグネシウムなど（水と反応して水素を発生）、水と反応する物品には水系の消火剤（注水、泡、強化液）を使わない
	引火性固体：泡、粉末、二酸化炭素などで窒息消火
	引火性固体は、蒸発した可燃性蒸気が周囲空気と混合して燃焼するため、蒸発燃焼である。よって、第4類（引火性液体）の火災と同じように、窒息消火や抑制消火で消火する
	上記以外の物品（赤りん、硫黄）：注水による冷却消火
	赤りんと硫黄は水と反応せず、注水による冷却消火がよい。

2 品名ごとの特性　　重要度 ★★

(1) 硫化りん

　りん（P）の硫化物であり、りん（P）硫黄（S）の組成比により「三硫化りん」「五硫化りん」「七硫化りん」などに区分されます。

【例】　三硫化りん P_4S_3　　　五硫化りん P_2S_5　　七硫化りん P_4S_7

> ポイント　水や熱湯などと反応して有毒な硫化水素（H_2S）を発生するので、注水消火は適用できない。

▼硫化りん

物品名 化学式	三硫化りん P_4S_3	五硫化りん P_2S_5	七硫化りん P_4S_7
形状	黄色または淡黄色の結晶		
比重 融点 沸点	2.03 172.5℃ 407℃	2.09 290.2℃ 514℃	2.19 310℃ 523℃
	・比重は1より大きい（約2） ・比重、融点、沸点ともに「三硫化りん＜五硫化りん＜七硫化りん」の順に高くなる		
溶解性	二硫化炭素		
	ベンゼン	―	―
性質・ 危険性	・水、熱水と作用して有毒で可燃性の硫化水素 H_2S を発生（三硫化りんは冷水とは反応しない） ・燃焼すると二酸化硫黄（SO_2）などの有毒ガスを発生する		

火災予防法	・加熱、摩擦、衝撃を避ける ・水分と接触させない ・容器は密栓し、換気のよい冷暗所に保管		
消火法	・乾燥砂または不活性ガス（CO₂など）消火剤 ・水の使用は厳禁		
その他	100℃で発火する		

  　※グレーの数値を覚えなくてもOK。順序が並んでい
　　　　　　　　　　　　　　　　　　　　ることを理解しておきましょう

（2）赤りん

　赤りんは、第3類の黄りんと同素体であり、マッチの材料などに用いられている。
黄りんを窒素雰囲気中で250℃付近で数時間加熱すると生成されます。

> ポイント　赤褐色の粉末で無臭無毒であるが、燃焼すると有毒なりん酸化物
> を発生する。

▼赤りん

物品名 化学式	赤りん P
形状	赤褐色の粉末
比重	1より大きい（2.1 ～ 2.3）
溶解性	特になし（水、二硫化炭素、ベンゼンに溶けない）
性質・ 危険性	・1気圧において、約400℃で昇華する ・260℃で発火して酸化りん（十酸化四りんなどのりん酸化物）になる ・マッチ側面の材料に用いられる ・臭気も毒性もない（ただし、燃焼生成物であるりん酸化物は有毒である） ・粉じん爆発することがある ・黄りん（第3類：自然発火しやすい）から作られるため、黄りんを含んだ 　不良品は、自然発火する危険がある
火災予防法	・火気を避ける ・酸化剤との混合を避ける ・容器は密栓し、冷暗所に保管
消火法	注水消火

 　※赤りんは、第3類の黄りんとの違いを理解しているかを問
　　　　　　　　　　　　　　う問題が出題されます。第3類の黄りん（p.323）の特性も
　　　　　　　　　　　　　　チェックしておくとよいでしょう。

（3）硫黄

硫黄は、斜方硫黄、単斜硫黄、ゴム状硫黄などがあります。

> **ポイント** 黄色の粉末で、燃焼すると有毒な二酸化硫黄 SO_2 を発生する。静電気が蓄積しやすく、粉末は粉じん爆発の危険性がある。

（4）鉄粉

目開き53μmの網ふるいを通過するものが50％未満のものは（粒径が大きいものは）、鉄粉から除外されます。

> **ポイント** 酸に溶けて水素を発生する。酸、可燃物、火気、水分との接触を避け、火災時は乾燥砂などで窒息消火する。

▼硫黄と鉄粉

物品名 化学式	硫黄 S	鉄粉 Fe
形状	黄色の固体（斜方硫黄、単斜硫黄、ゴム状硫黄などの同素体がある）	灰白色の金属結晶、粉末
比重	1より大きい（1.8）	1より大きい（7.9）
溶解性	二硫化炭素によく溶ける。エタノール、ジエチルエーテル、ベンゼンにわずかに溶ける	
性質・危険性	・融点が低く（115℃）、火災時に流出しやすい ・青い炎を出して燃焼し、有毒な二酸化硫黄（SO_2）を生じる ・粉末状で飛散すると粉じん爆発の恐れがある ・電気の不良導体で、摩擦などで静電気が生じやすい ・融解しやすいため、溶融状態で保存することがある ・クラフト紙、麻袋に詰めて貯蔵できる ・黒色火薬、硫酸の原料になる	・酸に溶けて水素を発生。アルカリとは反応しない ・油の染みた切削屑は、自然発火する恐れがある ・微粉状のものは粉じん爆発する恐れがある ・燃焼すると酸化鉄 Fe_2O_3 になる
火災予防法	・硫化りんに準ずる ・静電気対策をする	・酸との接触を避ける ・火気や加熱を避ける ・湿気を避け、容器は密封する
消火法	水と土砂で流動を防ぎながら消火	・乾燥砂、膨張真珠岩（パーライト）などで窒息消火

(5) 金属粉

　消防法上の金属粉は、アルミニウム粉と亜鉛粉を指します※。ただし、目開きが150μmの網ふるいを通過するものが50%未満のものは除外されます。

※ くわしくは、『アルカリ金属（Li、K、Naなど）、アルカリ土類金属（Ca、Baなど）、鉄、マグネシウム以外の金属の粉であり、銅粉、ニッケル粉および目開きが150μmの網ふるいを通過するものが50%未満のものは危険物から除外される』と定義されます。

> **ポイント** 酸およびアルカリの両方に溶けて水素を発生する。火災時は乾燥砂や金属火災用消火剤で消火する。

(6) マグネシウム

　消防法上、マグネシウムは目開きが2mm（＝2000μm）の網ふるいを通過しない塊状のものおよび直径2mm以上の棒状のものは除外されます。

> **ポイント** 酸に溶けて水素を発生する。酸、可燃物、火気、水分との接触を避け、火災時は乾燥砂などで窒息消火する。

▼金属粉とマグネシウム

物品名 化学式	アルミニウム粉 Al	亜鉛粉 Zn	マグネシウム Mg
形状	銀白色の粉末	灰青色の粉末	銀白色の結晶
比重	1より大きい		
	2.7（軽金属）	7.1	1.7（軽金属）
融点	660℃	419.5℃	649℃
性質・危険性	・酸・アルカリと反応し水素を発生 ・水と徐々に反応し水素を発生 ・空気中の水分およびハロゲン元素と接触し、自然発火する恐れがある ・微粉状のものは粉じん爆発する恐れがある　**粉塵爆発** ・燃焼すると酸化物になる（Alは酸化アルミニウム，Znは酸化亜鉛）		・点火すると白光を放ち激しく燃焼し、酸化マグネシウムになる ・希薄な酸、熱水と反応し水素を発生（冷水とも徐々に反応し水素を発生） ・空気中の水分と反応し、自然発火する恐れがある ・酸化剤と混合すると加熱や衝撃で爆発する恐れがある

第3章　危険物の性質ならびにその火災予防および消火の方法

2類

（続き）

物品名 化学式	アルミニウム粉 Al	亜鉛粉 Zn	マグネシウム Mg
火災予防法	・酸化剤と混合させない ・水分およびハロゲン元素との接触を避ける ・火気や加熱を避ける ・容器は密封する		・酸化剤との接触を避ける ・水分との接触を避ける ・火気を近づけない ・容器は密栓し冷暗所に保存
消火法	・乾燥砂 ・金属火災用消火剤（注水厳禁）		禁水　乾燥砂
補足事項		硫黄と反応させる と硫化亜鉛を生成	

（7）引火性固体

　固形アルコール、その他1気圧において引火点が40℃未満のもの。常温（20℃）で可燃性蒸気を発生するため、引火の危険性があります。

▼引火性固体

物品名	固形アルコール	ゴムのり	ラッカーパテ
形状	乳白色のゼリー状	のり状の固体	ペースト状の固体
性質	メタノールやエタノールを凝固剤で固めたもの	・生ゴムを石油系溶剤（ベンジンなど）に溶かした接着剤 ・水に溶けない ・蒸気を吸うと、頭痛、めまいなどを起こす	・下塗り用塗料で、溶剤などからなる ・蒸気を吸うと有機溶剤中毒を起こす
危険性	常温程度以下で可燃性蒸気を生じるため、引火しやすい		
火災予防法	・容器に入れ密栓し、換気のよい冷暗所に保存 ・火気を近づけない		
消火法	泡、二酸化炭素、粉末消火剤が有効		

ポイント 引火性固体は、固体自身が直接燃えるのではなく、固体から生じた可燃性蒸気が、引火・燃焼します。第4類の火災と同様に、泡、二酸化炭素、粉末、ハロゲン化物消火剤による窒息消火が有効。

3　知っておくと便利な特性まとめ　重要度 ★★★

試験で正解を導くために知っておくと便利な特性をまとめます。

（1）水と反応してガスを発生する物品

物品名	発生ガス
硫化りん［三硫化りん（熱水と反応）、五硫化りん、七硫化りん］	硫化水素 H_2S
金属粉（アルミニウム粉、亜鉛粉）、マグネシウム	水素 H_2

（2）酸またはアルカリに溶けてガスを発生する物品

溶液	溶ける物品		発生ガス
酸	鉄粉、マグネシウム	金属粉（アルミニウム粉、亜鉛粉）	水素 H_2
アルカリ			

　水素よりもイオン化傾向が大きい金属（図に示すイオン化列において、水素Hよりも左側にある金属）は、酸と反応して水素を発生します。

▼イオン化列

イオン化傾向「大」、反応しやすい、「錆びやすい」

こうりし かりよう か な ま あ あて に す な ひ ど す ぎる しゃっ きん
Li K Ca Na Mg Al Zn Fe Ni Sn Pb (H) Cu Hg Ag Pt Au
リチウム カリウム カルシウム ナトリウム マグネシウム アルミニウム あえん てつ（鉄） ニッケル スズ なまり（鉛） Hydrogen どう（銅） すいぎん（水銀） ぎん（銀） はっきん（白金） きん（金）

　また、両性元素とよばれる金属は、酸だけでなくアルカリとも反応して水素を発生します。第2類の『アルミニウム粉と亜鉛粉』が両性元素に該当します。これらは、アルカリとも反応して水素を出します。語呂合わせでイオン化列を覚えておくと便利です。

（3）色や形状が特徴的な物品

　第2類は色付きのものばかりです。よって、「無色の固体である」などと問われたら誤りです。その他、特徴的な色を知っておくと有用です。

代表的形状	色などに特徴ある物品（カッコ内が色）
色付きの物品が多い	硫化りんや硫黄（黄や黄淡色）、赤りん（赤褐色）、鉄粉（灰色）、アルミニウム粉やマグネシウム（銀白色）、亜鉛粉（灰青色）

練習問題　次の問について、○×の判断をしてみましょう。

(1) 第2類の危険物は、水と接触して可燃性ガスを生じるものがあるが、有毒ガスを生じるものはない。

(2) 第2類は、すべて固体の無機物質であり、その燃焼速度は遅い。

(3) 第2類は、比重が1以上で、水に溶けるものが多い。

(4) 第2類は、酸化剤と混合すると、衝撃や摩擦などで爆発の恐れがある。

(5) 第2類は、酸に溶けて水素を出すものがあるが、アルカリに溶けて水素を出すものはない。

(6) 第2類には、水と反応してアセチレンを発生するものがある。

(7) アルミニウム粉の火災消火には、乾燥砂をかけて激しく撹拌するのが有効。

(8) 三硫化りん、五硫化りんは、いずれも水と二硫化炭素によく溶ける。

(9) 硫化りんは、水（または熱湯）と作用して、りん化水素を発生する。

(10) 赤りんは、常圧では100℃で昇華する。

(11) 赤りんを微粉状で空気中に撹拌させると、粉じん爆発する恐れがある。

(12) 赤りんは黄りんの同位体であり、一般に黄りんよりも不安定で危険性が高い。

(13) 赤りんが燃焼すると、毒性のないりん酸化物が生じる。

(14) 硫黄は、基本的に黄色の固体であり、水には溶けず、二硫化炭素に溶ける。

(15) 硫黄は電気をよく通す。

(16) 鉄粉は、酸およびアルカリに溶けて水素を発生する。

(17) 油の染みた鉄粉（切削屑など）は、自然発火することがある。

(18) 鉄粉が燃焼すると、白っぽい灰になる。

(19) アルミニウム粉は、塩酸と反応して水素を発生するが、水酸化ナトリウム溶液とは反応しない。

(20) 引火性固体の引火点は、すべて40℃以上である。

(21) 引火性固体は、主に蒸発した可燃性蒸気が周囲空気と混合して燃焼する。

(22) 固形アルコールによる火災の消火には、粉末消火剤は有効である。

解答 ••

(1) × 硫化りん、赤りん、硫黄など、燃焼して有毒ガスを生じるものがあります。

(2) × 引火性固体など、有機物質も含まれます。また、一般に燃焼速度は速い。

(3) × 一般に、比重は1以上ですが、水に溶けないものが多い。

(4) ○

(5) × 酸だけでなく、アルカリに溶けて水素を出す物品もあります（アルミニウム粉、亜鉛粉）。

(6) × 水と反応してアセチレンを生じるのは、第3類の炭化カルシウムCaC_2です。第2類が水などと反応して生じるのは主に水素です（硫化水素などを生じるものもある）。

(7) × 鉄粉、金属粉などの火災の消火には、乾燥砂による窒息消火が有効ですが、『撹拌する』と窒息効果が得られないので、誤りです。

(8) × 三硫化りんは、水には溶けません。五硫化りんは水に溶解するのではなく、反応してしまいます。

(9) × りん化水素ではなく、硫化水素を発生します。

(10) × 赤りんは約400℃で昇華します。

(11) ○

(12) × 同位体ではなく同素体です。また、黄りんの方が不安定です。

(13) × 燃焼するとりん酸化物が生じることは正しいですが、人体に有害です。燃焼前の赤りん自体は、無害ですが、燃焼すると有害ガスを生じることに注意しましょう。

(14) ○

(15) × 硫黄は、電気の不良導体です。そのため、摩擦などで静電気が蓄積しやすい。

(16) × 鉄粉はアルカリには溶けません（アルカリに溶けるのはアルミニウムと亜鉛）。

(17) ○

(18) × 鉄が燃焼すると酸化鉄になりますが、白くはありません（鉄さびをイメージすると分かりやすい。酸化鉄は黒や赤褐色です）。

(19) × アルミニウムと亜鉛は、酸だけでなくアルカリとも作用して水素を発生します。この問題の「水酸化ナトリウム」はアルカリです。

(20) × 引火点は40℃未満です。

(21) ○ 引火性固体自体が燃焼するのではなく、蒸発した可燃性ガスが燃焼します。

(22) ○ 基本的に第4類と同様に「泡、二酸化炭素、粉末消火剤」などが有効です。

演習問題3-3　**第2類の問題**

問　　題

問題1

第2類の危険物について、誤っているものはいくつあるか。

A：水と接触して、酸素および有毒ガスを生じるものがあるが、可燃性ガスを発生させるものはない。

B：比重は1を超え、水に溶けないものが多い。

C：粉じん爆発を起こしやすい物品が含まれる。

D：いずれも、酸化性の固体である。

E：空気中の水分と反応して発火するものがある。

（1）1つ　　（2）2つ　　（3）3つ　　（4）4つ　　（5）5つ

問題2

次のうち、水や熱水と反応して可燃性ガスを生じる物品はいくつあるか。

マグネシウム、五硫化りん、固形アルコール、硫黄、ゴムのり、赤りん

（1）1つ　　（2）2つ　　（3）3つ　　（4）4つ　　（5）5つ

問題3

第2類の危険物に共通する火災予防法として、誤っているものはどれか。

（1）冷暗所に貯蔵する。

（2）微粉状の物を扱う場合は、みだりに粉じんを堆積させない。

（3）還元剤との接触を避ける。

（4）引火性固体においては、みだりに蒸気を発生させない。

（5）火気、加熱を避ける。

問題4

硫化りんの性状として、誤っているものはいくつあるか。

A：黄色（黄色または淡黄色）の固体である。

B： 加熱すると昇華する。

C： 水または熱湯と反応して可燃性ガスを生じる。

D： 燃焼すると、有毒なガスを発生する。

E： 五硫化りんは、水と作用して有毒なりん化水素を発生する。

(1) 1つ　　(2) 2つ　　(3) 3つ　　(4) 4つ　　(5) 5つ

問題5

赤りんの性状として、誤っているものはどれか。

(1) 燃焼すると、有害なりん酸化物を生じる。

(2) 微粉状のものは粉じん爆発する恐れがある。

(3) 約400℃で昇華する。

(4) 赤褐色で猛毒の粉末である。

(5) 黄りんの同素体である。

問題6

硫黄の性状として、誤っているものはどれか。

(1) 融点が低く、115℃程度で融解する。

(2) 粉末状の物は粉じん爆発の恐れがある。

(3) 斜方硫黄、単斜硫黄、ゴム状硫黄などの同素体が存在する。

(4) 固体のため、静電気は蓄積しにくい。

(5) 消火の際は、水と土砂を用いる。

問題7

金属粉による火災の消火方法として、最も適切なものはどれか。

(1) 二酸化炭素消火剤を噴射する。

(2) 泡消火剤を放射する。

(3) 乾燥砂で覆う。

(4) 大量の水をかける。

(5) ハロゲン化物消火剤を噴射する。

問題8 ☑☑☑

マグネシウムの性状として、誤っているものはどれか。

(1) 銀白色の軽金属である。

(2) 空気中の水分を吸湿して発火する恐れがある。

(3) 水とは激しく反応するが、熱湯や酸とは反応しない。

(4) 消火には乾燥砂が適する。

(5) 白光を放って燃焼し、酸化マグネシウムになる。

問題9 ☑☑☑

亜鉛粉の性状として、誤っているものはどれか。

(1) 酸と反応して水素を生じるが、アルカリとは反応しない。

(2) ハロゲン元素との接触により発火する恐れがある。

(3) 湿気がある空気中で自然発火する恐れがある。

(4) 粒径が小さいものほど、燃焼しやすい。

(5) 硫黄と混合して加熱すると、硫化亜鉛を生じる。

問題10 ☑☑☑

引火性固体について、誤っているものはどれか。

(1) 引火性固体は、固体自身が表面燃焼する。

(2) 引火性固体は、常温（20℃）でも引火するものがある。

(3) 固形アルコールは、アルコールの蒸発を防ぐために密閉して貯蔵する。

(4) ゴムのりの蒸気を吸入すると、めまいなどを起こす恐れがある。

(5) ラッカーパテの蒸気を吸入すると、有機溶剤中毒になる恐れがある。

解 答 ・ 解 説

問題1

解答（2）

A、Dが誤りです。理由は次の通りです。A：水と接触して有毒ガスを生じるもの（硫化りん）や、水素を発生するものがあります（金属粉など）。D：可燃性の固体です。ちなみにEにはアルミニウム粉やマグネシウムが該当します。

問題2　　　　　　　　　　　　　　　　　　　　　　　解答（2）

マグネシウムと五硫化りんが該当します。

問題3　　　　　　　　　　　　　　　　　　　　　　　解答（3）

正しくは、「酸化剤との接触を避ける」です。

問題4　　　　　　　　　　　　　　　　　　　　　　　解答（2）

B、Eが誤りです。理由は次の通りです。B：硫化りんは昇華しません。赤りんが昇華する特性があります。E：五硫化りんを始め、硫化りんが水や熱湯と作用して発生するのは、「硫化水素」です。

問題5　　　　　　　　　　　　　　　　　　　　　　　解答（4）

赤りんは赤褐色の粉末ですが、臭気や毒性はありません。

問題6　　　　　　　　　　　　　　　　　　　　　　　解答（4）

硫黄は電気の不良導体のため、摩擦などにより静電気が生じやすい。

問題7　　　　　　　　　　　　　　　　　　　　　　　解答（3）

金属粉（アルミニウム粉、亜鉛粉）は水と反応して可燃性ガスを生じるので、水系の消火剤は適応しません。また、二酸化炭素消火剤も効果がありません。ハロゲン元素との接触も危険です。基本は、乾燥砂などで覆うことです。

問題8　　　　　　　　　　　　　　　　　　　　　　　解答（3）

マグネシウムは、水とは徐々に、熱湯や酸とは速やかに反応して水素を生じます。

問題9　　　　　　　　　　　　　　　　　　　　　　　解答（1）

第2類の金属粉（アルミニウム粉、亜鉛粉）は、水、酸だけでなくアルカリとも反応して水素を発生します。

問題10　　　　　　　　　　　　　　　　　　　　　　解答（1）

引火性固体は、固体から蒸発した可燃性ガスが周囲空気と混合して可燃性蒸気を形成し、燃焼します。固体の状態で燃えている訳ではありません。

第3類の危険物

第3類は**自然発火性**および**禁水性物質**です。空気や水との接触で、発火や可燃性ガスの放出が起こります。禁水性のものに水や泡系の消火剤は使えません。また、空気中でも激しく反応する物品があるので、保護液中に保存されたり、保存容器内に不活性ガスが封入されるものもあります。

これだけは覚えよう！

・ほとんどが禁水性ですので、それらには水系の消火剤は使えません。
・保護液や不活性ガス中に貯蔵されるものがあります。
・保護液中に貯蔵する危険物は、一部でも保護液から露出させてはいけません。
・基本的に、乾燥砂、膨張ひる石、膨張真珠岩を用いた窒息消火が有効です。
・多くは自然発火性と禁水性の両方の性質を有します。

1 第3類に共通の事項 　　　　重要度 ★★★

第3類に共通の特性、火災予防法、消火法をまとめます。

▼第3類の共通の特性

特　性		・空気や水と反応し、発火する恐れがある ・ほとんどのものは、自然発火性と禁水性の両方の性質を有する 　（例外：黄りんは自然発火性のみ、リチウムは禁水性のみの特性を持つ） ・無機化合物と有機化合物の双方が含まれる	
火災予防法	自然発火性	・空気との接触を避ける ・加熱を避ける ・保護液中に保存する際、危険物を保護液から露出させない	・冷暗所に貯蔵 ・容器は密閉し、破損や腐食に注意する
	禁水性	・水との接触を避ける	
消火法※	自然発火性	水、泡、強化液などの水系の消火剤	乾燥砂 膨張ひる石（バーミキュライト） 膨張真珠岩（パーライト）
	禁水性	粉末消火剤（炭酸水素塩を用いたもの） 水系の消火剤は使用厳禁	

※ すべての第3類危険物には、「二酸化炭素消火剤」と「ハロゲン化物消火剤」が適しません（消火効果が期待できない。もしくは、ハロゲンと激しく反応して有毒ガスを出すため）。よって、「二酸化炭素消火剤」、「ハロゲン化物消火剤」が出題された場合、すべて適さないと考えればOKです。

2　品名ごとの特性　　　重要度　★★

(1) カリウムおよびナトリウム

　カリウムおよびナトリウムは、特に反応しやすいアルカリ金属です。それ以外のアルカリ金属は後述します。

> ポイント　禁水であることに加え、アルコール、ハロゲン元素、空気中の水分とも反応する。灯油の保護液中に沈めて保存する。

▼カリウムとナトリウム

物品名 化学式	カリウム K	ナトリウム Na
形状	銀白色の軟らかい金属	
比重	0.86	0.97
融点	カリウム：63.2℃、ナトリウム：97.8℃で、ともに100℃未満	
溶解性	特になし	
吸湿性	吸湿性	
性質	・水・アルコール※と激しく反応して水素を発生（※ p.352参照） ・空気中の水分とも反応し水素と熱を発生 ・ハロゲン元素と激しく反応 ・強い還元作用を有する ・金属材料を腐食する	
危険性	・水と作用して発熱しつつ水素を発生し、水素とカリウム（またはナトリウム）自体が燃える ・長時間空気に触れると自然発火する恐れがある ・皮膚を侵す	
火災予防法	・水分との接触を避け、乾燥した場所に保存 ・貯蔵する建物の床面は地盤面以上にする（水の侵入防止） ・保護液中に小分けして貯蔵する ・保護液として石油（灯油、流動パラフィンなど）の中に保存する	
消火法	乾燥砂などで窒息消火（注水は厳禁）	
補足事項	融点以上に加熱すると赤紫の炎色反応を起こしつつ燃える	・融点以上に加熱すると黄色の炎色反応を起こしつつ燃える ・反応性はカリウムよりはやや劣る

水、アルコール
水素

禁水

乾燥砂

保護液
石油

(2) アルキルアルミニウムおよびアルキルリチウム

アルキル基※がアルミニウムまたはリチウム原子に結合したもの。

ポイント 水、空気などと反応して可燃性ガスを生じて激しく燃えるため、不活性ガス中に保存される。

▼アルキルアルミニウムとアルキルリチウム

物品名 化学式	アルキルアルミニウム （複数種あり）	ノルマルブチルリチウム （アルキルリチウムの一種） $(C_4H_9)\,Li$
形状	無色の液体（一部は固体）	黄褐色の液体
比重	0.83 ～ 1.23	0.84（水より軽い）
溶解性	ベンゼン、パラフィン系炭化水素（例：ヘキサン）などの溶媒に溶ける	
性質	・アルキル基の炭素数およびハロゲン数が多いほど、水や空気との反応性が低くなる ・ヘキサン、ベンゼンなどの溶剤で希釈すると反応性が低くなる	
危険性	・空気、水と激しく反応して発火する ・200℃付近で分解し、エタン、アルミニウムなどを発生する ・皮膚に触れると火傷を起こす ・燃焼時に刺激のある白煙を生じ、多量に吸引すると気管や肺が侵される	・空気と接触すると白煙を出し、やがて燃焼する ・水、アルコール類などと激しく反応する ・水と反応してブタンを発生する
火災予防法	・窒素などの不活性ガス中で貯蔵する（空気や水と接触させない） ・窒素などを充填して貯蔵するため、容器は安全弁を備えた耐圧性があるものを用いる	
消火法	・一般に、消火は困難。乾燥砂、膨張ひる石、膨張真珠岩などで流出を防ぎつつ、燃え尽きるまで監視する ・水系の消火剤（水、泡）の使用は厳禁 ・ハロゲン化物とも激しく反応して有毒ガスを生じる	
補足事項	・高温で分解してアルミニウムと可燃性ガス（エタン、エチレン、水素）または塩化水素を発生	

※ アルカンC_nH_{2n+2}から水素原子が1つ取れたもの。たとえば、C_4のアルカンであるブタン（$C_4H_{2×4+2}$＝C_4H_{10}）から生成されるアルキル基は、ブチル基C_4H_9である。

(3) 黄りん

　りん（P）の同素体の1つで、多くの物質と激しく反応します。なお、自然発火性のみを有するため、水とは反応しません。そのため、保護液として水没貯蔵します。

> ポイント　自然発火性のみを有し、水とは反応しないため、水中に保存する。
> 第3種の中で、水中に貯蔵するものおよび水で消火するものは黄りんのみ。

▼黄りん

物品名 化学式	黄りん P
形状	白色、淡黄色のろう状の固体
比重	1.82
融点	44℃（融点が低く燃焼時に流動しやすい）
溶解性	ベンゼン、二硫化炭素
性質	・暗所では青白色に発光する（燐光を発する） ・空気中で徐々に酸化し、約50℃で自然発火し、十酸化四りん（五酸化二りん）（P_4O_{10}）になる ・ハロゲンと反応し有毒ガスを生じる ・濃硝酸と反応してりん酸を生じる
危険性	・発火点が低いため空気中に放置されると白煙を生じ激しく燃焼する ・猛毒を有する。また、皮膚に触れると火傷する恐れがある
火災予防法	空気に接触しないよう、水中に保存する
消火法	融点が44℃と低く、流動するため、水と土砂を用いて消火する
補足事項	ニラに似た不快臭がある

（4）アルカリ金属［（1）で既出のK、Naを除く］およびアルカリ土類金属

　アルカリ金属（Li、Na、Kなど）およびアルカリ土類金属（Ca、Baなど）のうち、すでに（1）で出ているK、Naを除いて、Li、Ca、Baの特性を理解しておきましょう。

> ポイント　銀白色の金属で、水と反応して水素を生じる。アルカリ土類金属は、アルカリ金属に比べると反応性は低い。

▼アルカリ金属（（1）で既出のK、Naを除く）およびアルカリ土類金属

物品名 化学式	リチウム Li	カルシウム Ca	バリウム Ba
形状	銀白色の金属結晶		
比重	0.5	1.6	3.6
融点	180.5℃	845℃	727℃
性質	・固体単体の中で最も軽い（比重が小さい） ・固体金属の中で最も比熱が大きい ・燃焼すると深赤色の炎色反応を示す ・ハロゲンと反応してハロゲン化物を生じる	・空気中で強熱すると橙赤色の炎を出し燃焼し、酸化カルシウム（生石灰）を発生 ・水素と200℃以上で反応し水素化カルシウムになる	燃焼すると黄緑色の炎を出し、酸化バリウムを発生
危険性	・水と激しく反応して水素を発生 ・固形の場合、融点以上に加熱すると発火する ・微粉状の場合、常温でも発火することがある ・反応性はカリウムやナトリウムほどは高くない	水と反応して水素を発生	
火災予防法	・水との接触を避け、容器は密栓する ・火気や加熱を避ける		
消火法	乾燥砂などを用いて窒息消火（注水厳禁）		
補足事項	固形だと融点以上、微粉状だと常温で発火する恐れがある（固形の場合は常温では発火しない）	アルカリ土類金属のため、アルカリ金属に比べると反応性は大きくない	

(5) 有機金属化合物

　金属原子と有機化合物が結合したものです。個別の物品として、ジエチル亜鉛を知っておきましょう。

> **ポイント** 空気中で自然発火し、水やアルコールなどと反応して可燃性ガス（炭化水素）を発生する。発火防止のため、不活性ガス中に貯蔵する。

▼有機金属化合物

物品名 化学式	ジエチル亜鉛 $(C_2H_5)_2Zn$
形状	無色の液体
比重	1.2
融点	$-28℃$（常温・常圧で液体）
溶解性	ジエチルエーテル、ベンゼン、ヘキサン
性質	・水と激しく反応する　　・引火性がある ・空気中で自然発火する
危険性	・水、アルコール、酸と激しく反応して可燃性ガス（エタンなど）を生じる
火災予防法	容器は密栓し、窒素などの不活性ガス中に貯蔵する
消火法	・粉末消火剤を用いる ・水系の消火剤は使用厳禁 ・ハロゲン系消火剤と反応して有毒ガスを生じるので使用できない

(6) 金属の水素化物

　水素と金属の化合物を金属の水素化物といいます。多くが固体で融解しにくい。

> ポイント　加熱すると水素と金属（ナトリウム、リチウム）に分解する。水、水蒸気などと激しく反応して水素を発生する。

▼金属の水素化物

物品名 化学式	水素化ナトリウム NaH	水素化リチウム LiH
形状	灰色の結晶	白色の結晶
比重	1.4（1を超える）	0.82（1未満）
融点	800℃	680℃
溶解性	特になし	
性質	・高温ではナトリウムと水素に分解する ・乾燥した空気中では安定で、230℃以上でないと酸素O_2と反応しない ・還元性が高く、金属酸化物、塩化物から金属を遊離する	・高温ではリチウムと水素に分解する ・還元性が高い
危険性	・湿った空気中で分解し、水と激しく反応して水素と熱を発生する ・酸化剤との混触により発熱、発火する恐れがある ・有毒である	水または水蒸気と接すると水素と熱を出して激しく反応
火災予防法	・酸化剤、水分との接触を避ける ・容器に窒素などを封入して保存する	
消火法	・乾燥砂、消石灰、ソーダ灰で窒息消火する ・水や泡の使用は厳禁	

(7) 金属のりん化物

りんと金属の化合物を金属のりん化物といいます。高温で分解してりんを発生するものが多い。

> ポイント 水および弱酸と反応して有毒で悪臭のあるりん化水素（ホスフィン）が生じる。

▼金属のりん化物

物品名 化学式	りん化カルシウム Ca_3P_2
形状	暗赤色（赤褐色）の塊状固体結晶または粉末
比重	2.51（1を超える）
融点	1,600℃以上
溶解性	（アルカリには溶けない）
性質	水および弱酸と激しく反応し、りん化水素（ホスフィン）を生じる
危険性	水と反応して生じるりん化水素は、無色、悪臭、可燃性である
火災予防法	・水分、湿気のない乾燥した場所に保存 ・容器は密栓する
消火法	乾燥砂

(8) カルシウムまたはアルミニウムの炭化物

炭素とアルカリ金属またはアルカリ土類金属などの化合物を炭化物といいます。個別の物品では、炭化カルシウムと炭化アルミニウムが重要です。

> ポイント　水と作用してアセチレンやメタンなどの可燃性ガスを発生する。
> 炭化カルシウムは、銅、銀、水銀と作用して爆発性物質を生成する。

▼カルシウムまたはアルミニウムの炭化物

物品名 化学式	炭化カルシウム CaC_2	炭化アルミニウム Al_4C_3
形状	純粋なものは無色透明または白色の結晶	
	通常は不純物を含み灰色を呈する	通常は不純物を含み黄色を呈する
比重	2.2	2.37
融点	2,300℃	2,200℃
溶解性	特になし	
吸湿性	吸湿性	
性質	・水と反応して発熱しつつアセチレンと水酸化カルシウムを生成する ・高温では強い還元性を有する ・高温で窒素と反応して石灰窒素を生じる	水と反応してメタンを生成する
危険性	・炭化カルシウム自体は不燃性だが、水と作用して可燃性のアセチレンガスを生成する ・アセチレンは、銅、銀、水銀と作用して爆発性物質を生成する	水と作用して可燃性のメタンガスを生成する
火災予防法	・水分、湿気のない乾燥した場所に保存 ・容器は密栓する ・必要に応じ、容器に窒素などを封入して保存する	
消火法	・乾燥砂や粉末消火剤を用いて消火する ・水の使用は厳禁	

（9）その他のもので政令で定めるもの

その他ものでは、塩素化けい素化合物であるトリクロロシランが指定されています。

> ポイント　無色の液体で、可燃性蒸気を発生し、火気などで爆発の恐れがある。また、水分と作用して発熱・発火・爆発の恐れがある。

▼塩素化けい素化合物

物品名 化学式	トリクロロシラン SiHCl₃
形状	無色の液体
溶解性	水、ベンゼン、ジエチルエーテル、二硫化炭素
引火性	引火点－14℃、沸点32℃、燃焼範囲1.2～90.5Vol%であり、低い引火点と低い沸点と広い燃焼範囲を持つ
性質	・水に激しく反応し、塩化水素とシリコンポリマーを生成。さらに高温にて水素を発生する ・有毒で揮発性、刺激臭がある ・酸化剤と混合すると爆発的に反応する ・水の存在下では、ほとんどの金属を侵す
危険性	・可燃性ガスであり、空気との混合により広い範囲で爆発性の混合気を形成 ・水、水蒸気と反応して発熱・発火する恐れがある
火災予防法	・水分、湿気に触れないよう密栓した容器内に保存する ・通風をよくする ・火気、酸化剤を近づけない
消火法	・乾燥砂、膨張ひる石、膨張真珠岩による窒息消火 ・水の使用は厳禁

3類

3 知っておくと便利な特性まとめ　　　重要度 ★★★

試験で正解を導くために知っておくと便利な特性をまとめます。

(1) 水と反応してガスを発生する物品

物品名	発生ガス
カリウム、ナトリウム、リチウム、カルシウム、バリウム	水素 H_2
水素化ナトリウム、水素化リチウム	
アルキルアルミニウム、ジエチル亜鉛	エタン
アルキルリチウム（ノルマルブチルリチウム）	ブタン
りん化カルシウム	りん化水素
炭化カルシウム	アセチレン
炭化アルミニウム	メタン
トリクロロシラン	塩化水素、水素

(2) 保護液中に貯蔵される物品名と保護液名

品名または物品名	保護液
カリウム、ナトリウム、リチウム、カルシウム、バリウム	灯油（石油）
黄りん	水

(3) 窒素（N_2）などの不活性ガス中に貯蔵される物品

品名または物品名
アルキルアルミニウム、ノルマルブチルリチウム、ジエチル亜鉛、水素化ナトリウム、水素化リチウム
【必要に応じ不活性ガス中に貯蔵】炭化カルシウム、炭化アルミニウム

(4) 注水による消火を避ける物品

黄りん以外のすべての物品

(5) 色や形状が特徴的な物品

代表的形状	色などに特徴ある物品（丸カッコ内が色）〔鍵カッコ内が形状〕
アルカリ金属およびアルカリ土類金属は銀白色。それ以外の第3類は色付きの固体が多いが、<u>液体の物品もある</u>	アルキルアルミニウム（種類によって固体と液体がある）、ノルマルブチルリチウム（黄褐色[液体]）、黄りん（白や淡黄色）、ジエチル亜鉛（無色[液体]）、水素化ナトリウム（灰色）、水素化リチウム（白）、りん化カルシウム（暗赤色）、炭化カルシウム（純粋なもの：無色透明または白色、通常：灰色）、炭化アルミニウム（純粋なもの：無色、通常：黄色）トリクロロシラン（無色[液体]）

(6) 比重が1未満の（水に浮く）物品

多くの物品	比重が1以下のもの（カッコ内が比重）
比重が1を超えるものが多い	【固体のもの】カリウム (0.86)、ナトリウム (0.97)、リチウム (0.5)、水素化リチウム (0.82) 【液体のもの】ノルマルブチルリチウム (0.84)

(7) 毒性がある物品

品名または物品名
黄りん（猛毒）、トリクロロシラン

(8) 特有の臭気がある物品

品名または物品名
黄りん（ニラに似た不快臭）、トリクロロシラン

(9) 炎色反応

アルカリ金属			アルカリ土類金属		
リチウム Li	ナトリウム Na	カリウム K	カルシウム Ca	ストロンチウム Sr	バリウム Ba
赤（深赤）	黄	紫（赤紫）	橙赤	紅	黄緑

(10) 引火性がある物品

ジエチル亜鉛、トリクロロシラン（引火点−14℃）

第3章 危険物の性質ならびにその火災予防および消火の方法

3類

練習問題　次の問について、○×の判断または空欄を埋めてみましょう。

■ 第3類に共通する特性

(1) カリウム、ナトリウム、リチウム、カルシウム、バリウムは、水と反応して（　　　）を生じる。

(2) 水素化ナトリウムおよび水素化リチウムは、水と反応して（　　　）を生じる。

(3) 炭化カルシウムは、水と反応して（　　　）を生じる。

(4) 炭化アルミニウムは、水と反応して（　　　）を生じる。

(5) りん化カルシウムは、水と反応して有毒な硫化水素を生じる（○・×）。

(6) アルキルアルミニウムおよびアルキルリチウムが水と反応すると水素を生じる（○・×）。

(7) 第3類の物品の多くは、自然発火性か禁水性のいずれか一方の危険性を有する（○・×）。

(8) 第3類には、ハロゲン化物と反応して有毒ガスを生じるものがある（○・×）。

(9) 第3類の物品は、いずれも比重が1より大きい固体や液体である（○・×）。

(10) 第3類の危険物に用いる保護液は、石油以外にもある（○・×）。

(11) 第3類の物品の中には、窒素などの不活性ガス中に貯蔵するものがある（○・×）。

(12) 第3類には、容器の内圧上昇および破裂を防止するために、容器に通気性を持たせる必要がある物品はない（○・×）。

(13) A:赤りん、B:マグネシウム、C:有機過酸化物、D:アルカリ金属、E:カルシウムの炭化物、F:アルミニウムの炭化物、G:金属の塩化物、H:金属の水素化物、I:金属のりん化物、J:硫黄の中で、第3類の危険物に該当しないものは（　　）つある。

(14) カリウム、ナトリウムなどのアルカリ金属は、自然発火の恐れがあるため、なるべく小分けにせずにまとめて保管する（○・×）。

(15) カリウムやナトリウムは、状況を確認しやすくするために、保護液から一部露出させて貯蔵する（○・×）。

(16) 膨張真珠岩は、一般的に多くの第3類の危険物に使用できる（○・×）。

(17) 第3類の危険物の中には、水による消火が適する物品もある（○・×）。

■ カリウム・ナトリウム

(18) カリウムとナトリウムは、共に強力な還元剤である（○・×）。

(19) カリウムとナトリウムは、保護液としてアルコールの中に貯蔵する（○・×）。

(20) カリウム、ナトリウムとも、水だけでなく、アルコール、ハロゲンとも反応する（○・×）。

(21) カリウムは淡紫色、ナトリウムは黄緑色の炎を出して燃える（○・×）。

解答 ••

■ 第3類に共通する特性

(1) 水素

(2) 水素

(3) アセチレン

(4) メタン

(5) × 有毒なりん化水素を生じます。

(6) × エタン、ブタンなどの可燃性ガスが発生します。水素ではありません。

(7) × 多くは自然発火性と禁水性の両方の危険性を有します。

(8) ○ 黄りん、ジエチル亜鉛にハロゲン化物消火剤を使うと、有毒ガスが生成します。

(9) × カリウム、ナトリウム、リチウムなど、比重が1以下の物品があります。

(10) ○ 第3類では、黄りんのみ水が保護液です。それ以外で保護液が必要な物品（カリウムなど）の保護液は灯油（石油）です。

(11) ○ アルキルアルミニウム、ノルマルブチルリチウム、ジエチル亜鉛、水素化ナトリウム、水素化リチウムなどが該当します。

(12) ○ 第3類には、容器に通気性を持たせる物品はありません。第5類と第6類の一部に、通気性を持たせる物品があります。

(13) 5つ　A（第2類）、B（第2類）、C（第5類）、G（危険物ではない）、J（第2類）は第3類の危険物ではりません。

(14) × 危険性を低くするために、なるべく小分けにして貯蔵します。

(15) × 露出させずに保護液内に沈めます。一部でも露出すれば、そこから自然発火の恐れがあります。

(16) ○ 膨張真珠岩や膨張ひる石は、乾燥砂と同じ種類と考えて問題ありません。乾燥砂は使用できても、膨張ひる石は使用できないといったようなことはありません。

(17) ○ 黄りんは、水による消火が適します。

■ カリウム・ナトリウム

(18) ○

(19) × 保護液として灯油などの石油中に貯蔵します。

(20) ○

(21) × カリウムは赤紫、ナトリウムは黄色の炎色反応を示します。

練習問題　次の問について、○×の判断をしてみましょう。

■ カリウム・ナトリウム（続き）

(22) カリウムは、吸湿性を有し、水と反応して可燃性のアセチレンを生じる。

(23) カリウムおよびナトリウムは、共に銀白色の金属で、比重は1より大きい。

■ アルキルアルミニウム・アルキルリチウム

(24) アルキルアルミニウムは、ヘキサンなどの溶媒で希釈した方が危険性が低減される。

(25) アルキルアルミニウムは、アルキル基の炭素数が多いほど危険性が高い。

(26) アルキルアルミニウム、アルキルリチウムの消火には、ハロゲン化物消火剤、泡消火剤による消火が適する。

(27) ノルマルブチルリチウムは、空気中の酸素および水分と反応する。

■ 黄りん

(28) 黄りんは約200℃で自然発火する。

(29) 黄りんは、水との接触を避けて保管する。

(30) 黄りんは、空気中で発火することがあるので、灯油の中に保存する。

(31) 黄りんの消火には、ハロゲン化物消火剤が適する。

(32) 黄りんは無臭の固体で、暗所で青白い光を発する。

(33) 黄りんは、水には溶けないがベンゼンおよび二硫化炭素には溶ける。

(34) 黄りんは、毒性が強い。

■ アルカリ金属とアルカリ土類金属

(35) リチウムは、常温において固体の単体金属の中で最も密度が低い。

(36) リチウムの反応性は、カリウムおよびナトリウムと比べると低い。

■ 有機金属化合物

(37) ジエチル亜鉛は無色の固体結晶ある。

(38) ジエチル亜鉛は、空気中では安定だが、水と激しく反応する。

解答

■ カリウム・ナトリウム（続き）

(22)× 吸湿性はあります。ただし、水と作用すると水素を生じます。
　　　 KとH₂Oの反応ですので、アセチレンC₂H₂は生じません。アセチレン
　　　 やメタンなどの炭化水素が生成されるのは、炭素を含んだ危険物から
　　　 です。

(23)× カリウムとナトリウムは比重が1より小さいことが特徴です。その他、
　　　 第3類の中ではリチウム（比重0.5）、水素化リチウム（比重0.82）、ノ
　　　 ルマルブチルリチウム（比重0.84）などが水より軽いです。それ以外の
　　　 ほとんどは水より重いと理解しておきましょう。

■ アルキルアルミニウム・アルキルリチウム

(24)○ 溶媒で希釈した方が危険度が低下します。

(25)× アルキル基の炭素数が多いほど危険性が低い。

(26)× 水およびハロゲン化物と激しく反応しますので、水系の消火剤である
　　　 泡消火剤と、ハロゲン化物消火剤は使えません。乾燥砂など（膨張ひ
　　　 る石、膨張真珠岩）を使います。

(27)○ 水分だけでなく、酸素とも反応して酸化します。

■ 黄りん

(28)× 黄りんの発火点は約50℃であり、自然発火の危険性が非常に高い物品
　　　 です。

(29)× 黄りんは水中に保存します。

(30)× 空気中で発火することがあるので、問29のように水中で保管します。

(31)× ハロゲン化物と反応して有毒ガスを出します。

(32)× 暗所で青白い光を発することは正しいですが、無臭ではありません。
　　　 ニラに似た臭気があります。

(33)○

(34)○

■ アルカリ金属とアルカリ土類金属

(35)○ リチウムは常温の固体金属で最も軽いです。

(36)○ アルカリ土類金属（カルシウム、バリウム）と比べると高いですが、カ
　　　 リウム、ナトリウムと比べると高くありません。

■ 有機金属化合物

(37)× 無色の液体です。

(38)× 水と激しく反応するのは正しいですが、空気中でも自然発火します。

練習問題　次の問について、○×の判断をしてみましょう。

■ 有機金属化合物（続き）

(39) ジエチル亜鉛が水、アルコールと反応するとエタンが生じる。

(40) ジエチル亜鉛は引火性を有する。

■ 金属の水素化物

(41) 水素化ナトリウムを加熱するとナトリウムと酸素に分解する。

(42) 水素化ナトリウム、水素化リチウムは共に無色で粘性のある液体である。

(43) 水素化リチウムは強い還元性を有し、水よりも軽い。

■ 金属のりん化物

(44) りん化カルシウムは、水および弱酸と反応すると有毒な硫化水素を生じる。

■ カルシウムまたはアルミニウムの炭化物

(45) 炭化カルシウムは、水と反応してメタンを発生する。

(46) 炭化カルシウムは、純粋なものは無色の結晶であるが、一般に不純物を含んで灰色を呈する。

■ その他のもので政令で定めるもの

(47) トリクロロシランは、水と反応して塩化水素を生じる。

解答

■ 有機金属化合物（続き）

(39) ○

(40) ×

■ 金属の水素化物

(41) ×　ナトリウムと水素に分解します。

(42) ×　灰色（水素化ナトリウム）および白色（水素化リチウム）の結晶です。

(43) ○

■ 金属のりん化物

(44) ×　水や弱酸と反応して有毒で可燃性のりん化水素（ホスフィン）を生じます。

■ カルシウムまたはアルミニウムの炭化物

(45) ×　水と作用してアセチレンを生じます。メタンを生じるのは、炭化アルミニウムです。

(46) ○

■ その他のもので政令で定めるもの

(47) ○

演習問題3-4　第3類の問題

問　題

問題1

✓ ✓ ✓

第3類の危険物の性状について、誤っているものはいくつあるか。

A： ほとんどの物は、自然発火性または禁水性のいずれかの特性を持つ。
B： 水と接触すると酸素を放出するものが多い。
C： 常温常圧において、すべて固体である。
D： ハロゲン元素と反応して有毒ガスを生じるものがある。
E： 保護液として灯油などの石油中に保存されるものがある。

(1) 1つ　　(2) 2つ　　(3) 3つ　　(4) 4つ　　(5) 5つ

問題2

✓ ✓ ✓

第3類の危険物を保護液中に貯蔵する理由として、正しいものはどれか。

(1) 空気中で風解して消滅してしまうため。
(2) 可燃性蒸気の発生を防ぐため。
(3) 空気中で発火する危険性があるため。
(4) 空気中で有毒ガスを放出するため。
(5) 常温の大気中で沸騰してしまうため。

問題3

✓ ✓ ✓

次に示す第3類の物品のうち、禁水性物質はいくつあるか。

黄りん、アルキルアルミニウム、カリウム、水素化リチウム、
炭化カルシウム、ジエチル亜鉛

(1) 1つ　　(2) 2つ　　(3) 3つ　　(4) 4つ　　(5) 5つ

問題4

☑ ☑ ☑

第3類の火災の消火方法について、正しいものはどれか。

(1) すべての物品で、注水による消火は厳禁である。

(2) すべての物品で、不活性ガスによる窒息消火が適する。

(3) ハロゲン系消火剤を使用すると有毒ガスを生じる物品がある。

(4) 乾燥砂、膨張ひる石、膨張真珠岩は、ほとんどの物品で使用できない。

(5) 黄りんは、高圧放水で一気に消火するのがよい。

問題5

☑ ☑ ☑

カリウムの性状として、誤っているものはどれか。

(1) 銀白色の軟らかい金属である。

(2) 比重は1より小さい。

(3) 水と激しく反応して可燃性のアセチレンガスを発生する。

(4) 金属材料を腐食する。

(5) 保護液として灯油の中に入れて貯蔵する。

問題6

☑ ☑ ☑

アルキルアルミニウムは、溶媒で希釈して貯蔵した方が危険性が軽減される。この溶媒として適したものはいくつあるか。

水、二硫化炭素、ヘキサン、アルコール、ベンゼン、アセトアルデヒド

(1) 1つ   (2) 2つ   (3) 3つ   (4) 4つ   (5) 5つ

問題7

☑ ☑ ☑

アルキルアルミニウムの性状として、誤っているものはどれか。

(1) アルキル基の炭素数が多いほど水や空気との反応性が高く危険である。

(2) 皮膚に触れると火傷を起こす。

(3) 貯蔵する際は、窒素などの不活性ガスを封入し、空気や水分と接触させないようにする。

(4) ハロゲン化物消火剤を使うと激しく反応して有毒ガスを生じる。

(5) ヘキサンで希釈すると危険性が低減する。

問題8

黄りんの性状として、誤っているものはいくつあるか。

A： 発火点は200℃程度である。

B： 臭気があるが、毒性はない。

C： 保護液として灯油中に保存する。

D： 燃焼すると十酸化四りん（五酸化二りん）を生じる。また、硝酸と反応してりん酸を生じる。

E： 消火には水が適応する。

(1) 1つ　　(2) 2つ　　(3) 3つ　　(4) 4つ　　(5) 5つ

問題9

黄りんの火災の消火方法として、最も適切でないものはどれか。

(1) 乾燥砂をかける。

(2) ハロゲン化物消火剤を使用する。

(3) 霧状の注水を行う。

(4) 霧状の強化液を使用する。

(5) 泡消火剤を使用する。

問題10

リチウムの性状として、誤っているものはどれか。

(1) 固形のものは、常温（20℃）において、空気に触れると発火する。

(2) 銀白色の軟らかい金属である。

(3) 水と反応して水素を発生する。

(4) 比重は1より小さく、カリウム、ナトリウム、カルシウムより軽い。

(5) 深赤色の炎色反応を起こして燃焼する。

問題11

水素化ナトリウムの性状として、誤っているものはどれか。

(1) 高温で分解して、水素とナトリウムを生じる。

(2) 水と反応して水素を発生する。

(3) 灰色の結晶である。

(4) 毒性がある。

(5) 容器の破損を防ぐため、通気口のある容器中に保存する。

問題12   ☑ ☑ ☑

炭化カルシウムの性状として、誤っているものはどれか。

(1) 純粋なものは無色透明だが、一般には不純物を含み灰色を呈する。

(2) それ自身は不燃性である。

(3) 水と作用してエタンを生成する。

(4) 容器は密栓し、乾燥した場所に貯蔵する。

(5) 注水を避け、粉末消火剤または乾燥砂で消火する。

解 答 ・ 解 説

問題1   解答(3)

　A、B、Cが誤りです。理由は次の通りです。A：ほとんどのものは、自然発火性および禁水性の両方の特性を持ちます（自然発火性のみ：黄りん、禁水性のみ：リチウム）。B：水と接触して「可燃性ガス」を生じます。C：固体と液体があります。

問題2   解答(3)

　第3類は、自然発火を防ぐために、保護液中に貯蔵します。(2)の可燃性蒸気の発生を抑制するために保護液に貯蔵するのは、水没貯蔵する第4類の二硫化炭素です。

問題3   解答(5)

　禁水性でないのは黄りんのみです。実は、この問題は、個別の物品の特性を知らなくても正答できます。第3類で禁水性でないのは「黄りん」だけを押えておけばよいのです。それ以外は禁水性だと思って問題ありません。

問題4   解答(3)

　アルキルアルミニウム、アルキルリチウム、ジエチル亜鉛などは、ハロゲン化物と反応して有毒ガスを生じます。それ以外が正しくない理由は次の通りで

す。(1) 基本は注水が適しませんが、黄りんは水が適します。よって、すべての物品で水による消火が適応しない訳ではありません。(2) 不活性ガスによる窒息消火は効果がありません。(4) 乾燥砂、膨張ひる石、膨張真珠岩は、基本的にすべての第3類に使用できます (効果の大小はありますが)。(5) 黄りんは水による消火が適しますが、危険物が飛散するので、高圧放水は適しません。

問題5　　　　　　　　　　　　　　　　　　　　　　　　　　解答 (3)

カリウム (その他にナトリウム、リチウム、カルシウム、バリウムなど) は、水と反応して水素を発生します。水と反応してアセチレンガスを生じるのは、炭化カルシウムです。その他、炭素系の名称が付くもの (アルキル○○、ブチル○○、エチル○○、炭化○○など) は、水と反応すると炭化水素 (メタン、エタン、エチレン、アセチレンなど) を生じます。つまり、物品名を考えれば発生するガスが水素なのかそれ以外なのかは、個別に覚えなくてもイメージ可能です。

問題6　　　　　　　　　　　　　　　　　　　　　　　　　　解答 (2)

アルキルアルミニウムおよびアルキルリチウムの希釈溶媒として適するのは、ヘキサン、ベンゼンなどです。そもそも、アルキルアルミニウムやアルキルリチウムは禁水性なので、水との接触は厳禁です。また、二硫化炭素とアセトアルデヒドは、非常に引火しやすい特殊引火物です。

特殊引火物が希釈溶媒になることはありません。アルコールは水溶性 (水を含みやすい) なので禁水性の物品との混合は適しません。そのように考えれば、個々の物品のくわしい特性を知らなくても、正答できる可能性が高くなります。

問題7　　　　　　　　　　　　　　　　　　　　　　　　　　解答 (1)

アルキルアルミニウムは、アルキル基の炭素数やハロゲン数が多いほど反応性が低くなります。

問題8　　　　　　　　　　　　　　　　　　　　　　　　　　解答 (3)

A、B、Cが誤りです。理由は次の通りです。A：黄りんは約50℃で発火する危険性の高い物品です。B：臭気もありますが、猛毒を有します。C：約50℃で自然発火するので、保護液として、水中に保存します。

第**3**章

危険物の性質ならびにその火災予防および消火の方法

演習問題

問題9   解答（2）

黄りんは、水と土砂で流動を防ぎながら消火します。よって、水系の消火剤
は効果があります。また、乾燥砂は基本的に第3類のすべてに使用できます（効
果の大小はありますが）。一方、黄りんはハロゲン化物と激しく反応して有毒
ガスを生じますので、使用できません。よって、最も適切でないのは（2）です。

問題 10   解答（1）

リチウムは、固形の場合、常温では自然発火性はありません。

問題 11   解答（5）

水素化ナトリウムは、発火を防ぐため、窒素封入ビンなどに密栓して貯蔵し
ます。その他、第3類ではアルキルアルミニウム、アルキルリチウム、ジエチ
ル亜鉛、水素化リチウムが、窒素などの不活性ガスを封入した容器で貯蔵する
物品です。

問題 12   解答（3）

炭化カルシウムは水と作用してアセチレンガスを発生します。ちなみに、炭
化アルミニウムは、水と作用してメタンが生じます。

3-5 第4類の危険物

第4類は**引火性液体**です。ガソリン、軽油、アルコールなど、世の中で最も流通している危険物ですので、自ずと出題率が高いといえます。

これだけは覚えよう！

- 第4類は引火性液体で、品名は「特殊引火物」「第1〜第4石油類」「アルコール類」「動植物油類」に分別されます。各品名の代表的な物品の性質を知っておく必要があります。
- 液体比重は1未満で、非水溶性が多い（水に浮くものが多い）。
- 中には、水に溶けたり、水に沈んだりするものもあるので、それらの物品名を知っておきましょう。
- 蒸気は空気より重いので、底部に滞留します。
- 非水溶性の場合、静電気を蓄積しやすい。
- 動植物油で、よう素価が高いものを乾性油といいます。乾性油は自然発火しやすい。

1 第4類に共通の事項　　重要度 ★★★

第4類に共通の特性、火災予防法、消火法をまとめます。

▼第4類の共通の特性

特　性	・引火性の液体であり、空気と混合し可燃性蒸気を作り引火しやすい ・蒸気比重はすべて1より大きく、「空気に沈む」 ・液体比重は多くは1より小さく、「水に浮く」（水に沈むものもある） ・水に溶けないものが多い（水溶性の物もある） ・電気の不良導体が多く、静電気を蓄積しやすい（非水溶性の物品は電気を通しにくい）
火災予防法	・みだりに蒸気を発生させない ・火種（炎、火花、熱）との接触を避け、容器を密栓して冷暗所に貯蔵する ・可燃性ガスが空気に沈むので、低所の蒸気を屋外の高所に排出する（高所に排出することで、大気と拡散混合させ、燃焼範囲以下の濃度にする） ・静電気の蓄積を防ぎ、使用する電気設備を防爆構造にする

消火法	**有効な消火法：窒息消火と抑制効果で消す方法が有効** ・泡消火剤（水溶性物品には、水溶性液体用泡消火剤を用いる） ・二酸化炭素消火剤（空気より重い不活性なCO_2で火炎を覆い、窒息させる） ・粉末消火剤 ・ハロゲン化物消火剤 ・霧状の強化液消火剤（棒状の強化液は、延焼を拡大するので不適切）
	不適切な消火法：棒状の水、霧状の水、棒状の強化液
	【考え方】 　第4類の多くは水に不溶でかつ水より軽いので、注水すると水面上に広がり、かえって延焼を拡大する恐れがある。 ⇒棒状の水は使えない（棒状の強化液も同じ理由で使えない） 【水溶性物品の場合】（アルコール、アセトン、酢酸、グリセリンなど） 　水溶性液体の火災に泡消火剤を使うと、泡が溶けて消失し、窒息消火できない。 ⇒水溶性危険物には「水溶性液体用泡消火剤（耐アルコール泡）」を使う

練習問題　次の問について、○×の判断をしてみましょう。

(1) 第4類は沸点が低いものほど引火の危険性が低い。

(2) 第4類には電気の不良導体で静電気を蓄積しやすいものが多い。

(3) 第4類の多くは蒸気比重が1より小さい。

(4) 第4類はすべて液体比重が1より小さい。

(5) 静電気事故を防ぐため、第4類の保存容器は絶縁性の高いものを用いる。

(6) 第4類を室内で扱う際は、高所の排気を十分に行う。

(7) 第4類の蒸気を換気する際、屋外の低所に排出する。

(8) 第4類の保存容器は密栓し、内部の蒸気が容易に漏れないようにする。

(9) 第4類の火災には大量の放水が有効である。

(10) 第4類の火災には窒息消火と抑制消火が有効である。

(11) 第4類の火災には二酸化炭素消火剤およびハロゲン化物消火剤が適用できる。

(12) 第4類の火災には棒状の強化液消火剤が有効である。

(13) 水溶性の第4類危険物には一般の泡消火剤が使用できる。

(14) エタノールに一般の泡消火剤が使用できない理由は、エタノールと泡が作用して爆発の恐れがあるからである。

解答 ••

(1) × 沸点が低いほど、より低温で可燃性蒸気を形成するので危険です。

(2) ○ 基本的に、非水溶性の危険物は電気を通しにくく、静電気を蓄積しやすい。

(3) × 第4類の危険物の蒸気は、すべて蒸気比重が1より大きい。

(4) × 多くは液体比重が1より小さいですが、1より大きいものもあります。

(5) × 絶縁性の高い容器を使うと、発生した静電気が逃げにくいため、危険です。保管容器、取扱い器具などは、絶縁性の低いもの（導電性に優れるもの）を用います。

(6) × 第4類の蒸気は低部に滞留するので、低所の排気を十分に行います。

(7) × 混合気が燃焼範囲以下になるように大気と拡散させるため、高所に排出します。

(8) ○

(9) × 水は使用できません。

(10) ○

(11) ○

(12) × 棒状の強化液は、放水と同じ理由で適応しません。霧状に噴射した場合は、強化液消火剤は適用可能です（ただし、霧状の水は適用できません）。

(13) × 水溶性の物品の場合、泡が消失してしまうので、水溶性液体用泡（耐アルコール泡）消火剤でないと適応しません。

(14) × (13)の解説に記した通り、泡が消えてしまい窒息効果が得られないからです。

2 特殊引火物   重要度 ★★★

特殊引火物は、次のように定義され、第4類の中で最も危険性の高い物品です。

特殊引火物

1気圧において：発火点が 100℃以下のもの、または
引火点が－ 20℃以下で沸点が 40℃以下のもの

注意 ガソリンの引火点は－ 40℃以下ですが、沸点が 40℃以下ではないので、特殊引火物ではなく第1石油類に分類されます。

特殊引火物は、次の表の4物品を知っておく必要があります。特に色文字部分は数値を含めて知っておいた方がよいでしょう。

▼特殊引火物

物品名 化学式	ジエチルエーテル $C_2H_5OC_2H_5$	二硫化炭素 CS_2	アセトアルデヒド CH_3CHO	酸化プロピレン C_3H_6O
性質	水に少し溶ける		水溶性	
液比重	1未満	1.3	1未満	
蒸気比重	1を超える（空気に沈む）			
引火点	−45℃	−30℃以下	−39℃	−37℃
発火点	160℃	90℃	175℃	449℃
沸点	34.6℃	46℃	21℃	35℃
燃焼範囲	極めて広い。中でもアセトアルデヒドが最も広い （アセトアルデヒド：4.0〜60Vol%）			
毒性 臭気	麻酔性	有毒		
		燃焼ガスも有毒	刺激臭	
その他	・直射日光を避ける ・引火点最低	・水没貯蔵する ・火炎は青い ・発火点最低	・貯蔵時、窒素 N_2 などの 　不活性ガスを封入	
			・沸点最低	銀や銅などの金属と接触すると重合、発熱し発火、爆発する恐れ

> **考え方**
> ・非水溶性の危険物は静電気を蓄積しやすいと理解すればよい
> 　（水溶性危険物を知っておけば OK）
> ・色文字部分の特徴は知っておこう
> ・黒文字部も知っておくとよい。グレーの文字部分は覚える必要はない

（1）ジエチルエーテル

① 非常に引火しやすい（引火点最低）

② 空気との接触や直射日光により爆発性の過酸化物を生じる

③ 蒸気に麻酔性あり

④ 水に少し溶ける（静電気を蓄積しにくい訳ではありません）

（2）二硫化炭素

① 水に不溶で水に沈む。可燃性蒸気の発生を抑えるために水没貯蔵する

② 蒸気は有毒。また、燃焼により有毒な二酸化硫黄（亜硫酸ガス）を生じる

③ 非常に発火しやすい（発火点90℃、加熱された蒸気配管でも発火する恐れ）

④ 空気中で青色の炎を上げて燃焼する

(3) アセトアルデヒド　水溶性

① 水や有機溶剤によく溶ける（泡消火剤を使う場合「水溶性液体用泡消火剤」）

② 燃焼範囲が特に広い

③ エタノールが酸化してアセトアルデヒドを生成。アセトアルデヒドが酸化すると酢酸を生成

④ 刺激臭（果実臭）あり

⑤ 加圧下で空気と接触させると爆発性の過酸化物を生じる。貯蔵容器内に窒素N_2などの不活性ガスを封入する。容器は鋼製とし、銀、銅を使用しない（爆発性の化合物が発生）

⑥ 直射日光や加熱により分解し、メタンCH_4と一酸化炭素COになる

⑦ 油脂などをよく溶かす

(4) 酸化プロピレン　水溶性

① 水や有機溶剤によく溶ける（泡消火剤を使う場合「水溶性液体用泡消火剤」）

② 貯蔵容器内に窒素N_2などの不活性ガスを封入する

③ 重合しやすい。特に銀、銅などの金属と接触すると重合が促進され、その際に熱を発生し、火災や爆発の危険性がある

練習問題　　次の問について、○×の判断をしてみましょう。

(1) ジエチルエーテルは、密栓せずに直射日光を避けて保管する。
(2) ジエチルエーテルは水によく溶ける。
(3) 二硫化炭素は水に不溶で水に沈むので、水中で保存する。
(4) アセトアルデヒドは特殊引火物の中では燃焼範囲が狭い方である。
(5) アセトアルデヒドは0℃以下であれば引火の心配がない。
(6) アセトアルデヒドは水に溶けにくいが有機溶剤にはよく溶ける。
(7) 酸化プロピレンは水に溶けやすいので、通常の泡消火剤は不適合である。

解答

(1) ×　直射日光を避けることは正しいですが、容器は密栓します。
(2) ×　わずかにしか溶けません。
(3) ○
(4) ×　アセトアルデヒドは、特殊引火物の中でも特に燃焼範囲が広い。
(5) ×　引火点－39℃です。特殊引火物の引火点は原則―20℃以下です。
(6) ×　アセトアルデヒド（および酸化プロピレン）は水によく溶けます。
(7) ○

3　第1石油類　重要度 ★★★

第1石油類は、ガソリンに代表される、常温以下で引火する危険物です。

第1石油類
1気圧において：引火点が 21℃未満のもの

第1石油類の特性を次の表にまとめます。特に、ガソリンの性状はくわしく知っておくとよいでしょう。それ以外のものについても、比較をしながら概略の数値や共通的な性質を知っておくとよいでしょう。なお、表の中でグレーに示されている個所は、優先度は低い項目です。

▼第1石油類

物品名 化学式	ガソリン （自動車用）	ベンゼン C_6H_6	トルエン $C_6H_5CH_3$	n-ヘキサン C_6H_{14}	酢酸エチル $CH_3COOC_2H_5$
性質	非水溶性				
液比重	0.65 〜 0.75	1未満（数値は覚えなくてよい）			
蒸気比重	3 〜 4	1を超える（数値は覚えなくてよい）			
引火点	−40℃以下	−11.1℃	4℃	−20℃以下	−4℃
発火点	約300℃	498℃	480℃	225℃	426℃
沸点	40 〜 220℃	80℃	111℃	69℃	77℃
燃焼範囲 Vol.%	1.4 〜 7.6	1.2 〜 7.8	1.1 〜 7.1	1.1 〜 7.5	2.0 〜 11.5
毒性	有毒				
臭気	臭気あり			わずかに有	悪臭
その他	・オレンジ系色に着色している	ベンゼンの方が引火点が低く、毒性も強い			

考え方
・非水溶性の危険物は静電気を蓄積しやすいと理解すればよい
・ガソリンの燃焼範囲の数値 1.4 〜 7.6 Vol% は覚えよう。それ以外は、第1、2石油類共に、酸素 O を含まない非水溶性のものであれば大体 1 〜 10 Vol% の範囲であることを知っておくとよい

(1) ガソリン

① 引火点が非常に低く（− 40℃以下）、極低温でも引火する（揮発しやすいため）

② 炭素数4 〜 10程度の炭化水素の混合物（わずかに硫黄分なども含まれる）

③ 自動車ガソリン、工業ガソリン、航空機ガソリンの3種がある

④ 蒸気比重が3 〜 4で低所に滞留しやすい

⑤ 電気の不良導体のため、静電気が蓄積されやすい

(2) ベンゼンとトルエン

① 芳香族の炭化水素（環式化合物）

② 芳香があり、蒸気は有毒（特にベンゼンの方が毒性が強い）

③ 引火点は「ベンゼン− 11℃、トルエン4℃」で共に常温で引火する

④ 無色で水に溶けない（静電気を蓄積しやすい）

▼第1石油類（続き）

物質名 化学式	エチルメチルケトン $CH_3COC_2H_5$	アセトン CH_3COCH_3	ピリジン C_5H_5N	ジエチルアミン $(C_2H_5)_2NH$
性質	非水溶性	水溶性、アルコールなどの溶剤に溶ける		
液比重	1未満（数値は覚えなくてよい）			
蒸気比重	1を超える（数値は覚えなくてよい）			
引火点	− 9℃	− 20℃	20℃	− 23℃
発火点	404℃	約465℃	約482℃	約482℃
沸点	80℃	56℃	115.5℃	57℃
燃焼範囲 Vol.%	1.4 〜 11.4	2.5 〜 12.8	1.8 〜 12.4	1.8 〜 10.1
毒性	有毒		有毒	
臭気	悪臭	臭気あり	特異な悪臭	アンモニア臭

(3) アセトン 水溶性

① 水や有機溶剤によく溶ける（泡消火剤は「水溶性液体用泡消火剤」を使う）

② 引火点が− 20℃と低く、引火しやすい

(4) ピリジン 水溶性

① 水や有機溶剤によく溶ける（泡消火剤は「水溶性液体用泡消火剤」を使う）

② 悪臭がある

第3章 危険物の性質ならびにその火災予防および消火の方法

4類

練習問題　次の問について、○×の判断または空欄を埋めてみましょう。

(1) ガソリンの化学式は、C_7H_{16}である（○・×）。
(2) ガソリンの引火点は（　A　）℃以下。発火点は約（　B　）℃、燃焼範囲は（　C　）～（　D　）Vol%である。
(3) 自動車ガソリンは無色の液体である（○・×）。
(4) ガソリンは電気を通しやすいため、撹拌しても静電気が蓄積しにくい（○・×）。
(5) ベンゼンとトルエンは共に無色無臭の液体である（○・×）。
(6) ベンゼンとトルエンは共に蒸気に毒性がある（○・×）。
(7) ベンゼンとトルエンは共に水によく溶ける（○・×）。
(8) ベンゼンとトルエンは共に0℃で引火する（○・×）。
(9) n-ヘキサンは無色無臭の液体であり、水に溶ける（○・×）。
(10) アセトンの消火には一般の泡消火剤は不適合である（○・×）。
(11) アセトンの引火点は0℃以上である（○・×）。
(12) アセトンは水と有機溶剤によく溶ける（○・×）。
(13) アセトンは無色無臭の液体である（○・×）。
(14) ピリジンは水に溶け、特異な悪臭がある（○・×）。
(15) ジエチルアミンは空気中で酸化して自然発火する（○・×）。

解答

(1) ×　ガソリンは、炭素数4～10の炭化水素などの混合物です。非常に多くの種類の化合物が混合していますので、1つの化学式では表すことができません。
(2) A：−40℃、B：300℃、C：1.4、D：7.6 Vol%（この数値は覚えましょう）。
(3) ×　オレンジ色に着色されています。
(4) ×　電気を通しにくく、撹拌などにより静電気を蓄積しやすい。
(5) ×　共に無色ですが、特有の芳香臭があります。
(6) ○　ちなみに、ベンゼンの方が毒性が強い。
(7) ×　共に水に溶けません。
(8) ×　ベンゼンは−11℃で引火しますが、トルエンの引火点は4℃ですので、トルエンは0℃では引火しません。
(9) ×　n-ヘキサンはかすかな臭気があります。第4類の危険物で無臭のものはないと覚えておきましょう。また、水に不溶です。
(10) ○　水溶性なので、水溶性液体用泡消火剤を用います。
(11) ×　アセトンの引火点は−20℃です。
(12) ○
(13) ×　無色の液体ですが、臭気があります。

（14）○ ピリジンは特異な悪臭があることが大きな特徴です。

（15）× 自然発火性はありません。第4類で自然発火の恐れがあるのは、動植物油類の乾性油です。

4 アルコール類　重要度 ★★

アルコール類は、メタノール、エタノールに代表されます。消防法上は炭素数3までのアルコールがアルコール類に該当し、すべて水溶性です。アルコール類の特性や消火法は、第1石油類の水溶性物品と類似しています。

> **アルコール類**
> 炭素数3（$C_1 \sim C_3$）までの飽和1価アルコール※（変性アルコール※を含む）
> 水溶液の場合は濃度60%以上のもの

※ アルコールR-OHにおいて、ヒドロキシル基OHを1つ持つものを1価、2つ持つものを2価、3つ持つものを3価のアルコールという。変性アルコールとは、工業用・消毒用アルコールのように、エタノールに変性剤を加えて飲用不可にしたものを指す。

アルコール類は、メタノール、エタノールの特性を押さえておけばよいでしょう。

（1）メタノールとエタノール　水溶性

① 水や溶剤に溶ける（水溶性液体用泡消火剤を使う。静電気は蓄積しにくい）

② 燃焼範囲はガソリンよりも広い

③ 発火点は300℃以上

④ 沸点は100℃未満

⑤ 揮発性が高い

⑥ 炎の色が青白い（淡い）ため、明るい場所では見えにくい

⑦ メタノールには毒性がある

⑧ メタノールCH_3OHを酸化させると⇒ホルムアルデヒド$HCHO$になり、さらに酸化させると⇒ギ酸$HCOOH$になる

⑨ エタノールC_2H_5OHを酸化させると⇒アセトアルデヒドCH_3CHOになり、さらに酸化させると⇒酢酸CH_3COOHになる

▼アルコール類

物品名 化学式	メチルアルコール（メタノール） CH_3OH	エチルアルコール（エタノール） C_2H_5OH
性質	水溶性（ジエチルエーテルその他多くの有機溶剤とよく混ざる）	
液比重	0.8	
蒸気比重	1.1	1.6
引火点	11℃	13℃
発火点	464℃	363℃
沸点	64℃	78℃
燃焼範囲	6.0～36Vol%	3.3～19Vol%
毒性	有毒	

　カリウム、ナトリウムなどのアルカリ金属は、アルコール（メタノールやエタノール）と反応して水素H_2とアルコキシドを発生します。

【例】ナトリウムNaとエタノールC_2H_5OHの反応

　　$2C_2H_5OH + 2Na \rightarrow C_2H_5ONa$（アルコキシド）$+ H_2$（水素）

練習問題　次の問について、○×の判断をしてみましょう。

(1) メタノールの毒性はエタノールよりは低い。
(2) メタノールとエタノールは共に0℃で引火する。
(3) メタノールとエタノールの火災に水溶性液体用泡消火剤が使用できる。
(4) メタノールとエタノールは共に水に任意の割合で溶ける。
(5) メタノールとエタノールは青白い炎を生じ、明るい場所では火炎が見にくい。
(6) メタノールとエタノールの沸点は共に水より高い。
(7) メタノールとエタノールの蒸気比重は1より小さい。

解答
(1) ×　メタノールは毒性が強い。
(2) ×　メタノールは11℃、エタノールは13℃なので、0℃では引火しません。
(3) ○　通常の泡消火剤は使用できません。
(4) ○
(5) ○　火災や消火の際には、炎が見えにくいことに注意が必要です。
(6) ×　共に水の沸点より低い。
(7) ×　アルコール類も例外ではなく、第4類の蒸気比重は1より大きく空気に沈みます。

5　第2石油類　　重要度 ★★★

第2石油類の代表的物品は、灯油と軽油です。両者はガソリンと同じくらい出題されやすいので、重点的に理解しましょう。

> **第2石油類**
> 1気圧において：引火点が21℃以上70℃未満のもの

第2石油類では、灯油、軽油、キシレン、酢酸の特性を知っておけばよいでしょう。

▼第2石油類（非水溶性）

物品名 化学式	灯油	軽油	クロロベンゼン C_6H_5Cl	キシレン $C_6H_4(CH_3)_2$	ノルマルブチル アルコール （1ブタノール） $CH_3(CH_2)_3OH$
溶解性	非水溶性 有機溶剤に溶ける				
液比重	約0.8	約0.85	1.1	約0.9	0.8
蒸気比重	4.5		3.9	3.7	2.6
引火点	40℃以上	45℃以上	28℃	約30℃	約35℃
発火点	約220℃		—	460℃	343〜401℃
沸点	145〜270℃	170〜370℃	132℃	144℃	117℃
凝固点 （融点）	—	—	−44.9℃	—	−90℃
燃焼範囲 vol.%	1.1〜6.0	1〜6.0	1.3〜9.6	1.0〜6.0	1.4〜11.2
色	無色または やや黄色	淡黄色また は淡褐色	無色		
臭気	特有の臭気あり			芳香臭族特 有の臭気あり	発酵臭あり

（1）軽油と灯油

灯油と軽油の特性はよく似ています。引火点、発火点は数値も覚えましょう。
① 引火点は灯油が40℃以上、軽油が45℃以上で共に常温では引火しない。ただし、布に染み込ませたり、霧状にすると引火しやすくなる。また、液温を引火点以上に高めると、ガソリンなどと同じように引火する
② 発火点は共に約220℃で、ガソリンの発火点（約300℃）よりも低い

③ 電気の不良導体のため、静電気が蓄積されやすい

④ 液体比重は1未満で水に浮く。蒸気比重は4.5で底部に滞留しやすい

（2）キシレン

① 3種類の異性体（オルトキシレン、パラキシレン、メタキシレン）がある

② 水に不溶で水に浮く

③ 臭気がある

▼第2石油類（水溶性）

物質名 化学式	酢酸 CH_3COOH	アクリル酸 $CH_2 = CHCOOH$
溶解性	水溶性 エタノール、ジエチルエーテル、ベンゼンなどの有機溶剤に溶ける	
液比重	1.05	1.06
蒸気比重	2.1	2.45
引火点	39℃	51℃
発火点	463℃	438℃
沸点	118℃	141℃
凝固点 （融点）	約17℃（16.7℃）	14℃
燃焼範囲 vol.%	4.0 ～ 19.9	2 ～ 17
色	無色	
臭気	刺激臭	酢酸に似た刺激臭

（3）酢酸　　水溶性

① 比重が1より大きい（ただし、水溶性なので、水に沈む以前に水に溶ける）

② 酢の臭いがする（食酢は、濃度3 ～ 6%の酢酸の水溶液）

③ 腐食性が強く金属やコンクリートを腐食する

④ 17℃以下で凝固する（氷酢酸とよばれる）

⑤ アセトアルデヒドが酸化すると酢酸になる

（4）アクリル酸　　水溶性

① 比重が1より大きい

② 重合しやすく、発熱、発火、爆発の恐れがある

③ 融点が14℃と低いため、凝固しやすい

練習問題　次の問について、○×の判断または空欄を埋めてみましょう。

(1)　第2石油類の引火点は（　A　）℃以上（　B　）℃未満である。
(2)　灯油にガソリンを混合すると、引火の危険性が高くなる（○・×）。
(3)　灯油と軽油の蒸気は共に空気より軽い（○・×）。
(4)　灯油と軽油は共に静電気を蓄積しにくい（○・×）。
(5)　灯油と軽油は共に揮発性が高いので、貯蔵容器は通気口を設ける（○・×）。
(6)　灯油や軽油を霧状に噴射すると引火しやすくなる（○・×）。
(7)　灯油と軽油は常温（20℃）でも引火する（○・×）。
(8)　灯油はオレンジ色に着色されている（○・×）。
(9)　キシレンには3種の異性体がある（○・×）。
(10)　キシレンは水によく溶ける無臭の液体である（○・×）。
(11)　酢酸は水や有機溶剤によく溶ける（○・×）。
(12)　酢酸は無臭である（○・×）。
(13)　酢酸は強い腐食性を有し、金属を腐食させる（○・×）。
(14)　酢酸の引火点は常温よりも低い（○・×）。

解答

(1)　A：21℃、B：70℃。
(2)　○　引火点が低いガソリンが混ざるので、引火の危険性は高くなります。
(3)　×　第4類の蒸気比重はすべて1より大きく空気に沈みます。
(4)　×　電気を通しにくく、静電気を蓄積しやすい。
(5)　×　すべての第4類の危険物の貯蔵容器は密栓します。
(6)　○　蒸発や空気との混合が促され、引火しやすくなります。
(7)　×　常温では引火しません（約40℃以上です）。
(8)　×　オレンジ色に着色されているのは自動車用ガソリンです。
(9)　○
(10)　×　水に溶けません。また、臭気があります。
(11)　○
(12)　×　酢の臭いがします。
(13)　○
(14)　×　第2石油類の引火点は常温以上です。このような問題の場合、個別の物品の引火点を暗記していなくても、酢酸が第2石油類であることさえ知っていれば、正答できます。

6 第3石油類　　　　　　　　　　重要度 ★★

　第3石油類の代表的物品は、重油です。重油という名前からして重そうですが、一般に水より軽い物品です。

第3石油類
1気圧において：引火点が70℃以上200℃未満のもの

　第3石油類では、重油、クレオソート油、アニリン、ニトロベンゼン、グリセリンの特性を知っておけば十分です。特に、重油が最重要です。

▼第3石油類（非水溶性）

物品名 化学式	重油	クレオソート油	アニリン $C_6H_5NH_2$	ニトロベンゼン $C_6H_5NO_2$
性質	非水溶性			
液比重	0.9～1.0	1より大きい	1.01	1.2
	1より小さい		1より大きい	
引火点	60～150℃	74℃	70℃	88℃
発火点	250～380℃	336℃	615℃	482℃
沸点	300℃以上	200℃以上	200℃以上	211℃
臭気・毒性	あり	刺激臭	特異臭	あり
色	褐色・暗褐色	黄色・暗緑色	無色・淡黄色	淡黄色・暗黄色
その他	「重油」という名前だが水より軽い	粘ちゅう性の油状液体		

▼第3石油類（水溶性）

物質名 化学式	グリセリン $C_3H_5(OH)_3$	エチレングリコール $C_2H_4(OH)_2$
性質	水溶性	
液比重	1.3	1.1
	1より大きい	
引火点	199℃	160～199℃
発火点	370℃	413℃
沸点	291℃	197℃以上
臭気・毒性	甘味あり	
色	無色・粘性	
その他		水冷エンジンの不凍液に使用

(1) 重油

　常温では引火しないが、いったん燃え始めると消火が困難。

① 暗褐色 (または褐色) で粘性のある液体

② 日本産業規格 (JIS) では1種 (A重油)、2種 (B重油)、3種 (C重油) に分類

③ 水より軽く、水に溶けない

④ 引火点が高く、加熱しない限り引火の危険性は少ないが、加熱されて引火した場合、高温なため消火が非常に困難になる

⑤ 灯油や軽油と同様、布に染み込ませたり、霧状にすると引火しやすくなる

⑥ 不純物として硫黄分 (S) を含むので、燃焼させると有害な二酸化硫黄 SO_2 を生じる

(2) クレオソート油

　コールタールを分留するときに生じる。

① 黄色または暗緑色の液体

② 重油の④と⑤と同様に引火に対する危険性がある

③ 水より重い

(3) ニトロベンゼン

① 臭気および毒性がある

(4) グリセリン　水溶性

① 無色で粘性と甘味がある

② 水とエタノールにはよく溶けるが、二硫化炭素、ベンゼンなどには溶けない

③ 水より重い

④ 爆薬 (ニトログリセリン) の原料になる

練習問題　　次の問について、○×の判断または空欄を埋めてみましょう。

(1)　第3石油類の引火点は (　A　)℃以上 (　B　)℃未満である。

(2)　重油は褐色または暗褐色の液体で水に沈む (○・×)。

(3)　重油は日本産業規格 (JIS) で1種 (A重油)、2種 (B重油) の2種に分類される (○・×)。

(4)　重油の発火点は60 ～ 150℃程度である (○・×)。

(5)　重油は引火点が高いので、燃焼したとしても消火は比較的容易である (○・×)。

(6)　ニトロベンゼンは常温の大気中で自然発火する恐れがある (○・×)。

(7)　クレオソート油は第4石油類に属する (○・×)。

(8)　クレオソート油はコールタールの分留により生じ、水よりも重い（○・×）。

(9)　グリセリンは水に不溶で水に沈む（○・×）。

(10)　グリセリンは刺激臭がある液体である（○・×）。

解答

(1)　A：70℃、B：200℃。

(2)　×　褐色または暗褐色ですが、水に浮きます。

(3)　×　3種（C重油）を加えた3種類に分類されます。

(4)　×　発火点は250℃〜380℃です。60〜150℃なのは引火点です。

(5)　×　引火点が高いということは、燃焼時の液温も高いことを意味します。そのため、一度燃焼すると消火は困難になります。

(6)　×　「ニトロ」と付くので第5類を思い浮かべがちですが、第4類の第3石油類ですので、常温では自然発火しません。

(7)　×　第3石油類です。ギヤー油、シリンダー油などの第4石油類の物品と響きが似ているので、第4石油類と勘違いしやすいですが、クレオソート油は第3石油類であることに注意しましょう。

(8)　○

(9)　×　水より重いですが、水に溶けます。

(10)　×　甘味はありますが、刺激臭はありません。

7　第4石油類　重要度　★

　第4石油類は、ギヤー油やシリンダー油などの潤滑油類や可塑剤などが該当します。出題頻度はあまり高くありませんので、共通の特性を知っておきましょう。

第4石油類
1気圧において：引火点が200℃以上250℃未満のもの

（1）第4石油類

① ギヤー油やシリンダー油などの潤滑油類や可塑剤などが該当する

② 比重が1未満のものが多い（1以上のものもある）

③ 粘性があり揮発しにくい

④ 重油の④と⑤と同様に引火に対する危険がある

> **練習問題**　次の問について、○×の判断または空欄を埋めてみましょう。
>
> (1)　第4石油類の引火点は（　A　）℃以上（　B　）℃未満である。
> (2)　第4石油類は一般に引火点が高く引火しにくいが、一度引火すると消火が
> 　　　困難である（○・×）。
>
> 解答・・・
> (1)　A：200℃、B：250℃。
> (2)　○　引火点の高い危険物は、引火しにくい一方で、一度引火すると消火が
> 　　　困難になる傾向があります。

8 動植物油類　　重要度 ★★

　動植物油類には、「乾性油」と「不乾性油」があります。乾性油は、自然発火する恐れがあるため、注意が必要です。乾性油かどうかを判断する指標に、「よう素価」があります。よう素価と自然発火の関係を知っておきましょう。この項目は、出題率も比較的高い項目です。

> **動植物油類**
> 動物の脂肪などまたは植物の種子もしくは果肉から抽出した油で、
> 1気圧において：引火点が250℃未満のもの

（1）動植物油類

① 「乾性油」に分類される動植物油は自然発火しやすい

② 乾性油かどうかを判断する指標によう素価※がある

③ よう素価が大きいほど自然発火しやすい

▼よう素価

よう素価	名称	自然発火	物品
130以上	乾性油	しやすい	アマニ油、キリ油
100〜130	半乾性油		ゴマ油、なたね油、大豆油
100以下	不乾性油	しにくい	オリーブ油、ヤシ油、ヒマシ油、ツバキ油

※ よう素価とは、液体100g中に溶けるよう素の質量[g]のこと

④ 不飽和結合（C＝Cの二重結合）に酸素が結合し酸化が進行して自然発火する。
　そのため、一般に不飽和結合がある動植物油の方がよう素価が大きくなる

> 【例】　アマニ油、キリ油のよう素価は190〜204程度あり、乾性油に分類される。
> アマニ油は自然発火に注意が必要。

練習問題　次の問について、○×の判断をしてみましょう。

(1) 動植物油類の引火点は300℃程度である。

(2) 乾性油をぼろきれなどに染み込ませて放置しておくと自然発火する場合がある。

(3) よう素価が高い物品ほど自然発火の危険性が低い。

(4) 乾性油が染みたぼろきれは、1枚よりも複数枚重ねた方が自然発火しにくい。

(5) 乾性油の浸み込んだぼろきれを、通気性の悪い場所に置くと自然発火の危険性がさらに高くなる。

解答

(1) ×　第4石油類と同じく250℃未満です。それ以上の引火点のものは、消防法上の危険物には分類されません。

(2) ○　酸化熱が蓄積され、自然発火する恐れがあります。

(3) ×　よう素価が高いほど、自然発火の危険性が高くなります。

(4) ×　複数重ねた方が酸化熱が蓄積がされやすいので、より危険になります。

(5) ○　酸化熱が蓄積しやすくなるので、危険性が増します。

9　知っておくべき第4類の水溶性物品　　重要度 ★★★

　水溶性物品かどうかで、静電気による危険性や消火法が異なります。第4類の水溶性物品で、覚えておくとよいものを次の表にまとめます。

▼知っておくべき代表的な水溶性物品

特殊引火物	第1石油類	アルコール類	第2石油類	第3石油類
アセトアルデヒド	アセトン	エタノール	酢酸	グリセリン
酸化プロピレン	ピリジン	メタノール	アクリル酸	エチレングリコール
	ジエチルアミン	プロパノール	プロピオン酸	

演習問題3-5　第4類の問題

問　題

問題1

第4類の危険物の性状として誤っているものはいくつあるか。

A： 非水溶性のものの多くは水に沈む。

B： 引火点が低いものの方が、火災発生の危険性が高い。

C： 水に溶けにくいものが多い。

D： 高速流動などにより静電気を生成・蓄積しやすいものが多い。

E： 蒸気比重が1より小さく、燃料蒸気は広く大気に拡散しやすい。

(1) 1つ　　(2) 2つ　　(3) 3つ　　(4) 4つ　　(5) 5つ

問題2

引火性液体を取扱う場合の静電気による火災予防策として、誤っているものはいくつあるか。

A： 流す危険物の流速を速くし、なるべく短時間で作業を行う。

B： 危険物を扱う電気機器類は、接地（アース）を施す。

C： 作業者は、絶縁性の高い作業着、手袋、靴などを着用する。

D： 危険物を入れる容器は、樹脂製ではなく金属製のものを用いる。

E： 作業場の湿度をなるべく低く保つ。

(1) 1つ　　(2) 2つ　　(3) 3つ　　(4) 4つ　　(5) 5つ

問題3

ガソリンの貯蔵タンクを修理・清掃する場合の火災予防上の注意事項について、誤っているものはどれか。

(1) タンク内の残油処理や洗浄を行う際は、タンクを接地する。

(2) タンク内の可燃性ガスを完全に除去してから作業を行う。

(3) タンク内のガスを置換する場合は、窒素などの不活性ガスを用いる。

(4) タンクを水蒸気で洗浄する場合、なるべく高圧かつ短時間で行う。

第3章　危険物の性質ならびにその火災予防および消火の方法

演習問題

(5) 静電気の帯電を防ぐため、作業者は導電性の高い靴や作業着を着用する。

問題4

第4類の火災の一般的な消火法で、誤っているものはどれか。

(1) 霧状の注水による消火は、効果的である。

(2) 霧状に噴射した強化液消火剤は、効果的である。

(3) 粉末消火剤は、効果的である。

(4) 二酸化炭素消火剤は、効果的である。

(5) ハロゲン化物消火剤は、効果的である。

問題5

泡消火剤には、水溶性液体用泡消火剤 (耐アルコール泡消火剤) と、一般の泡消火剤がある。次のうち、一般の泡消火剤による消火が不適切な危険物はいくつあるか。

アセトン、酸化プロピレン、酢酸、ベンゼン、ガソリン、キシレン、
クレオソート油、二硫化炭素、アセトアルデヒド

(1) 1つ　　(2) 2つ　　(3) 3つ　　(4) 4つ　　(5) 5つ

問題6

アセトアルデヒドの性状として、誤っているものはどれか。

(1) 水やアルコールによく溶ける。

(2) 引火点は低いが、光には比較的安定のため、直射日光を照射しても分解や反応は起こらない。

(3) 無色透明の液体で、刺激臭がある。

(4) 油脂などをよく溶かす。

(5) 容器などに貯蔵する際は、窒素などの不活性ガスを封入する。

問題7 ☑☑☑

酸化プロピレンの性状として、誤っているものはどれか。

(1) 水に溶けず、比重が1より大きいため、水に沈む。

(2) 沸点が極めて低く、夏場などでは大気中で沸騰する恐れがある。

(3) 燃焼範囲が広く、その下限値が低い。

(4) 無色の液体である。

(5) 引火点は非常に低く、冬季でも容易に引火する。

問題8 ☑☑☑

ジエチルエーテルと二硫化炭素の性状で、誤っているものはどれか。

(1) どちらも、第4類の中では燃焼範囲が比較的広い。

(2) どちらも、水に不溶で水に沈む。

(3) どちらも、燃料蒸気を吸入すると人体に影響がある（麻酔性、毒性など）。

(4) どちらも、発火点がガソリンよりも低い。

(5) どちらも、二酸化炭素、泡消火剤、ハロゲン化物消火剤などによる窒息消火が有効である。

問題9 ☑☑☑

自動車用ガソリンの性状について、誤っているものはどれか。

(1) オレンジ色に着色されている。

(2) 水に不溶で水より軽い。

(3) 引火点が非常に低く、−40℃以下でも引火する危険性がある。

(4) 燃焼範囲は1.4 Vol% ～ 7.6 Vol%である。

(5) 灯油や軽油に比べて発火点が低く、発火しやすい。

問題10 ☑☑☑

ベンゼンとトルエンの性状として、誤っているものはどれか。

(1) いずれも、蒸気は有毒であるが、ベンゼンの方が比較的毒性が高い。

(2) いずれも、環状構造を持つ芳香族炭化水素である。

(3) いずれも、無色で水に溶けない。

(4) いずれも、引火点は0℃未満である。

(5) いずれも、高速流動や摩擦などにより静電気を蓄積しやすい。

問題11　☑☑☑

メタノールの性状として、誤っているものはどれか。

(1) 水に溶ける。

(2) エタノールに比べ、沸点が低い。

(3) エタノールに比べ、発火点が高い。

(4) 常温（20℃）では引火しない。

(5) 無色透明で、揮発性および芳香（特有の臭気）がある液体である。

問題12　☑☑☑

灯油の性状として、誤っているものはどれか。

(1) 引火点は40℃以上である。

(2) 液温が引火点以上にある状態では、電気火花などで引火する危険性がある。

(3) 霧状にしたり、布に染みこませたりすると燃焼しやすくなる。

(4) 静電気を蓄積しやすい。

(5) 水によく溶ける。

問題13　☑☑☑

軽油の性状として、誤っているものはどれか。

(1) 水に不溶で水に浮く。

(2) ガソリンと混合すると、引火の危険性が高くなる。

(3) 燃料蒸気は空気より軽い。

(4) 発火点は約220℃であり、ガソリンより発火点が低い。

(5) 沸点は水よりも高い。

問題14　☑☑☑

酢酸の性状として、誤っているものはどれか。

(1) 水に溶けない。

(2) 無色透明の液体でである。
(3) 燃料蒸気は空気より重い。
(4) 刺激性の臭気を有する。
(5) 金属やコンクリートに対して腐食性を有する。

問題15

重油の性状について、誤っているものはどれか。

(1) 引火した場合、液温が高くなっているので、消火は困難になる。
(2) 消火には、窒息消火が有効である。
(3) 水に不溶で水より重い。
(4) 褐色または暗褐色の粘性を有する液体である。
(5) ぼろきれに染み込ませたり、霧状にすると火がつきやすくなる。

問題16

動植物油類の性状として、誤っているものはどれか。

(1) よう素価が高いものほど、自然発火しにくい。
(2) 乾性油の染み込んだぼろきれなどが堆積した状態で、換気の悪い場所などに放置しておくと、自然発火することがある。
(3) 引火点は250℃未満である。
(4) 燃焼しているときは、液温が高くなっているので、注水は危険である。
(5) 熱が逃げにくい状況にあるほど、自然発火しやすい。

解答・解説

問題1

解答(2)

A、Eが誤りです。理由は次の通りです。A：第4類の多くは、液体比重が1未満で、水に浮きます。E：第4類の危険物の蒸気はすべて1より大きい(分子量が空気よりも大きい)。そのため、蒸気は空気中に沈み、底部に滞留しやすい。

問題2

解答(3)

A、C、Eが誤りです。理由は次の通りです。A：流速を速くすると、静電気が発生しやすく、危険です。C：絶縁性の高い装備を着用すると、発生した静

電気が蓄積するため、スパーク（火花）発生による引火事故の危険性があります。作業者の装備だけでなく、使用する容器や道具類も、導電性の高いものを用いるのが基本です。E：湿度が低いと静電気が蓄積しやすくなります。

問題3 解答（4）

高圧蒸気を噴射すると、摩擦により静電気が発生しやすくなるため、危険です。

問題4 解答（1）

第4類の多くは、水に不溶で水に浮くため、水をかけると火炎が水面に広がり延焼を拡大する危険性があります。そのため、注水は、霧状であろうと棒状であろうと、無条件で禁止です。ただし、「強化液消火剤」の場合は、霧状であれば適用可能です（棒状の強化液は適用できない）。(1) 以外は、窒息消火と抑制効果を持つ消火剤なので、第4類に適します。

問題5 解答（4）

この問題は、「水溶性の危険物の数はいくつあるか？」と読み替えても答えは同じです。この中で、水溶性の危険物は、『アセトアルデヒド（特殊引火物）、酸化プロピレン（特殊引火物）、アセトン（第1石油類）、酢酸（第2石油類）』の4つです。

問題6 解答（2）

直射日光や加熱により分解し、メタンと一酸化炭素になります。

問題7 解答（1）

酸化プロピレンは、水溶性で、液体比重も1未満です。(1)に該当する物品は、二硫化炭素です。

問題8 解答（2）

水に沈むのは、二硫化炭素のみです。

問題9 解答（5）

ガソリンは、灯油や軽油に比べて、極めて引火点が低く、引火しやすい物品です。一方、発火点は約300℃で、灯油や軽油の発火点（約220℃）より高く、

発火はしにくいことが特徴です。

問題10

解答（4）

ベンゼンの引火点は約−11℃ですが、トルエンの引火点は約4℃です（つまり、トルエンは屋外貯蔵所に貯蔵できますが、ベンゼンは屋外貯蔵所に貯蔵できません）。

問題11

解答（4）

メタノールとエタノールは、共に引火点が10℃程度（メタノール：11℃、エタノール：13℃）ですので、常温（20℃）では引火します。

問題12

解答（5）

灯油は水に溶けません。

問題13

解答（3）

灯油に限らず、第4類の蒸気比重は1より大きいことを理解しておきましょう。そうすれば、どんな物品についても、このような問題には正答できます。

問題14

解答（1）

酢酸は水に溶けます。p.360「9. 知っておくべき第4類の水溶性物品」に挙げた物品を知っておけば、「水溶性かどうか」、「耐アルコール泡消火剤を使う必要がある物品か」、「静電気が蓄積しやすいかどうか」などの問題にはほぼ正答できると思います。

問題15

解答（3）

重油は、水に不溶で、液体比重は1より小さい。そのため、水に浮きます。『重油』という名称に惑わされないようにしましょう。

問題16

解答（1）

動植物油類は、よう素価が高いほど自然発火しやすくなります。

3-6 第5類の危険物

第5類は**自己反応性物質**です。一般に、可燃物と酸素供給源が共存しているため自己燃焼性があり、周りの空気を遮断しても消火できません（窒息消火が効かない）。また、燃焼が爆発的に進行し、燃焼速度が速いため、消火が困難です。一般には、多量の水か泡消火剤で消火します。

これだけは覚えよう！

- 一般に、可燃物と酸化剤が共存し、自己燃焼します。
- 比重は1より大きく、固体が多いのですが、液体もあります。液体のものは、引火性を有するものがあります。
- 燃焼速度が極めて速く、加熱・衝撃・摩擦などで爆発的に燃焼します。
- 金属と作用して爆発性の金属塩を形成するものがあります。
- 基本的に、大量の水を用いた冷却消火や、泡消火剤による消火が有効ですが、量が多いと消火が極めて困難です。

1 第5類に共通の事項 　　　　　　　　　　重要度 ★★★

第5類に共通の特性、火災予防法、消火法をまとめます。

▼第5類の共通の特性

特　性	・可燃性の固体または液体 ・比重は1より大きい ・液体の危険物の蒸気比重は1より大きい（空気に沈む） ・燃焼速度が速く、加熱・衝撃・摩擦などで発火して爆発的に燃える ・引火性のものがある ・長時間空気中に放置すると、分解が進み自然発火する場合がある ・金属と作用して爆発性の金属塩を形成するものがある
火災予防法	・火気、加熱、衝撃、摩擦などを避ける ・通風のよい冷暗所に貯蔵する
消火法	**効果あり** 冷却消火：水、泡消火剤 **効果なし** 窒息・抑制消火：二酸化炭素、ハロゲン化物、粉末消火剤 **特例** アジ化ナトリウムのみ禁水性のため：乾燥砂など ・大量の水により冷却するか、泡消火剤を用いて消火する ・可燃物と酸素が共存し、自己燃焼するため、窒息消火は効果がない。また、燃焼が爆発的に進行するため、一般には消火が困難である

2 品名ごとの特性　　　　重要度 ★★

(1) 有機過酸化物

過酸化水素H_2O_2において、H-O-O-Hの水素原子が有機物に置換したもの。不安定な化合物で、加熱、摩擦、日光などにより分解し爆発の恐れがあります。

> **ポイント** 加熱、衝撃などで爆発しやすい。日光や紫外線で分解しやすい。過酸化ベンゾイルは乾燥状態で保存しない。エチルメチルケトンパーオキサイドの保存容器は通気性を持たせる（密栓しない）。

▼有機過酸化物

物品名 化学式	過酸化ベンゾイル $(C_6H_5CO)_2O_2$	エチルメチルケトンパーオキサイド （複数種類の成分がある）	過酢酸 CH_3COOOH
形状	白色粒状の固体結晶 無味無臭	無色透明の油状液体 特異臭あり	無色の液体 強い刺激臭
比重	1より大きい		
溶解性	有機溶剤	ジエチルエーテル	水、アルコール（エタノール、メタノール）、エーテル、硫酸
性質 危険性	・強力な酸化作用がある ・加熱、摩擦、衝撃、日光などで分解し爆発の恐れ ・乾燥すると危険度が増す ・約100℃で有毒な白煙を出し分解 ・強酸、有機物と接触すると爆発しやすくなる ・高濃度のものは爆発の危険性が高くなる	・引火性がある（引火点72℃） ・40℃以上で分解が促進される ・鉄さび、布などに接触すると30℃以下でも分解する ・高純度のものは危険のためジメチルフタレート（別名、フタル酸ジメチル）などの可塑剤で濃度50〜60%に希釈している	・引火性がある（引火点41℃） ・110℃で発火、爆発する ・強い酸化、助燃作用がある ・有毒で、皮膚、粘膜を侵す ・市販品は不揮発性溶媒の40%溶液（高濃度では危険なため）

第3章　危険物の性質ならびにその火災予防および消火の方法

5類

（続き）

物品名 化学式	過酸化ベンゾイル $(C_6H_5CO)_2O_2$	エチルメチルケトンパーオキサイド （複数種類の成分がある）	過　酢　酸 CH_3COOOH
火災予防法	換気のよい冷暗所に貯蔵する。異物と接触させない		
火災予防法	火気、加熱、摩擦、直射日光を避ける		可燃物と隔離する
火災予防法	・容器は密栓 ・強酸や有機物と隔離 ・乾燥状態で扱わない	容器のフタは通気性を持たせる（内圧上昇による分解促進を防ぐため）	
消火法	多量の水または泡などで消火		
補足事項	乾燥状態で扱わないことが特徴的（水で湿らせる）	容器を密栓しない（通気性を持たせる）ことが特徴的	

（注水 消火）

(2) 硝酸エステル類

　硝酸（HNO_3）の水素原子をアルキル基（C_nH_{2n+1}）に置換したもの。分解して生じるNOが触媒となって自然発火を引き起こします。

ポイント　加熱、衝撃などで爆発しやすい。硝酸メチルと硝酸エチルは引火性がある。ニトログリセリンは凍結すると危険度が増す。ニトロセルロースは窒素含有量が多いものほど危険。

▼硝酸エステル類

物品名 化学式	硝酸メチル CH_3NO_3	硝酸エチル $C_2H_5NO_3$	ニトログリセリン $C_3H_5(ONO_2)_3$	ニトロセルロース （硝化綿）
形状	無色透明の液体で芳香と甘味がある （蒸気は空気よりも重い）		無色の油状液体	綿状固体
比重	1より大きい			
沸点	共に、水より沸点が低い（硝酸メチル66℃、硝酸エチル87.2℃）		―	
溶解性	アルコール、ジエチルエーテル	アルコール	有機溶剤	

性質 危険性	・引火性があり爆発しやすい（引火点15℃） ・硝酸とメタノールの反応で得られる	・引火性があり爆発しやすい（引火点10℃）	・加熱、衝撃、摩擦などで猛烈に爆発する ・甘味を有し有毒 ・ダイナマイトの原料 ・凍結する（8℃で凍結）と爆発の危険度が増す	・硝化度の高いものほど危険 ・硝化度によって強硝化綿、弱硝化綿に分けられる ・ニトロセルロースに樟のうを混ぜて作られる合成樹脂をセルロイドという
火災予防法	加熱、衝撃、摩擦を避ける			
	・容器を密栓し換気のよい冷暗所に貯蔵 ・直射日光を避ける ・火気を近づけない（常温以下で引火）		漏れた時は、水酸化ナトリウム（苛性ソーダ）のアルコール溶液※で分解し、ふき取る ※この処理によって非爆発性になる	アルコールや水で湿綿にし、安定剤を加え冷暗所に貯蔵
消火法	消火困難		爆発的で消火困難	注水消火する

- ニトロセルロース（硝化綿）は、セルロースを硝酸と硫酸の混合液に浸して作られます。浸漬時間などによって硝化度（窒素の含有量）が異なります。硝化度が高いものを高硝化綿、低いものを弱硝化綿などといいます。
- 弱硝化綿をジエチルエーテルとアルコールに溶かしたものをコロジオンといい、ラッカーなどの塗料の原料に用いられます。
- セルロイドは、ニトロセルロースと同じく自然発火しやすい物質です。特に、粗悪品や古いものは自然発火の危険性が高くなります。自然発火を避けるために、通風がよい冷暗所に貯蔵します。
- ニトログリセリンは、後述するニトロ化合物ではなく、硝酸エステルに分類されますので注意しましょう。

第3章 危険物の性質ならびにその火災予防および消火の方法

5類

（3）ニトロ化合物

有機化合物の炭素に結合している水素原子をニトロ基（NO_2）に置換したもの。

> **ポイント** ピクリン酸は金属と作用して爆発性の金属塩を形成する。また、乾燥すると危険度が増す。トリニトロトルエンは、金属とは作用しない。

▼ニトロ化合物

物品名 化学式	ピクリン酸 $C_6H_2(NO_2)_3OH$	トリニトロトルエン (TNT) $C_6H_2(NO_2)_3CH_3$
	共に、分子内に3個のニトロ基NO_2を有する。共に爆薬の原料になる	
形状	黄色の結晶、無臭で苦味を有し、毒性がある	淡黄色の結晶 日光に当たると茶褐色になる
比重	1より大きい	
発火点	100℃以上（ピクリン酸320℃、TNT230℃）	
溶解性	熱湯、アルコール、ジエチルエーテル、ベンゼン	ジエチルエーテル、アルコール
性質 危険性	・水溶液は酸性のため、金属と反応して爆発性の金属塩になる ・乾燥すると危険度が増す ・急激に熱すると爆発する ・ガソリン、アルコール、よう素、硫黄などと混合した場合、摩擦や衝撃で激しく爆発する	・金属とは反応しない ・急激に熱すると爆発する ・ピクリン酸よりはやや安定
火災予防法	・火気、加熱、摩擦、衝撃を避ける ・容器を密栓して換気のよい冷暗所に貯蔵	
	・金属や酸化されやすい物質（ガソリン、アルコール、硫黄など）との接触を避ける ・乾燥を避け、含水状態で貯蔵する（10%程度の水を加えて貯蔵）	
消火法	多量の水で消火（ただし、含酸素のため、一般に消火は困難）	
補足事項	乾燥状態で保存しない	TNTは金属とは作用しない

（4）ニトロソ化合物

ニトロソ基 (-N=O) を有する化合物をニトロソ化合物といいます。

> **ポイント** 第5類の共通特性の通り、加熱や衝撃を避け換気のよい冷暗所に貯蔵。

▼ニトロソ化合物

物品名 化学式	ジニトロソペンタメチレンテトラミン（DPT） $C_5H_{10}N_6O_2$
形状	淡黄色の粉末
比重	1より大きい
溶解性	・水、ベンゼン、アルコール、アセトンにわずかに溶ける ・ガソリンには溶けない
性質 危険性	・加熱、摩擦、衝撃などで発火・爆発する恐れがある ・加熱すると約200℃で分解し、窒素、アンモニア、ホルムアルデヒドなどを生じる ・強酸、有機物との接触で発火・爆発の恐れがある
火災予防法	・火気、加熱、摩擦、衝撃を避け、換気のよい冷暗所に貯蔵 ・酸や有機物との接触を避ける
消火法	水や泡消火剤で消火

(5) アゾ化合物

アゾ基（-N=N-）を有する化合物をアゾ化合物といいます。

ポイント　分解して、窒素とシアンガスを発生する。

▼アゾ化合物

物品名 化学式	アゾビスイソブチロニトリル $[C(CH_3)_2CN]_2N_2$
形状	白色の固体
比重	1より大きい
溶解性	アルコール、エーテル
性質 危険性	・融点（105℃）以上に加熱すると窒素と有害なシアンガス※を発生し分解する（発火はしない） ・目や皮膚との接触を避ける
火災予防法	・火気、加熱、摩擦、衝撃、直射日光を避け、換気のよい冷暗所に貯蔵 ・可燃物との接触を避ける
消火法	多量の水で消火

※ 分解生成物の中には有害なシアン化水素が含まれる。

第**3**章　危険物の性質ならびにその火災予防および消火の方法

5類

（6）ジアゾ化合物

ジアゾ基（$N_2=$）を有する化合物をジアゾ化合物といいます。

> ポイント　水またはアルコール水溶液中に貯蔵する。

▼ジアゾ化合物

物品名 化学式	ジアゾジニトロフェノール（DDNP） $C_6H_2N_4O_5$
形状	黄色の粉末
比重	1より大きい
溶解性	アセトン（水にほとんど溶けない）
性質	光にあたると褐色に変色する。燃焼時に爆ごう※を起こしやすい。
火災予防法	火気、加熱、摩擦、衝撃を避け、水または水とアルコールの混合液中に貯蔵
消火法	多量の水で消火

※ 爆ごう（デトネーション）とは、ガスの膨張速度が音速（音の速さ）を超えて、衝撃波を伴いながら急激に燃焼反応が進行する現象です。

（7）ヒドラジンの誘導体

ヒドラジン（N_2H_4）を元に合成された化合物です。

> ポイント　加熱すると分離して、アンモニア、二酸化硫黄、硫化水素などの有害物質を生成する。還元性が強く酸化剤と激しく反応する。

▼ヒドラジンの誘導体

物品名 化学式	硫酸ヒドラジン $NH_2NH_2 \cdot H_2SO_4$
形状	白色の結晶
比重	1より大きい
溶解性	温水に溶けて酸性を示す
性質 危険性	・還元性が強い ・酸化剤と激しく反応 ・アルカリと接触するとヒドラジンが遊離する ・融点（254℃）以上で分解しアンモニア、二酸化硫黄、硫化水素、硫黄を生成（発火はしない） ・皮膚、粘膜を刺激する

火災予防法	・直射日光、火気を避ける ・酸化剤やアルカリと接触させない
消火法	多量の水で消火（防塵マスク、ゴム手袋などの保護具を着用する）

(8) ヒドロキシルアミン

農薬の原料や半導体の洗浄に用いられます。

ポイント 加熱すると分解・爆発する。毒性があり、蒸気は目や気道を刺激し、大量に摂取すると死に至ることもある。

▼ヒドロキシルアミン

物品名 化学式	ヒドロキシルアミン NH_2OH
形状	白色の結晶
比重	1より大きい
溶解性	水、アルコール
その他	融点33℃、引火点100℃、発火点130℃
潮解性	潮解性がある
性質 危険性	・蒸気は空気よりも重い ・裸火、熱源、紫外線などと接触して爆発的に燃焼 ・眼、気道を刺激する。有毒で、大量に摂取すると死に至る場合もある
火災予防法	・裸火、熱源、紫外線などとの接触を避けて冷暗所に保管
消火法	多量の水で消火（防塵マスクなどの保護具を着用する）

(9) ヒドロキシルアミン塩類

ヒドロキシルアミン（NH_2OH）と酸との中和反応で生じる化合物（塩）。

ポイント　水溶液は強酸性を示し、金属を腐食する。蒸気は有毒。乾燥状態を保ち冷暗所に貯蔵する。

▼ヒドロキシルアミン塩類

物品名 化学式	硫酸ヒドロキシルアミン $H_2SO_4 \cdot (NH_2OH)_2$	塩酸ヒドロキシルアミン $HCl \cdot NH_2OH$
形状	白色の結晶	
比重	1より大きい	
溶解性	水（エーテル、エタノールには溶けない）	水（アルコールにはわずかに溶ける）
性質 危険性	・水溶液は強酸性で金属を腐食 ・蒸気は目、気道を強く刺激。多量に体内に入ると血液の酸素吸収力低下で死に至ることもある ・火気や高温物との接触で爆発する ・微粉状のものは粉じん爆発の危険性がある	
	・アルカリがあるとヒドロキシルアミンNH_2OHが遊離し、分解する ・強い還元剤である	・115℃以上に加熱すると爆発することがある
火災予防法	・火気、高温物体との接触を避け、乾燥状態で冷暗所に保管 ・水溶液は金属を腐食するため、金属容器に貯蔵してはならない（強固なガラス容器などを用いる）	
消火法	多量の水で消火（防塵マスクなどの保護具を着用する）	

(10) その他のもので政令で定めるもの

ここでは、金属のアジ化物、硝酸グアニジンの特性を知っておきましょう。

▼金属のアジ化物

物品名 化学式	アジ化ナトリウム NaN_3
形状	無色の板状結晶
比重	1より大きい
溶解性	水
性質 危険性	・約300℃で分解し、窒素と金属ナトリウム（Na）を生じる ・それ自体は爆発しないが、酸と作用して有毒で爆発性があるアジ化水素酸を生じる ・水があると、重金属と作用して極めて鋭敏なアジ化物を生じる ・皮膚に触れると炎症を起こす
火災予防法	・直射日光を避け、換気のよい冷暗所に保存 ・酸や金属粉（特に重金属）と接触させない
消火法	乾燥砂など（火災時に分解しナトリウムを生じるので、注水厳禁）

▼硝酸グアニジン

物品名 化学式	硝酸グアニジン $CH_6N_4O_3$
形状	白色の結晶
比重	1より大きい
溶解性	水、アルコール（エタノール、メタノール）
性質	・急加熱および衝撃で爆発する恐れがある ・可燃性物質との混触で発火する恐れがある
火災予防法	加熱、衝撃を避ける
消火法	注水消火
その他	・毒性がある ・爆薬の成分になることがある

3 知っておくと便利な特性まとめ　　重要度 ★★★

試験で正解を導くために知っておくと便利な特性をまとめます。

(1) 水に溶けやすい物品

　色文字の下線付き斜体の物品は、水に溶けやすいものです。第5類の多くは水に溶けにくいと理解した上で、少数派である水に溶けやすい物品だけを押さえておくと便利です。

▼第5類（自己反応性物質）で水に溶けやすい物品

品　名	物　品　名
有機過酸化物	過酸化ベンゾイル、エチルメチルケトンパーオキサイド、過酢酸
硝酸エステル類	硝酸メチル、硝酸エチル、ニトログリセリン、ニトロセルロース
ニトロ化合物	ピクリン酸、トリニトロトルエン
ニトロソ化合物	ジニトロソペンタメチレンテトラミン
アゾ化合物	アゾビスイソブチロニトリル
ジアゾ化合物	ジアゾジニトロフェノール
ヒドラジンの誘導体	硫酸ヒドラジン（温水には溶ける）
ヒドロキシルアミン	ヒドロキシルアミン
ヒドロキシルアミン塩類	硫酸ヒドロキシルアミン、塩酸ヒドロキシルアミン
その他	アジ化ナトリウム、硝酸グアニジン

(2) 比重が1を超える物品

　すべてです。第5類の比重はすべて1を超えると覚えておきましょう。

(3) 保護液中に貯蔵される物品

品名または物品名	保護液
ニトロセルロース	エタノールまたは水で湿綿状に保存
ジアゾジニトロフェノール	水中や水とアルコールの混合液中に保存

(4) 容器に通気性を持たせる物品

品名または物品名
エチルメチルケトンパーオキサイド

(5) 金属と作用して爆発性の物質を作る物品

品名または物品名
ピクリン酸、アジ化ナトリウム

(6) 注水による消火を避ける物品

品名または物品名
アジ化ナトリウム（火災時にナトリウム［禁水性物質］を発生するため）

　第5類のほとんどは、注水消火が適します。

(7) 毒性が強い物品

品名または物品名
過酢酸、ニトログリセリン、ピクリン酸、アゾ化合物、硫酸ヒドラジン、ヒドロキシルアミン、ヒドロキシルアミン塩類 第5類の危険物の多くは毒性があります

(8) 特有の臭気がある物品

品名または物品名
エチルメチルケトンパーオキサイド、過酢酸、硝酸メチル、硝酸エチル

(9) 色や形状が特徴的な物品

代表的形状	色などに特徴ある物品（カッコ内が特徴）
無色や白の固体結晶が多いが液体もある	常温（20℃）で液体の物品 エチルメチルケトンパーオキサイド（無色の［油状液体］）、過酢酸（無色の［液体］）、硝酸メチル（無色の［液体］）、硝酸エチル（無色の［液体］）、ニトログリセリン（無色の［油状液体］） 色がある固体の物品 ピクリン酸（黄色）、トリニトロトルエン（淡黄色、日光照射で茶褐色に変色）、ジニトロソペンタメチレンテトラミン（淡黄色）、ジアゾジニトロフェノール（黄色の［不定形粉末］） その他特徴的な物品 ニトロセルロース（外観は普通の綿や紙と同様）

(10) 常温（20℃）で引火性がある物品

品名または物品名
硝酸メチル（引火点15℃）、硝酸エチル（引火点10℃） **参考** 過酢酸も、引火点41℃で引火性があります

練習問題　次の問について、○×の判断をしてみましょう。

■ 第5類に共通する特性
(1) 第5類の危険物は、すべて自己反応性を持つ固体である。
(2) 第5類の物品の多くは、比重が1より小さい。
(3) 第5類には、引火性を有するものがある。
(4) 第5類は、有機の窒素化合物が多く、一般に燃焼は急速に進行する。
(5) 第5類の危険物は、すべて分子内に酸素と窒素を含有する。
(6) 第5類の危険物の中には、水に溶ける物品がある。
(7) 第5類の多くは、注水消火は厳禁である。
(8) 第5類の火災の消火には、二酸化炭素およびハロゲン化物消火剤が有効である。
(9) 第5類の危険物を廃棄する際には、なるべくまとめて土中に埋没させる。
(10) 第5類の危険物を扱う施設には、不活性ガス消火設備を設けるのが有効である。

■ 有機過酸化物
(11) 有機過酸化物は、すべて密栓した容器内に貯蔵する。
(12) 有機過酸化物は、水と反応するものがあるので、水との接触は避ける。
(13) 過酸化ベンゾイルは、水に溶ける。また、危険性を低くするため乾燥させて貯蔵する。
(14) 過酸化ベンゾイルは、無色無臭の液体である。
(15) エチルメチルケトンパーオキサイドは、白色で無味無臭の結晶である。
(16) エチルメチルケトンパーオキサイドは、鉄さびや布と接触すると分解が促進される。
(17) エチルメチルケトンパーオキサイドを貯蔵する際、容器は密栓して換気のよい冷暗所を選ぶ。
(18) エチルメチルケトンパーオキサイドは、単独では非常に不安定のため、市販品は、水またはジメチルフタレート（フタル酸ジメチル）で希釈している。
(19) 過酢酸は、110℃以上に加熱すると爆発する。
(20) 過酢酸には、引火性はない。

■ 硝酸エステル類
(21) 硝酸エステル類は比重が1未満のものが多い。
(22) 硝酸エステル類およびニトロ化合物は、共に酸素と窒素を含有する。
(23) 硝酸メチルおよび硝酸エチルは引火性があり、常温以下で引火する。

解答 ••

■ 第5類に共通する特性

(1) × すべて自己反応性がありますが、「固体と液体」のものがあります。

(2) × 第5類は、すべて比重が1より大きいと理解しましょう。

(3) ○ エチルメチルケトンパーオキサイド、過酢酸、硝酸メチル、硝酸エチルなど、液体のものには引火性を有するものがあります。

(4) ○

(5) × 多くは窒素と酸素を含みますが、すべてではありません。有機過酸化物は窒素を含みません。アジ化ナトリウムは酸素を含みません。

(6) ○ 水に溶ける物品もあります。

(7) × 基本は注水消火です（第5類の中では、アジ化ナトリウムのみ金属ナトリウムを遊離するため注水厳禁）。

(8) × 自己反応するので、窒息消火は効果がありません。抑制効果も効果が期待できません。

(9) × 自己反応性がある物品をまとめるのは危険です。

(10) × 第5類に窒息消火は効果がないため、不活性ガス消火設備は有効ではありません。

■ 有機過酸化物

(11) × エチルメチルケトンパーオキサイドは、容器に通気性を持たせます。

(12) × 有機過酸化物は水との反応性はありません。消火も水が適します。

(13) × 過酸化ベンゾイルは水に溶けません。また、乾燥状態で扱うと爆発の危険性が増します。

(14) × 過酸化ベンゾイルは、固体です（白色粒状結晶の固体）。

(15) × 無色透明の油状液体で、特異臭があります。

(16) ○

(17) × 内圧上昇を防止するため、容器には通気性を持たせます。

(18) × 「ジメチルフタレート（フタル酸ジメチル）で希釈する」が正しい記述です。水は希釈剤になりません。

(19) ○

(20) × 引火点41℃で、引火性を有します。

■ 硝酸エステル類

(21) × 硝酸エステル類に限らず、第5類の危険物の比重は1より大きいと理解しておきましょう。

(22) ○

(23) ○

練習問題　次の問について、○×の判断をしてみましょう。

■ 硝酸エステル類（続き）

(24) 硝酸メチルおよび硝酸エチルの沸点は、共に水より高い。

(25) 硝酸メチルおよび硝酸エチルは、共に無色の結晶である。

(26) ニトログリセリンは油状液体である。爆発を防ぐため、通常、冷凍貯蔵される。

(27) ニトログリセリンを水酸化ナトリウム（苛性ソーダ）のアルコール溶液に混ぜると、猛烈に爆発する。

(28) ニトロセルロースは、含有する窒素量が多いほど危険性が高い。

(29) ニトロセルロースは、爆発防止のため、乾燥状態で保存する。

■ ニトロ化合物

(30) ピクリン酸とトリニトロトルエンの発火点はともに100℃未満である。

(31) ピクリン酸とトリニトロトルエンは、共に水によく溶ける。

(32) ピクリン酸とトリニトロトルエンは、共にジエチルエーテルに溶ける。

(33) ピクリン酸とトリニトロトルエンは、共に金属と作用して爆発性の金属塩が生じる。

(34) ピクリン酸とトリニトロトルエンは、共に分子内に3つのニトロ基を含む。

(35) ピクリン酸とトリニトロトルエンは、共に無色の結晶である。

(36) ピクリン酸は、金属塩にすると安定になる。

■ ヒドロキシルアミン塩類

(37) 硫酸ヒドロキシルアミンは、エタノール、エーテルによく溶ける。

(38) 硫酸ヒドロキシルアミンの水溶液は、ガラス容器に貯蔵してはならない。

(39) 硫酸ヒドロキシルアミンは危険性を下げるために湿潤な場所に貯蔵する。

■ その他

(40) アジ化ナトリウムは、それ自身は爆発しないが、高温で分解して金属ナトリウムが生じる。

(41) アジ化ナトリウムは、酸と反応して有毒で爆発性のある化合物を形成する。

(42) アジ化ナトリウムは、水の存在下で重金属と作用して安定な金属塩になる。

(43) アジ化ナトリウムによる火災の消火には、大量の水をかけるのが有効である。

(44) アジ化ナトリウムによる火災の消火には、乾燥砂が適応する。

(45) 硝酸グアニジンは、赤褐色の固体結晶である。

(46) 硝酸グアニジンは、水、アルコールに溶けない。

解答 ••

■ 硝酸エステル類（続き）

(24) × 　沸点は、硝酸メチルが66℃、硝酸エチルが87.2℃で、共に水より低いです。

(25) × 　共に無色の液体です。

(26) × 　冷凍させると爆発の危険性が増します。

(27) × 　ニトログリセリンを水酸化ナトリウムのアルコール溶液に混ぜると、分解して爆発性がなくなります。

(28) ○

(29) × 　乾燥により爆発しやすい。アルコールや水で湿綿にし、安定剤を加え冷暗所に貯蔵します。

■ ニトロ化合物

(30) × 　発火点は100℃以上です。

(31) × 　水には溶けません（ピクリン酸は、熱湯には溶ける）。

(32) ○

(33) × 　ピクリン酸は金属塩が生じますが、トリニトロトルエンは金属とは反応しません。

(34) ○

(35) × 　共に黄色または淡黄色の結晶です。無色ではありません。

(36) × 　危険度が増します。

■ ヒドロキシルアミン塩類

(37) × 　水には溶けますが、エタノール、エーテルには溶けません。

(38) × 　水溶液は強酸性のため、金属容器を腐食します。そのためガラス容器などに貯蔵します。

(39) × 　水溶液は強酸のため、乾燥状態を保ちます。

■ その他

(40) ○ 　高温で分解するとナトリウム（第3類）が生じるので、注水消火ができません。

(41) ○ 　酸と反応して有毒で爆発性があるアジ化水素酸が生じます。

(42) × 　重金属と作用して、極めて敏感（不安定で危険）なアジ化物が生じます。

(43) × 　金属ナトリウム（禁水性）を遊離しますので水は使えません。

(44) ○ 　金属ナトリウムの火災消火に準じて、乾燥砂が適します。

(45) × 　白色の結晶です。

(46) × 　水、アルコールに溶けます。

問　題

問題1

✓ ✓ ✓

第5類の危険物の性状として、誤っているものはいくつあるか。

A： 水と反応して水素を発生するものが多い。

B： 引火性のものはない。

C： 内部燃焼（自己燃焼）を起こしやすい。

D： 有機の窒素化合物が多い。

E： 可燃性物質であり、燃焼速度が極めて速い。

(1) 1つ　　(2) 2つ　　(3) 3つ　　(4) 4つ　　(5) 5つ

問題2

✓ ✓ ✓

次の第5類の危険物のうち、常温（20℃）で液体のものはいくつあるか。

過酢酸、過酸化ベンゾイル、エチルメチルケトンパーオキサイド、

硝酸エチル、ニトロセルロース、ピクリン酸、トリニトロトルエン

(1) 1つ　　(2) 2つ　　(3) 3つ　　(4) 4つ　　(5) 5つ

問題3

✓ ✓ ✓

第5類の危険物の火災予防および消火について、誤っているものはどれか。

(1) 火気および加熱を避ける。

(2) 衝撃や摩擦を避ける。

(3) 消火の際、注水を避け、抑制作用のあるハロゲン化物消火剤を使う。

(4) 窒息効果による消火は効果が期待できない。

(5) 貯蔵量は、必要最小限にする。

問題4

第5類の危険物の消火について、誤っているものはどれか。

(1) スプリンクラー消火設備による冷却消火は、効果がある。
(2) ハロゲン化物消火剤は効果が期待できない。
(3) 泡消火剤は効果がある。
(4) 一般に、燃焼が速く爆発的なため、量が多いと消火が困難である。
(5) 二酸化炭素消火剤による窒息消火は、効果がある。

問題5

金属と作用して、爆発性がある金属塩を形成するものはどれか。

(1) ピクリン酸
(2) 硝酸エチル
(3) 硝酸メチル
(4) ニトロセルロース
(5) ニトログリセリン

問題6

過酸化ベンゾイルの貯蔵および取扱いについて、誤っているものはどれか。

(1) 爆発の恐れがあるため、加熱や衝撃を与えない。
(2) 吸湿すると爆発の恐れがあるので、乾燥状態で貯蔵する。
(3) 爆発を防ぐため、有機物との混合を避ける。
(4) 光によって爆発する恐れがあるため、直射日光を避ける。
(5) 消火の際は、一般に、大量の水や泡消火剤を用いる。

問題7

エチルメチルケトンパーオキサイドの貯蔵および取扱いについて、誤っているものはどれか。

(1) 消火には大量の水や泡消火剤を用いる。
(2) 分解が促進されるので、布、鉄さびとの接触は避ける。
(3) 加熱を避ける。
(4) 直射日光を避ける。
(5) 容器は密栓する。

問題8

次のうち、硝酸エステルに属さない危険物はどれか。

(1) トリニトロトルエン
(2) ニトログリセリン
(3) 硝酸メチル
(4) 硝酸エチル
(5) ニトロセルロース

問題9

ピクリン酸とトリニトロトルエンに共通する性状として、誤っているものはどれか。

(1) ニトロ化合物に属し、爆薬の原料に用いられる。
(2) 常温常圧で固体である。
(3) 金属と作用して爆発性の高い金属塩を形成する。
(4) 比重は1を超える。
(5) 加熱、摩擦、衝撃などにより爆発しやすい。

問題10

ピクリン酸の性状として、誤っているものはどれか。

(1) 常温常圧で黄色の結晶である。
(2) 苦味を有し、毒性がある。
(3) 熱湯、アルコールに溶ける。

(4) 金属と作用して爆発性の金属塩を形成する。

(5) 乾燥状態では安定のため、貯蔵時は乾燥させておく。

問題11

☑ ☑ ☑

アジ化ナトリウムの性状として、誤っているものはどれか。

(1) 水の存在下で重金属と作用して不安定なアジ化物を形成する。

(2) 無色の板状結晶である。

(3) 加熱すると、約300℃で窒素と金属ナトリウムに分解する。

(4) 酸との接触で、有毒で爆発性のアジ化水素を発生する。

(5) 消火時は大量の水を用いるのが有効である。

解 答・解 説

問題1

解答（2）

　A、Bが誤りです。理由は次の通りです。A：水と反応して水素を発生するのは、第3類のアルカリ金属やアルカリ土類金属などです。B：第5類には、引火性の物品があります。

問題2

解答（3）

　液体なのは、過酢酸、エチルメチルケトンパーオキサイド、硝酸エチルです。第5類で液体のものは、次の5つを知っておくとよいでしょう（それ以外は固体）。『エチルメチルケトンパーオキサイド、過酢酸、硝酸メチル、硝酸エチル、ニトログリセリン』

問題3

解答（3）

　第5類は、基本的に大量の水や泡消火剤による消火を行います。燃焼が極めて速く爆発的ですので、ハロゲン化物消火剤による抑制効果は期待できません。

問題4

解答（5）

　第5類の危険物は、酸素を含有している『自己反応性物質』のため、空気中の酸素を遮断する窒息消火は効果がありません。

問題5　　　　　　　　　　　　　　　　　　　　解答（1）

ピクリン酸は、酸性のため金属と作用して爆発性の金属塩を作ります。

問題6　　　　　　　　　　　　　　　　　　　　解答（2）

過酸化ベンゾイルは、乾燥状態の方が爆発の危険性が高くなります。

問題7　　　　　　　　　　　　　　　　　　　　解答（5）

エチルメチルケトンパーオキサイドは容器を密栓すると内圧が上昇して分解しやすくなるため、容器のふたに通気性を持たせます（第5類で、容器に通気性を持たせるのは、この物品だけです）。

問題8　　　　　　　　　　　　　　　　　　　　解答（1）

トリニトロトルエンはニトロ化合物です。「ニトロ」と付くものは、「ニトロ化合物」に属すると思いがちですが、ニトログリセリンとニトロセルロースは硝酸エステル類に属しますので、覚えておきましょう。

問題9　　　　　　　　　　　　　　　　　　　　解答（3）

金属と作用して爆発性の金属塩を形成するのは、ピクリン酸だけです。トリニトロトルエンは金属とは作用しません。

問題10　　　　　　　　　　　　　　　　　　　解答（5）

乾燥状態で貯蔵すると爆発の危険性が増します。通常、10%程度の水を加えて貯蔵します。

問題11　　　　　　　　　　　　　　　　　　　解答（5）

アジ化ナトリウムは、高温で窒素と金属ナトリウムに分解します。金属ナトリウムは禁水性の物質ですので、水による消火は危険です。

3-7 第6類の危険物

第6類は**酸化性液体**です。第1類と同じくそれ自身は不燃性ですが、分子内に酸素を含み、酸素供給源になるため、可燃物の燃焼を促進します。

これだけは覚えよう！

- それ自身は不燃物だが、酸素供給体（強酸化剤）のため、可燃物と混合した場合、可燃物の燃焼を促進します。
- 通常、多量の水や泡で冷却し、消火します。ただし、燃焼物に応じた消火方法をとる必要があります（例：第4類との混合による火災の場合、注水は不適切です）。
- 一般に、腐食性があり、蒸気は有毒です。
- 酸に腐食されない容器を用い、容器は密栓します（過酸化水素は例外で、容器を密栓してはいけません）。

1 第6類に共通の事項　　　　　　重要度 ★★★

第6類に共通の特性、火災予防法、消火法をまとめます。

▼第6類の共通の特性

特　性	・それ自体は不燃物だが、強い酸化力を有するため、可燃物の燃焼を促進する（強酸化剤である） ・多くは無色の液体（一部、赤や赤褐色のものがある） ・いずれも無機化合物である ・水と反応して発熱したり、有毒ガスを出すものがある ・腐食性があり、皮膚を侵す。蒸気は有毒である
火災予防法	・火気、直射日光を避ける ・還元性物質、可燃物、有機物などの酸化されやすい物質と接触させない ・耐酸性の容器を使い、容器は密栓する（ただし、過酸化水素の貯蔵容器は密栓しない） ・通風のよい場所で扱う ・水と反応する物品については、水との接触を避ける
消火法	**有効** 水、泡、強化液消火剤、乾燥砂など、粉末消火剤（りん酸塩類）（ただし燃焼物による） **有効でない** 二酸化炭素、ハロゲン化物、粉末消火剤（炭酸水素塩類）

（続き）

消火法	・流出した場合は乾燥砂や中和剤による中和で対処する ・火災時は第6類単独ではないため、燃焼物（第6類の混合によって燃焼している可燃物）の消火に適応する消火剤で消火する ・液体危険物やその蒸気は有毒なため、消火などの際には、皮膚への接触や吸引を防ぐために、マスクや保護具を着用する。また、ガスとの接触を防ぐため、火災の風上で消火活動を行う

※「第6類のすべての危険物に有効な消火剤は？」と問われた場合は、乾燥砂など（乾燥砂、膨張ひる石、膨張真珠岩）と粉末消火剤です（水系の消火剤（水、強化液、泡など）はハロゲン間化合物には使用できません）。

2 品名ごとの特性　　重要度 ★★★

（1）過塩素酸

極めて不安定で酸化力が強いため、通常は60～70%の水溶液として扱われます。

ポイント 不安定な強酸化剤。火気、日光、可燃物を避け、密栓して換気のよい冷暗所に貯蔵する。貯蔵中にも反応する恐れがあるので、長期保存は困難。

▼過塩素酸

物品名 化学式	過塩素酸 $HClO_4$
形状	無色の発煙性液体
比重	1より大きい
溶解性	水（ただし水との接触で音を出しながら発熱する）
性質 危険性	・強い酸化作用を持つ ・空気中で強く発煙する ・加熱すると爆発する ・おがくず、木片、ぼろきれなどの可燃物と接触すると自然発火の恐れがある ・アルコールなどの可燃性有機物と接触すると、発熱、発火、爆発の恐れがある ・皮膚を腐食する ・銀、銅、鉛などのイオン化傾向が小さい金属も溶解する ・無水状態の場合、常温でも爆発的に分解する恐れがあるため、通常は60～70%の水溶液として扱う ・不安定な物質で、次第に分解が進行し、分解生成物が触媒となって爆発的に分解する。そのため、長期保存は適さない

火災予防法	・加熱、光、可燃物との接触を避け、密栓した耐酸性の容器に入れ、換気のよい冷暗所に貯蔵する ・容器貯蔵中にも分解、黄変し爆発する恐れがあるので、貯蔵品を定期的に点検する ・流出した時には、チオ硫酸ナトリウム、ソーダ灰で中和した後、水で洗い流す
消火法	多量の水による注水消火

※過塩素酸塩類（第1類）と混同しないようにしましょう。

(2) 過酸化水素

極めて不安定で酸化力が強いため、通常は安定剤を含んだ水溶液で扱われます。

ポイント　過塩素酸と同様、強力な酸化剤。容器は密栓しないで通気性を持たせることが、他の物品との大きな相違点。

▼過酸化水素

物品名 化学式	過酸化水素 H_2O_2
形状	無色の粘性がある液体
比重	1より大きい
溶解性	水（オキシドールは、過酸化水素の濃度3%の水溶液です）、アルコール、エーテルに溶ける　　※ベンゼンなどには溶けない
性質 危険性	・水溶液は弱酸性 ・強い酸化作用を持つ酸化剤である（ただし、酸化力の強い物質に対しては、還元剤として働く場合がある） ・熱、日光により水と酸素に分解する ・濃度50%以上では爆発性があり、常温でも水と酸素に分解する（分解防止の安定剤としてアセトアニリド、りん酸、尿酸などを用いる） ・金属粉、有機物と接触すると発火、爆発の恐れがある ・皮膚に触れると火傷を起こす
火災予防法	・加熱、光、有機物、可燃物、還元性物質との接触を避け、換気のよい冷暗所に貯蔵する ・容器は密栓せず、通気性を持たせる
消火法	注水消火

（3）硝酸

強い酸化力を持ち、銅、水銀、銀とも反応します。

ポイント 強力な酸化剤で、銅、水銀、銀などとも反応する。分解して有害な窒素酸化物（二酸化窒素 NO_2）を発生する。

▼硝酸

物品名 化学式	硝酸 HNO_3	発煙硝酸 HNO_3
形状	無色の液体	赤または赤褐色の液体
比重	1より大きい	
溶解性	水に任意の割合で溶ける（水溶液は強酸性）	
性質 危険性	・加熱や日光により酸素と二酸化窒素 NO_2（有毒）を生じ、黄褐色を呈する ・湿気を含む空気中で褐色に発煙する ・銅、水銀、銀など、多くの金属を腐食させる ・鉄、ニッケル、クロム、アルミニウムなどは、希硝酸には激しく侵されるが、濃硝酸には不動態を作り侵されない ・金、白金は腐食されない 　（ただし、濃塩酸と濃硝酸とを3：1の体積比で混合したものは王水とよばれ、通常の酸には溶けない金、白金をも溶かす） ・有機物と接触すると発火する恐れがある ・二硫化炭素、アミン類、ヒドラジン類との混合は、発火・爆発の恐れがある ・ガソリン、アルコールなどと混合した場合、摩擦や衝撃で激しく爆発する ・木材、紙、布などの可燃物と接触して発火する恐れがある ・皮膚に触れると薬傷を起こす（皮膚に触れると、キサントプロテイン反応により黄色に変色する） ・強い酸化力があるため、硝酸の90％水溶液は第6類の危険物の確認試験の標準物質に定められている	【濃硝酸に二酸化窒素 NO_2 を加圧飽和して生成される】 ・性質、危険性は硝酸と同様 ・硝酸よりも酸化力がさらに強い
火災予防法	・直射日光、加熱を避け、乾燥した換気のよい冷暗所に貯蔵する ・腐食しない容器（ステンレスなど）を用い、容器は密栓する ・可燃物（のこくず、かんなくず、木くず、木片、紙、布など）、有機物、還元性物質との接触を避ける	

消火法	・燃焼物に応じた消火方法をとる ・流出時は、土砂による流出防止、注水による希釈、ソーダ灰や消石灰などによる中和処理を行う ・有毒ガスを生じるため、防毒マスクなどの保護具を着用する

(4) その他のもので政令で定めるもの

ここには、ハロゲン間化合物が該当します。多数のふっ素原子を含むものは反応性が高く、多くの金属、非金属と反応してふっ化物を形成します。

> ポイント 可燃物と反応して発熱するほか、水、金属、非金属とも反応してふっ化水素（猛毒）やふっ化物を作る。

▼ハロゲン間化合物

物品名 化学式	三ふっ化臭素 BrF_3	五ふっ化臭素 BrF_5	五ふっ化よう素 IF_5
形状	無色の液体		
比重	1より大きい		
沸点	126℃	41℃	100.5℃
性質 危険性	・強力な酸化剤 ・水と激しく反応する。その際、猛毒なふっ化水素を生じる ・可燃物や有機物と反応して発火する ・多くのふっ素原子を含むものほど反応性が高く、多くの金属、非金属を酸化しふっ化物を作る		
	・空気中で発煙する ・低温で固化する 　（融点9℃）	・三ふっ化臭素よりも 　反応性が高い	
火災予防法	・水、可燃物、有機物、還元性物質と接触させない ・容器は密栓する		
消火法	・粉末消火剤（りん酸塩類）または乾燥砂 で消火する（水系の消火剤は、ふっ化水素を生じるため適さない）		
補足事項	・ふっ化水素の水溶液は、ガラスを侵すので注意を要する		

3 知っておくと便利な特性まとめ　　重要度 ★★★

試験で正解を導くために知っておくと便利な特性をまとめます。

(1) 水と反応して有毒ガスを発生する物品

品名または物品名	発生ガス
ハロゲン間化合物 (三ふっ化臭素、五ふっ化臭素、五ふっ化よう素)	ふっ化水素

(2) 注水による消火を避ける物品

品名または物品名
ハロゲン間化合物 (上記 (1) のとおり、水と反応して有毒ガスを発生するため)

(3) 貯蔵容器に通気性を持たせる物品

品名または物品名
過酸化水素

(4) 色や形状が特徴的な物品

代表的形状	色などに特徴ある物品 (丸カッコ内が色)〔鍵カッコ内が形状〕
無色の液体	過酸化水素 (無色の[粘性液体])、発煙硝酸 (赤・赤褐色) "第6類で色があるのは発煙硝酸だけ" と覚えましょう

(5) 毒性・腐食性がある物品

品名または物品名
過塩素酸、過酸化水素、硝酸、発煙硝酸、ハロゲン間化合物
第6類はすべて人体に毒性や皮膚への腐食性があると理解しましょう

練習問題 次の問について、○×の判断をしてみましょう。

■ 第6類に共通する特性

(1) 第6類の多くは有機化合物である。

(2) 第6類には、水と激しく反応するものがある。

(3) 第6類の物品の中には、容器を密栓せずに通気性を持たせるものがある。

(4) 第6類は、吸入すると有毒なもの、皮膚に触れると皮膚を侵すものが多い。

(5) 第6類は、常温常圧でほとんどが液体だが、一部は固体のものもある。

(6) 「温度上昇を防ぐ」、「空気との接触を避ける」、「容器に通気口を設ける」、「空気の湿度を高く保つ」、「可燃物との接触を避ける」のうち、第6類の危険物の火災予防として最も重要なのは、「空気との接触を避ける」ことである。

(7) 第6類の危険物は、分子内に多量の水素と酸素を含むため、衝撃などを加えると燃焼しやすい。

(8) 第6類の多くは、注水消火は厳禁である。

(9) 第6類は、火源があれば燃焼するので、取扱いには注意を要する。

(10) 第6類は、通常は強い酸化剤であるが、高温になると還元剤として作用する。

(11) 第6類の危険物には、分子内に酸素を含まないものもある。

(12) 第6類の危険物による火災には、窒息消火が有効である。

解答

■ 第6類に共通する特性

(1) × 硝酸、過酸化水素など、第6類の危険物はいずれも無機化合物です。

(2) ○ ハロゲン間化合物は、水と反応して有毒ガス（ふっ化水素）を出します。

(3) ○ 第6類では過酸化水素が該当します。覚えておきましょう。

(4) ○

(5) × 第6類は酸化性液体ですので、常温常圧ではすべて液体です。惑わされないようにしましょう。

(6) × 第6類は不燃物のため、空気があっても燃えません。最も大切なのは、「可燃物（還元剤）との接触を避ける」ことです。

(7) × 第6類はそれ自体は不燃性です。

(8) × 基本は注水消火が適します（水と反応して有毒ガスを生じるハロゲン間化合物は、水による消火が適しません）。

(9) × 酸化性液体なので、それ自体は不燃物です。火源（熱源）があったとしても、可燃物がなければ燃焼の三要素がそろわず、燃焼しません。

(10) × 高温域で還元剤になることはありません。むしろ分解して酸素を出しますので、酸化作用が強くなります。

(11) ○ ハロゲン間化合物は、分子内に酸素を含みません。

(12) × 分子内に酸化剤を持っていますので、窒息効果により外部からの酸素を遮断したとしても、消火ができません。

> **練習問題**　次の問について、○×の判断をしてみましょう。

■ 過塩素酸

(13) 過塩素酸は、茶褐色で流動性のある液体である。

(14) 過塩素酸は、空気中で発煙する。

(15) 過塩素酸は、水と作用して発熱する。

(16) 過塩素酸は、水で薄めると不安定になるため、無水状態で貯蔵する。

(17) 過塩素酸の濃度が3%の水溶液をオキシドールといい、消毒などに利用される。

■ 過酸化水素

(18) 過酸化水素は、水、アルコールに溶けない。

(19) 過酸化水素は、一般には酸化剤であるが、強い酸化力を持つ物質に対しては、還元剤として作用する場合もある。

(20) 過酸化水素は極めて不安定で、濃度50%以上では常温でも水と酸素に分解する。

(21) 過酸化水素は不安定で引火性の強い物品である。

(22) 過酸化水素は、分解防止の安定剤として、アセトアニリド、りん酸、金属粉などを使用する。

(23) 過酸化水素は、分解反応が促進されるので、りん酸と接触させてはならない。

(24) 過酸化水素の貯蔵容器は密栓し、直射日光を避けて冷暗所に貯蔵する。

■ 硝酸・発煙硝酸

(25) 純粋な硝酸は、黄褐色の液体である。

(26) 硝酸は水に溶解し、強酸性を示す。

(27) 硝酸は、安定剤として3%程度尿酸を加えて貯蔵する。

(28) 硝酸は、ステンレスを激しく侵すため、保存容器は銅、銀のものを用いる。

(29) アルミニウム容器は、希硝酸には使用できるが、濃硝酸には侵される。

(30) 硝酸は、水素よりもイオン化傾向の小さい銅、銀、水銀とも反応する。

(31) 塩酸は、硝酸と混合させても発火や爆発を促進しない。

(32) 硝酸が流出した際には、おがくず、ぼろ布などに吸収させ、拡散を防ぐ。

(33) 発煙硝酸は、無色透明の粘性液体で、酸化力は硝酸よりはやや劣る。

(34) 加熱した硝酸から発生する蒸気を発煙硝酸という。

(35) 硝酸と水が混合すると、可燃性ガスを生じる。

解答 ●●

■ 過塩素酸

(13) ×　過塩素酸は、無色の発煙性液体です。

(14) ○

(15) ○

(16) ×　無水状態は極めて不安定のため、通常は60 〜 70％の水溶液として扱います。

(17) ×　オキシドールは、過酸化水素の3％水溶液です。

■ 過酸化水素

(18) ×　水にもアルコールにも溶けます。

(19) ○

(20) ○

(21) ×　不安定で分解して酸素を出しやすい物品ですが、引火性はありません。"第6類は酸化性液体"という基本を知っていれば、正解できます。

(22) ×　アセトアニリド、りん酸は正しいですが、金属粉は正しくありません。金属粉と混ぜると分解します。正しくは尿酸です。

(23) ×　りん酸は、過酸化水素の分解を抑制する安定剤の1つです。

(24) ×　分解して生じる酸素により内圧が増大し容器が破裂する恐れがあります。そのため、過酸化水素の貯蔵容器には通気のための穴の開いた栓を用います。第6類で容器に通気口を設けるのは過酸化水素だけです。覚えておきましょう。

■ 硝酸・発煙硝酸

(25) ×　純粋なものは無色透明の液体です（分解が進んだものは黄褐色を呈することがあります）。

(26) ○

(27) ×　安定剤に尿酸などを使うのは、過酸化水素です。

(28) ×　ステンレスは侵されにくいので、利用可能です。銅や銀は侵されます。

(29) ×　内容が逆です。アルミニウム容器は濃硝酸には不動態を作り侵されず、希硝酸には侵されます。

(30) ○

(31) ○　ちなみに、濃塩酸と濃硝酸を3：1で混合したものは王水とよばれます。

(32) ×　第6類に共通のことですが、酸化性液体におがくずなどの可燃物を接触させるのは、発火・爆発の恐れがあるため危険です。

(33) ×　発煙硝酸は赤または赤褐色の液体で、酸化力は硝酸よりも強い。

(34) ×　濃硝酸に二酸化窒素 NO_2 を加圧飽和させたものが発煙硝酸です。

(35) ×　水と混合して可燃性ガスを生じるのは、第3類の禁水性物質です。

第**3**章　危険物の性質ならびにその火災予防および消火の方法

6類

練習問題　次の問について、○×の判断をしてみましょう。

■ 硝酸・発煙硝酸（続き）

(36) 硝酸が分解すると酸素と二酸化窒素を生じる。いずれの気体も無害である。

(37) 鋼製容器内に入った硝酸を水で希釈すると、容器が腐食しやすくなる。

■ ハロゲン間化合物

(38) ハロゲン間化合物は、ふっ素を多く含むものほど、反応性が高い。

(39) ハロゲン間化合物は、加熱すると分解して酸素を放出する。

(40) ハロゲン間化合物は、ほとんどの金属、非金属と反応してふっ化物を作る。

(41) ハロゲン間化合物が水と反応すると猛毒なふっ化水素を生じる。

(42) ハロゲン間化合物の火災に、乾燥砂、膨張ひる石は適応する。

(43) 三ふっ化臭素に比べて、五ふっ化臭素の方が反応性が低い。

(44) 五ふっ化臭素の貯蔵容器には、ガラスが適している。

解答

■ 硝酸・発煙硝酸（続き）

(36) ×　酸素と二酸化窒素が生成されること正しいですが、二酸化窒素は有毒です。

(37) ○　鋼（鉄が主成分）、アルミニウム、ニッケル、クロムは、むしろ希硝酸によって激しく侵されます。

■ ハロゲン間化合物

(38) ○

(39) ×　そもそも、ハロゲン間化合物は分子内に酸素原子Oを含みません。

(40) ○

(41) ○　猛毒なふっ化水素が出ますので、水系の消火剤の使用はできません。

(42) ○　水と反応して有毒ガスを生じるため、乾燥砂、膨張ひる石などが適します。

(43) ×　五ふっ化臭素の方が反応性に富みます。

(44) ×　ガラス容器は腐食される危険性があります。

演習問題3-7　第6類の問題

問　題

問題1

第6類の危険物の性状として、誤っているものはいくつあるか。

A：液体比重は1より小さく、水に浮くものが多い。
B：酸化性の液体である。
C：腐食性があり皮膚を侵し、その蒸気は人体に有毒である。
D：いずれも有機化合物である。
E：それ自身は不燃性の物質である。

（1）1つ　　（2）2つ　　（3）3つ　　（4）4つ　　（5）5つ

問題2

第6類の危険物の性状について、誤っているものはどれか。

（1）すべて、水で薄めることで金属製貯蔵容器の浸食に対する危険性が低下する。
（2）すべて、比重は1より大きい。
（3）すべて、常温常圧で液体である。
（4）すべて、有機物との接触は厳禁である。
（5）水と激しく反応し、分解するものがある。

問題3

第6類の危険物の貯蔵時に、容器を密栓せず通気性を持たせる必要がある危険物はどれか。

（1）過塩素酸　　（2）過酸化水素　　（3）硝酸
（4）発煙硝酸　　（5）五ふっ化臭素

問題4

次のうち、第6類のすべての危険物の消火に有効なものはいくつあるか。

A： 泡消火剤を放射する。　　　B： 霧状の水を放射する。

C： 霧状の強化液を放射する。　　D： 二酸化炭素消火剤を放射する。

E： ハロゲン化物消火剤を放射する。

(1) 1つ　　(2) 2つ　　(3) 3つ　　(4) 4つ　　(5) 0 (1つもない)

問題5

過塩素酸の性状として、誤っているものはどれか。

(1) 有機物と接触すると発火する恐れがある。

(2) 空気中で発煙する。

(3) 水中に滴下すると音を出して発熱する。

(4) 加熱すると爆発する。

(5) 赤色または赤褐色の液体である。

問題6

過酸化水素の性状として、誤っているものはいくつあるか。

A： 過酸化水素の濃度30%の水溶液をオキシドールという。

B： 強い酸化作用を持つが、還元剤の作用をすることもある。

C： 容器を密栓し冷暗所に貯蔵する。

D： 濃度50%以上のものは爆発の恐れがある。

E： 皮膚に触れると火傷を起こす。

(1) 1つ　　(2) 2つ　　(3) 3つ　　(4) 4つ　　(5) 5つ

問題7

過酸化水素の性状として、誤っているものはどれか。

(1) 有機物と接触すると発火する恐れがある。

(2) 熱はもちろん、直射日光によっても分解する。

(3) 水に溶ける。

(4) 純粋なものは無色の粘性のある液体である。

（5）安定剤としてりん酸、尿酸、アルミニウム粉などが用いられる。

問題8

硝酸の性状として、誤っているものはどれか。

（1）無色の液体である。

（2）濃硝酸は、鉄やアルミニウムなどの容器を激しく侵すため、金属容器を用いる場合は水で希釈した希硝酸として貯蔵する。

（3）液体比重は1を超え、水に溶ける。

（4）銅や銀など、水素よりもイオン化傾向の小さな金属とも反応する。

（5）分解すると有毒ガスを生じる。

問題9

硝酸と発煙硝酸に共通する性状または取扱法として、誤っているものはどれか。

（1）無色の液体である。

（2）熱や光によって分解し、酸素を発生すると同時に、有毒な二酸化窒素を発生する。

（3）還元性物質との接触を避ける。

（4）容器は密栓し、冷暗所に貯蔵する。

（5）それ自身は不燃性である。

問題10

ハロゲン間化合物の性状として、誤っているものはどれか。

（1）多数のふっ素原子を含むものほど、反応性が高い。

（2）金属に対しては安定で、反応しない。

（3）水と激しく反応して、猛毒で腐食性の高いふっ化水素を生じる。

（4）無色の液体である。

（5）可燃性物質と接触すると、反応して発熱する。

第**3**章　危険物の性質ならびにその火災予防および消火の方法

演習問題

問題11 ☑☑☑

ハロゲン間化合物に関わる火災の消火方法として、最も不適切なものはどれか。

(1) 粉末の消火剤をかける。
(2) 泡消火剤で覆う。
(3) 乾燥砂で覆う。
(4) 膨張真珠岩で覆う。
(5) 膨張ひる石で覆う。

解 答・解 説

問題1   解答(2)

A、Dが誤りです。理由は次の通りです。A：比重は1より大きい。D：いずれも無機化合物です。

問題2   解答(1)

基本は、水などで薄めれば金属腐食の危険度が低下するものが多いですが、例外があります。硝酸および発煙硝酸は、希硝酸の場合には、金属を激しく浸しますので危険です（鉄、アルミニウム、ニッケル、クロムなどの金属を激しく侵します。濃硝酸では侵されません）。また、(5)について、ハロゲン間化合物（三ふっ化臭素、五ふっ化臭素、五ふっ化よう素）は、水と激しく反応して発熱・分解し、猛毒かつ腐食性のあるふっ化水素を生じます。

問題3   解答(2)

基本は容器を密栓しますが、過酸化水素は分解しやすいため、内圧上昇による容器破損を防ぐために、ふたに通気性を持たせます（第6類で容器に通気性を持たせるのは、過酸化水素だけですので覚えておくとよいでしょう）。

問題4   解答(5)

第6類の多くは水による消火が適しますが、ハロゲン間化合物は水系の消火法が使用できません（A、B、C）。また、ハロゲン化物消火剤や二酸化炭素消火剤は第6類の消火に適しません（D、E）。

問題5 解答 (5)

　過塩素酸は無色の発煙性液体です。第6類のほとんどは無色の液体です。発煙硝酸のみ、赤または赤褐色であることを知っておきましょう。

問題6 解答 (2)

　A、Cが誤りです。理由は次の通りです。A：オキシドールは濃度3%の水溶液です。C：第6類では、過酸化水素のみ、容器の内圧上昇防止のため容器に通気性を持たせます。

問題7 解答 (5)

　アルミニウム粉などの金属粉や有機物と接触すると、発火・爆発の恐れがあります。過酸化水素の安定剤として用いられるのは、「りん酸、尿酸、アセトアニリド」などです。

問題8 解答 (2)

　鉄、アルミニウム、ニッケル、クロムなどは、希硝酸には激しく侵されますが、濃硝酸とは不動態を作り侵されません。間違えやすい問題ですので、注意しましょう。

問題9 解答 (1)

　硝酸は無色の液体ですが、発煙硝酸は赤色または赤褐色の液体です。

問題10 解答 (2)

　ハロゲン間化合物は、ほとんどの金属、非金属と反応しふっ化物を作ります。

問題11 解答 (2)

　ハロゲン間化合物は、水と激しく反応して発熱・分解し、猛毒で腐食性の高いふっ化水素を生じるので、水系の消火剤は適しません。粉末消火剤か乾燥砂が適応します。膨張真珠岩および膨張ひる石は、乾燥砂と同類の消火法ですので、基本的に適応可能です。

第3章

危険物の性質ならびにその火災予防および消火の方法

演習問題

演習問題3-8　第1類から第6類までに関連した総合的な問題

問　題

問題1

✓ ✓ ✓

危険物の性状として、誤っているものはどれか。

(1) 酸化プロピレンは、第4類の特殊引火物で極めて引火性が高く水に溶ける。また、銀や銅との接触で重合が促進され、発火する危険性がある。

(2) 固形アルコールは第2類の危険物で、常温でも引火する。

(3) 亜鉛粉およびマグネシウムは、第3類の危険物で、水との接触で発火する恐れがある。

(4) 塩素酸ナトリウムは第1類の危険物で、水に溶け、潮解性がある。

(5) ピクリン酸は第5類の危険物で、衝撃や摩擦などにより爆発する恐れがある。

問題2

✓ ✓ ✓

危険物の性状として、正しいものはどれか。

(1) 過酸化バリウムは、水と反応して水素を発生する。

(2) 過酸化カリウムは、水と反応して酸素を発生する。

(3) カリウムは、水と反応して酸素を発生する。

(4) 炭化カルシウムは、水と反応して一酸化炭素を発生する。

(5) ナトリウムは、水と反応して酸素を発生する。

問題3

✓ ✓ ✓

危険物の貯蔵方法として、正しいものはいくつあるか。

A： 二硫化炭素は、水中に保存する。

B： ニトロセルロースは、水またはエタノールで湿綿にして貯蔵する。

C： 黄りんは、不活性ガスを封入した耐圧容器中に保存する。

D： カリウムは、石油（灯油など）中に保存する。

E： ピクリン酸は、湿気を避け乾燥状態で保存する。

(1) 1つ　　(2) 2つ　　(3) 3つ　　(4) 4つ　　(5) 5つ

問題4

次の物品のうち、水、その他保護液中に貯蔵するものはいくつあるか。

カリウム、ナトリウム、過酸化水素、二硫化炭素、黄りん、赤りん、水素化ナトリウム、マグネシウム、炭化カルシウム、硫化りん

(1) 1つ　　(2) 2つ　　(3) 3つ　　(4) 4つ　　(5) 5つ

問題5

次に示す危険物の貯蔵法として、正しいものはどれか。

(1) 黄りんは、通気性のある容器内に貯蔵する。
(2) カリウムは、アルコール中に貯蔵する。
(3) ニトロセルロースは、乾燥状態で貯蔵する。
(4) アルキルアルミニウムは、窒素を封入した容器中に貯蔵する。
(5) 二硫化炭素は、湿気、水分に触れないように貯蔵する。

問題6

次に示す危険物の消火法として、誤っているものはどれか。

	危　険　物	消　火　法
(1)	第1類のアルカリ金属の過酸化物	大量の水をかける
(2)	第3類のアルカリ金属	乾燥砂
(3)	第4類のエチルアルコール	水溶性液体用泡消火剤
(4)	第5類の過酸化ベンゾイル	大量の水をかける
(5)	第6類の過酸化水素	注水消火

問題7

次に示す危険物と消火法の組合せとして、誤っているものはどれか。

(1) $KClO_3$ ……… 注水消火
(2) Al…………… 金属火災用粉末消火剤を放射する
(3) Na ………… 乾燥砂をかけて覆う
(4) C_6H_6 ……… 泡消火剤を放射する
(5) CH_3NO_3 …… 二酸化炭素消火剤を放射する

問題8 ☑☑☑

次の危険物のうち、水による消火が最も適切なものはどれか。

(1) 過酸化カリウム
(2) 三硫化りん
(3) アルキルアルミニウム
(4) トルエン
(5) ニトロセルロース

問題9 ☑☑☑

顧客に自ら給油をさせる給油取扱所（セルフスタンド）において、給油口を緩める際に付近で発生した静電気により引火し火災が発生した。このような事故を防ぐための対策として適切でないものはどれか。

(1) 顧客用固定式給油設備の給油ノズル、操作盤付近などの見やすい場所に、「静電気除去」の事項を表示する。
(2) 適時、地盤面への散水を行う。
(3) 給油作業の前に、自動車の金属部分あるいは除電用の静電気除去シートなどに触れ、人体に帯電した静電気を除去する。
(4) 給油ノズル、ホース類の導電性を高く保つ。
(5) 給油者は、電気絶縁性の高い靴、衣服の着用を心掛ける。

解 答 ・ 解 説

問題1 解答 (3)

亜鉛粉およびマグネシウムは、第2類の危険物です。第3類に属するカリウム、ナトリウム、カルシウム、リチウム、バリウムなどと混同しないように注意しましょう。ちなみに、鉄粉、アルミニウム粉、マグネシウムも第2類です。

問題2 解答 (2)

このような問題は、各物品の特性を細かく知らなくても、答えられる可能性が高い。この問題で、(1) と (2) は、第1類の無機過酸化物です。(3) ～ (5) はいずれも第3類です。次のことを理解しておくと便利です。

第1類の無機過酸化物＋水 ⇒ 酸素を発生

第3類の禁水性物質　＋水 ⇒ 可燃性ガス（水素、炭化水素など）を発生

この場合、（2）が第1類であることを知っていれば、正しいと分かります。参考までに、各物品の生成物は次の通りです。（1）水と作用して「酸素」を発生。（3）水と作用して「水素」を発生。（4）水と作用して「アセチレンガスC_2H_2」を発生。（5）水と作用して「水素」を発生。

問題3
解答（3）

正しいのは、A、B、Dです。第3類のカリウムの他、ナトリウム、リチウム、カルシウム、バリウムは火災予防のために灯油などの石油中に保存します。C、Eが誤っている理由は次の通りです。C：黄りん（第3類）は「水中」に貯蔵します。E：ピクリン酸（第5類：ニトロ化合物）は、乾燥状態では危険性が増すので、「水で湿らせて」貯蔵します。

問題4
解答（4）

該当品と保護液の種類を次に記します。カリウム（灯油）、ナトリウム（灯油）、二硫化炭素（水）、黄りん（水）。

問題5
解答（4）

（4）以外が正しくない理由は次の通りです。（1）黄りんおよび（5）二硫化炭素は「水中」に貯蔵します。（2）カリウムは「灯油（石油）」中に貯蔵します。（3）ニトロセルロースは、「水またはエタノールで湿綿として貯蔵」します。

問題6
解答（1）

第1類は原則注水消火が適しますが、アルカリ（土類）金属の過酸化物（過酸化〇〇とよばれる物品）など、無機過酸化物のみ、注水消火が適しません（水と反応して酸素を放出するため）。

問題7
解答（5）

CH_3NO_3（硝酸メチル）は第5類の危険物です。第5類の危険物は、分子内に酸化剤を含んで自己燃焼するため、二酸化炭素消火剤などの窒息消火は効果がありません。

問題8

　ニトロセルロース(第5類)は分解を防ぐために水による冷却消火が適します。(5)以外が正しくない理由は次の通りです。(1)過酸化カリウムは第1類の無機過酸化物であり、水と反応して酸素を放出します。(2)三硫化りん(第2類)は水と反応して有毒で可燃性の硫化水素を出します。(3)アルキルアルミニウム(第3類)は水と激しく反応します。(4)トルエン(第4類)は水に不溶で水よりも軽いため、注水をすると延焼が拡大する恐れがあります。

問題9

　静電気の帯電と蓄積を防ぐのが正しい対応です。(5)は、静電気を帯電しやすくしているので不適切です。

甲種危険物取扱者
模擬試験（第1回目）

○試験の概要とアドバイス

　総まとめとして、実際の試験型式の模擬問題を解いてみましょう。

　実際の試験における出題数、試験時間等を次の表にまとめます。

▼試験の概要

科　目	問題数	解答方法	合格基準正答率	試験時間
危険物に関する法令	15	五肢択一	60%（9問）以上	2時間30分
物理学及び化学	10		60%（6問）以上	
危険物の性質並びにその火災予防及び消火の方法	20		60%（12問）以上	

　2時間30分で45問出題されます。合格基準は、科目ごとに正答率が60%以上となります。そのように考えると、しっかりと基本を押さえておくことが、合格ラインを突破するのに重要です。

　また、「危険物の性質並びにその火災予防及び消火の方法」においては、個々の物品の特性に気をとられすぎないことも大切です。あくまでも、各類の共通の特性を理解していることが最優先です。一見、個々の物品の特性を問う問題であったとしても、実は類ごとの共通の特性を知っていれば正答できるものも少なくありません。

　個々の物品特有の問題は、その物品に特徴的な個性（水溶性、禁水性、保護液中に保存、臭気、毒性など）が出題されやすいので、本書で学んだことで、自然と覚えている項目が多いと思います（そのような狙いでテキストおよび問題集を構成しています）。

危険物に関する法令

問題1
法令上、危険物に関する記述について誤っているものはいくつあるか。

A： 危険物とは、別表第1の品名欄に掲げる物品で、同表に定める区分に応じ同表の性質欄に掲げる性状を有するものをいう。

B： 危険物の状態は、1気圧、0℃において固体または液体である。

C： 危険物を含有する物品であっても、政令で定める試験において政令で定める性状を示さないものは危険物に該当しない。

D： 引火の危険性を判断するための政令で定める試験において示される引火性によって、第1類から第6類に分類されている。

E： 指定数量とは、危険物の危険性を勘案して政令で定める数量である。

(1) 1つ　　(2) 2つ　　(3) 3つ　　(4) 4つ　　(5) なし

問題2
予防規定に関する説明で正しいものはどれか。

(1) 予防規定を制定または変更するには、市町村長等の許可が必要である。

(2) 所轄消防署長は、火災予防のために必要であれば、予防規定の変更を命ずることができる。

(3) 予防規定は、製造所等の危険物保安監督者が定める。

(4) 予防規定に従う必要があるのは、当該施設で危険物の取扱業務に従事する者すべてである。

(5) 予防規定には、3年ごとに書き換える必要がある。

問題3

　法令上、耐火構造の隔壁で完全に区分された3室を有する屋内貯蔵所にて、次の危険物をそれぞれの室に貯蔵する場合、この貯蔵所で貯蔵する危険物の指定数量の倍数は何倍か。

硫化りん……200kg　　カリウム……50kg　　ジエチルエーテル……200L

(1) 6.5倍　　(2) 10倍　　(3) 11倍　　(4) 20倍　　(5) 29倍

問題4

　次に示す製造所等で、保安対象物から一定の保安距離をとる必要がある施設はいくつあるか。

屋内貯蔵所、屋内タンク貯蔵所、屋外貯蔵所、屋外タンク貯蔵所、給油取扱所、移送取扱所

(1) 1つ　　(2) 2つ　　(3) 3つ　　(4) 4つ　　(5) 5つ

問題5

　消火設備の区分と具体的な消火設備名の組合せで、誤っているものはいくつあるか。

(A) 屋内消火栓設備……………………………………第1種消火設備
(B) スプリンクラー設備………………………………第2種消火設備
(C) 粉末消火設備………………………………………第3種消火設備
(D) 小型の二酸化炭素消火器…………………………第4種消火設備
(E) 膨張ひる石…………………………………………第5種消火設備

(1) 1つ　　(2) 2つ　　(3) 3つ　　(4) 4つ　　(5) 5つ

問題

411

問題6

　給油取扱所の基準や危険物の取扱いについて、正しいものはどれか。

(1) 給油空地から車両の一部または全部がはみ出した状態で給油することは、危険物取扱者が監視している場合に限り可能である。

(2) 自動車を洗浄する場合、引火点が40℃以上の洗剤を使用する。

(3) 自動車に給油する際、固定給油設備で直接給油しなければならない。

(4) 給油取扱所の専用タンクに危険物を注入している間、当該タンクに接続されている固定給油設備の燃料の流速を落として使用しなければならない。

(5) 給油取扱所内に立体駐車場を設置することは可能である。

問題7

　製造所等を設置または変更する際の手続で、正しいものはどれか。

(1) 消防長または消防署長の許可を受ける。

(2) 設置や変更工事後、遅延なく都道府県知事に届出る。

(3) 工事に着手する10日以上前に市町村長等に届出る。

(4) 市町村長等の許可を受ける。

(5) 都道府県知事の承認を受ける。

問題8

　次のうち、製造所等の許可の取消事由に該当しないものはどれか。

(1) 定期点検が必要な製造所等で定期点検を実施していない。

(2) 危険物保安監督者を定めなければならない製造所等において、それを定めていない。

(3) 新たに建設した製造所等の完成検査前に、当該製造所等を使用した。

(4) 製造所等の位置、構造または設備にかかわる措置命令に違反した。

(5) 製造所等の位置、構造または設備を無許可で変更した。

問題9

定期点検の実施者について誤っているものはどれか。

(1) 丙種危険物取扱者の立会を受けた者は定期点検を実施できる。

(2) 危険物施設保安員は定期点検を実施できない。

(3) 乙種危険物取扱者は定期点検を実施できる。

(4) 危険物取扱者でない危険物保安統括管理者は、単独では定期点検を実施できない。

(5) 製造所等の所有者であっても、危険物取扱者でなければ、単独では定期点検を実施できない。

問題10

危険物取扱者について、誤っているものはどれか。

(1) 丙種危険物取扱者は、給油取扱所での軽油の取扱いへの立会ができる。

(2) 甲種危険物取扱者は、すべての類の危険物の立会ができる。

(3) 危険物施設保安員であっても、危険物取扱者でなければ、その人が単独で危険物の取扱い作業をすることはできない。

(4) 乙種危険物取扱者で、6か月以上の実務経験がある者は、危険物保安監督者になる資格を有する。

(5) 丙種危険物取扱者は、危険物保安監督者になる資格はない。

問題11

免状の書換えが必要なのは次のうちどれか。

(1) 住所が変わった。

(2) 写真の撮影日から10年が経過する。

(3) 危険物保安講習を受講した。

(4) 免状を紛失した。

(5) 勤務先が変わった。

問題12

危険物保安講習について、誤っているものは次のうちどれか。

(1) 危険物の取扱作業に従事していない危険物取扱者は受講する必要がない。

(2) 危険物取扱者資格の有無に関係なく、製造所等で危険物取扱業務に従事する者は受講の義務がある。

(3) 新たに免状を取得し、危険物の取扱業務に従事する危険物取扱者は、免状取得以降の最初の4月1日から数えて3年以内に受講しなければならない。

(4) 講習は、どの都道府県で受けても有効である。

(5) 5年間危険物の取扱作業に従事していなかった危険物取扱者が、新たに危険物の取扱業務に従事するようになった場合、従事日から1年以内に受講すればよい。

問題13

危険物保安監督者を選任しなくてもよい製造所は次のうちどれか。

(1) 一般取扱所

(2) 屋外タンク貯蔵所

(3) 移送取扱所

(4) 移動タンク貯蔵所

(5) 給油取扱所

問題14

危険物の運搬について、法令上誤っているものはどれか。

(1) 危険物の運搬容器にガラス製のものは使用できる。

(2) ドラム缶や一斗缶で危険物を運搬する際、上部にある危険物の収納口が上向きになるように積載する。

(3) 液体の危険物の場合、運搬容器の内容積の98%以下の収納率で、かつ55℃の温度で漏れないようにすること。

(4) 指定数量未満の危険物を運搬する場合は、運搬容器や表示等に特に決まりはない。

(5) 運搬する容器を積み重ねる場合の積み上げ高さは3m以下とする。

問題15

危険物の貯蔵・取扱いの基準について、正しいものはどれか。

(1) 廃油等を処理する際は、焼却以外の方法で行うこと。

(2) 危険物のくず、かす等は、週に1回以上処理すること。

(3) 貯留設備に溜まった危険物は1日1回以上汲み上げること。

(4) 危険物を埋没処理してはいけない。

(5) 危険物を海中または水中に流出させてはいけない。

物理学及び化学

問題16

次のうち、燃焼が起こる条件を満たしているものはいくつあるか。

(A) 鉄粉	水素	磁力線	
(B) 二酸化炭素	酸素	摩擦火花	
(C) 二硫化炭素	空気	電気火花	
(D) 過酸化カリウム	ガソリン	衝撃	水
(E) 硫黄	空気	放射線	

(1) 1つ　　(2) 2つ　　(3) 3つ　　(4) 4つ　　(5) 5つ

問題17

物質とその一般的な燃焼形態の組合せのうち、正しいものはどれか（ただし、常温常圧の大気下での燃焼とする）。

	物質名	一般的な燃焼形態
(1)	ガソリン	分解燃焼
(2)	石炭	表面燃焼
(3)	木炭	分解燃焼
(4)	硫黄	蒸発燃焼
(5)	アルミニウム粉	自己燃焼

問題

問題18

メタノール（CH$_3$OH）5 molを完全燃焼させるのに必要な酸素の20℃、1気圧（101.3 kPa）での容積はいくらか。ただし、0℃、1気圧における1molの気体の容積は22.4Lである（アボガドロの法則）。

(1) 168L　　(2) 180L　　(3) 336L　　(4) 360L　　(5) 112L

問題19

燃焼の難易について、誤っているものはいくつあるか。

(A) 空気との接触面積が小さいほど燃えやすい。

(B) 酸化されやすいものほど燃えにくい。

(C) 発熱量が大きいほど燃えやすい。

(D) 湿気が少ないほど（乾燥しているほど）燃えやすい。

(E) 熱伝導率が小さいほど燃えやすい。

(1) 1つ　　(2) 2つ　　(3) 3つ　　(4) 4つ　　(5) 5つ

問題20

引火性液体の引火点についての説明で、正しいものはどれか。

(1) 可燃性液体が、燃焼（爆発）範囲の下限界の濃度の混合気を液面上に形成する最低の温度のこと。

(2) 可燃性液体の引火が起こった位置のこと。

(3) 空気中の可燃物を加熱した際、他から点火しなくても自然に燃焼を開始する最低の温度のこと。

(4) 可燃性液体を燃焼させるのに必要な熱源の温度のこと。

(5) 可燃性物質が引火した時刻のこと。

問題21
　二酸化炭素消火剤についての記述で、正しいものはいくつあるか。

(A) 一酸化炭素と異なり人体に無害なので、人がいる密閉空間で使用できる。

(B) 空気より軽いため、密閉した空間でないと使用できない。

(C) 油火災および電気火災に適用できる。

(D) 主に冷却効果による消火が期待できる。

(E) 一般に、第5類の危険物の消火には適さない。

(1) 1つ　　(2) 2つ　　(3) 3つ　　(4) 4つ　　(5) 5つ

問題22
　単体、化合物、混合物について、正しいものはどれか。

(1) 空気は単体である。

(2) 一酸化炭素と二酸化炭素は互いに構造異性体である。

(3) 水は、単体である。

(4) 二酸化炭素は、炭素と酸素の混合物である。

(5) ガソリンは、種々の炭化水素の混合物である。

問題23
　酸化と還元について、誤っているものはどれか。

(1) 同一の反応系において、酸化と還元が同時に起こることはない。

(2) 物質が酸素と化合することを酸化という。

(3) 化合物が水素を失うことを酸化という。

(4) 酸化物が酸素を失うことを還元という。

(5) 物質が水素と化合することを還元という。

問題

417

問題24

　静電気について、誤っているものはどれか。

(1) 引火性液体には摩擦や流動などで静電気を蓄積しやすいものが多い。

(2) 静電気は、人体にも帯電する。

(3) 非水溶性の危険物が配管中を高速で流れているとき、静電気が生じやすい。

(4) 静電気を防ぐため、なるべく電気絶縁性の高い靴、作業着、道具を使うとよい。

(5) 静電気による火花放電によって、可燃性蒸気が引火することがある。

問題25

　鋼製の配管を埋設した場合、最も腐食しにくい状況はどれか。

(1) エポキシ樹脂塗料に完全に被覆されて土壌に埋設されている。

(2) 土壌中とコンクリート中にまたがって埋設されている。

(3) 土壌埋設配管がコンクリート中の鉄筋に接触しているとき。

(4) 直流電気鉄道のレールに近接した土壌に埋設されている。

(5) 乾いた土壌と湿った土壌の境目に埋設されている。

危険物の性質並びにその火災予防及び消火の方法 ────

問題26

　危険物の類ごとに共通する性状として正しいものはどれか。

(1) 第1類：酸化性を有する固体で、それ自身は不燃性である。

(2) 第2類：酸化されやすい可燃性の液体。

(3) 第3類：水とは反応しない不燃性の液体・固体。

(4) 第5類：発火しやすい液体。

(5) 第6類：自己反応性を有する液体。

問題27

危険物の消火に関して、誤っているものはどれか。

(1) 第1類の危険物は、すべて水による消火が適応する。

(2) 第2類の危険物の中には、注水消火が適さない物品がある。

(3) 第3類の危険物は、一部を除き注水消火が適さない。

(4) 第4類の危険物の消火には、窒息消火、抑制消火が有効である。

(5) 第5類の危険物は、一部を除き注水消火が適する。

問題28

第1類の危険物に共通する性状として、誤っているものはどれか。

(1) 常温常圧（20℃、1気圧）で固体である。

(2) 可燃性の物質である。

(3) 加熱や衝撃により分解して酸素を発生することがある。

(4) 水と反応して分解するものがある。

(5) 有機物や可燃物と混合すると、加熱等により爆発する場合がある。

問題29

第1類のすべてに共通する貯蔵・取扱方法で、誤っているものはどれか。

(1) 可燃物との接触を避ける。

(2) 強酸類との接触を避ける。

(3) 密封して冷暗所に貯蔵する。

(4) 火気、衝撃、摩擦を避ける。

(5) 水との接触を避ける。

問題

問題30

過塩素酸アンモニウムの性状として、誤っているものはどれか。

(1) 加熱や衝撃により発火や爆発の恐れがある。

(2) 潮解性はない。

(3) 水やエタノールに溶ける。

(4) 比重が1より大きい。

(5) 黄褐色の結晶である。

問題31

次の危険物の火災とその消火方法の組合せにおいて、適切なものはどれか。

	燃焼している物質	消火方法
(1)	亜鉛粉	霧状の水を放射する
(2)	三硫化りん	大量の水で冷却する
(3)	マグネシウム	乾燥砂で覆う
(4)	赤りん	ハロゲン化物消火剤を放射する
(5)	固形アルコール	膨張ひる石で覆う

問題32

硫化りんの性状として、正しいものはどれか。

(1) 五硫化りんは、水と作用して有毒なりん化水素を発生する。

(2) 比重は1より小さい。

(3) すべて二硫化炭素には溶けない。

(4) 消火の際、乾燥砂は適応しない。

(5) 燃焼すると、有毒なガスを発生する。

問題33
　硫黄の性状について、誤っているものはどれか。

(1) 斜方硫黄、単斜硫黄、ゴム状硫黄などの同素体が存在する。
(2) 粉末状のものは粉じん爆発に注意する必要がある。
(3) 融点が低く、50℃程度で溶解する。
(4) 電気を通しにくく、摩擦等により静電気が蓄積しやすい。
(5) 燃焼すると有毒なガスを生じる。

問題34
　第3類の危険物の中には、保護液中に貯蔵するものがある。その理由として正しいものはどれか。

(1) 可燃性蒸気の発生を抑えるため。
(2) 温度の上昇を防ぐため。
(3) 酸素の発生を抑えるため。
(4) 空気との接触を防ぐため。
(5) 劣化を抑制するため。

問題35
　第3類の危険物による火災の消火方法として、誤っているものはどれか。

(1) 第3類のすべての物品で、注水による消火は厳禁である。
(2) 乾燥砂は、第3類のすべての危険物に使用できる。
(3) ハロゲン系消火剤を使用すると有毒ガスを生じる物品がある。
(4) 一度燃焼すると消火が困難な物品がある。
(5) 禁水性物品には、炭酸水素塩類を用いた粉末消火剤が適用できる。

問
題

問題36

ジエチル亜鉛の性状として、誤っているものはどれか。

(1) 水とは反応しないが、アルコールや酸と激しく反応し水素を発生する。
(2) 空気中で自然発火する。
(3) ハロゲン系消火剤を用いると有毒ガスを生じる。
(4) 窒素などの不活性ガス中で貯蔵する。
(5) 無色の液体である。

問題37

第4類の危険物の一般的性状として正しいものはどれか。

(1) 液体の比重は、1より大きいものが多い。
(2) 一般に、静電気を蓄積しにくい。
(3) 蒸気比重が1より大きく、燃料蒸気は低部に滞留する。
(4) 引火点が高いものほど、火災の危険性が高い。
(5) 水溶性のものが多い。

問題38

第4類の火災の一般的な消火法で、誤っているものはどれか。

(1) 注水による消火は適切でない。
(2) ハロゲン化物消火剤は効果的である。
(3) 泡消火剤は効果的である。
(4) 棒状に噴射した強化液消火剤は効果的である。
(5) 二酸化炭素消火剤は効果的である。

問題39
アクリル酸の性状として、誤っているものはどれか。

（1）無色の液体である

（2）引火点は常温（20℃）より高い

（3）重合しやすく、重合禁止剤が添加されていないものは反応し、爆発する危険性がある

（4）酸化性物質との混触により爆発することがある

（5）水に溶けるが、エタノール、ジエチルエーテルには溶けない

問題40
第5類の危険物の一般的な性状として、誤っているものはどれか。

（1）比重は1より小さい。

（2）燃焼速度が速い。

（3）可燃性の固体または液体である。

（4）引火性をもつものがある。

（5）加熱、摩擦、衝撃等で発火し、爆発するものが多い。

問題41
過酸化ベンゾイルの性状として、誤っているものはどれか。

（1）高濃度のものは爆発の恐れがある。

（2）強力な酸化作用を有する。

（3）加熱、衝撃、光などで分解し爆発することがある。

（4）水によく溶ける。

（5）無味無臭の白色粒状結晶である。

問題42

次のうち、第5類のニトロ化合物に該当する物品はいくつあるか。

ニトログリセリン、ピクリン酸、ニトロセルロース、硝酸エチル、
ヒドロキシルアミン

(1) 1つ　　(2) 2つ　　(3) 3つ　　(4) 4つ　　(5) 5つ

問題43

第6類の危険物の性状について、誤っているものはどれか。

(1) 20℃、1気圧において、液体か固体である。
(2) それ自身は不燃性である。
(3) 腐食性があり、蒸気は有毒である。
(4) 水と激しく反応し、発熱するものがある
(5) 強い酸化性を有する。

問題44

硝酸の性状として、誤っているものはどれか。

(1) 純粋なものは無色の液体である。
(2) 強力な酸化力を有する。
(3) 湿気を含む空気中で発煙する。
(4) 直射日光では分解しないので、透明のビン内に貯蔵する。
(5) 金属を腐食させる。

問題45

三ふっ化臭素の性状について、誤っているものはどれか。

(1) 可燃性で単独でも爆発する恐れがある。
(2) 無色の液体である。
(3) 水と激しく反応し、分解して猛毒のふっ化水素を生じる。
(4) 比重は1より大きい。
(5) 木材、紙などの可燃物と接触すると反応して発熱する。

解　答　・　解　説

問題1　　　　　　　　　　　　　　　　　　　　　　　　　　　　　解答（2）

　以下の通り、BとDが誤った記述です。

B：　危険物は、1気圧、20℃（常温常圧）において固体または液体です。

D：　引火の危険性を判断するための政令で定める試験は、第4類（引火性液体）
　　の判断をするための試験です。1-1節参照。

問題2　　　　　　　　　　　　　　　　　　　　　　　　　　　　　解答（4）

　予防規定は、危険物取扱者だけでなく、その製造所等の作業者全員が従う必
要があります。危険物取扱業務に従事する危険物取扱者のみ受講の義務がある
「危険物保安講習」と混同しないように注意しましょう。ちなみに、（4）以外が
正しくない理由は次の通りです。（1）予防規定は、市町村長等の認可を受ける
（許可ではない）。（2）変更命令ができるのは「市町村長等」です。所轄消防署長
が行うのは、仮貯蔵・仮取扱いの承認です。（3）危険物保安監督者や危険物取
扱者が定める決まりはありません（所有者等が定めます）。（5）3年ごとに書換
える規定はありません。1-9節参照。

問題3　　　　　　　　　　　　　　　　　　　　　　　　　　　　　解答（3）

　それぞれの危険物の指定数量は次の通りです。

硫化りん（第2類）　100kg

カリウム（第3類）　10kg

ジエチルエーテル（第4類、特殊引火物）　50L

　よって、指定数量の倍数は以下のように計算されます。

$$指定数量の倍数 = \frac{200}{100} + \frac{50}{10} + \frac{200}{50} = 2 + 5 + 4 = 11倍$$

　この手の問題に対応するためには、1-1節「3 危険物の指定数量」の表に記載
の内容を覚えておきましょう。

問題4　　　　　　　　　　　　　　　　　　　　　　　　　　　　　解答（3）

　保安距離が必要なのは次の5施設です。製造所、一般取扱所、屋内貯蔵所、
屋外貯蔵所、屋外タンク貯蔵所（屋内・屋外○○の中で、屋内タンク貯蔵所の

み対象外と覚えるとよい）。1-7節参照。

問題5　解答（1）

（D)のような「小型消火器」は第5種の消火設備です。第4種の消火設備は、「大型の消火器」（車輪がついているようなタイプ）です。1-13節参照。

問題6　解答（3）

（3）以外が正しくない理由は次の通りです。（1）給油空地から一部でもはみ出している場合、給油ができません。（2）引火点を有する洗剤を使用できません（引火点が何℃かの問題ではありません）。（4）流速を落としたとしても、当該給油設備を使用してはいけません。（5）立体駐車場は設置できません。1-8節「10 給油取扱所に固有の基準」参照。

問題7　解答（4）

製造所等は、市町村長等の許可を受けて設置、変更します。1-3節参照。

問題8　解答（2）

（2）は、設備の法令適合違反ではなく、扱い方の不適合なので、設備の許可は取消される訳ではありません。この場合、使用停止になります。1-14節参照。

問題9　解答（2）

危険物施設保安員は定期点検を実施できます。点検を実施できるのは、次の通りです。「1. 危険物取扱者」「2. 危険物施設保安員（危険物取扱者でなくても可）」「3. 危険物取扱者の立会を受けた者（定期点検の場合、丙種でも立会可能）」。1-9節参照。

問題10　解答（1）

丙種危険物取扱者は、危険物取扱者ではない作業者の危険物取扱作業への立会はできません（取扱作業への立会ができるのは、甲種と乙種です）。1-4節参照。

問題11　解答（2）

書換えが必要なのは、免状の写真撮影から10年を経過するとき（経過する前

に書換える）と、免状の記載事項（氏名、本籍）に変更があるときです。1-4節参照。

問題12 　　　　　　　　　　　　　　　　　　　　　解答（2）

　危険物保安講習を受講する必要があるのは、「危険物取扱業務に従事する危険物取扱者」です。1-5節参照。

問題13 　　　　　　　　　　　　　　　　　　　　　解答（4）

　移動タンク貯蔵所は、危険物保安監督者は必要ありません。1-6節参照。

問題14 　　　　　　　　　　　　　　　　　　　　　解答（4）

　危険物の運搬の場合、指定数量の倍数に無関係に消防法等の規定（運搬容器や表示を含む）を守る必要があります。1-12節参照。

問題15 　　　　　　　　　　　　　　　　　　　　　解答（5）

　（5）以外が正しくない理由は次の通りです。（1）焼却処理は可能です。（2）1日1回以上処理します。（3）随時汲み上げます。（4）埋没処理は可能です。1-11節参照。

問題16 　　　　　　　　　　　　　　　　　　　　　解答（2）

　（C）、（D）が燃焼する要件を満たしています。過酸化カリウムと水でO_2が発生します。磁力線や放射線は、通常は着火源にはなりません。2-20節参照。

問題17 　　　　　　　　　　　　　　　　　　　　　解答（4）

　硫黄が昇華して可燃性混合気を作って燃えることも、蒸発燃焼といいます。（1）は蒸発燃焼、（2）は石炭内の可燃性ガスが分解して燃えるので分解燃焼、（3）の木炭からは可燃性ガスが生じないため表面燃焼、（5）アルミニウム粉は表面燃焼です。2-21節参照。

問題18 　　　　　　　　　　　　　　　　　　　　　解答（2）

　メタノールの分子式はCH_4Oです。よって、1mol当たりの化学反応式は次のようになります（2-12節「2 化学反応の計算法」参照）。

$$CH_4O + \frac{3}{2}O_2 = 1CO_2 + 2H_2O$$

メタノール1mol当たり、$\frac{3}{2}$mol（1.5mol）の酸素O_2が必要です。よって、メタノール5mol当たりでは、7.5molの酸素が必要です。よって、0℃、1気圧であれば、$7.5 \times 22.4 = 168$Lになります。

ここで答えが出たと勘違いしてはいけません。問題文では『20℃、1気圧での容積』を求めています。次に、0℃、1気圧で168Lの酸素を、20℃、1気圧での容積に変換します。圧力一定での変化（等圧変化）ですので、$\frac{V}{T} = $ 一定です[2-5節「1 理想気体の状態方程式」の（2）を参照]。

よって、0℃の状態を1、20℃の状態を2とすると、次のようになります。

$\frac{V_1}{T_1} = \frac{V_2}{T_2}$ なので、$V_2 = V_1 \frac{T_2}{T_1} = 168 \times \frac{20 + 273}{0 + 273} \fallingdotseq 180$L

これはまさに、シャルルの法則です。

以上の方法を用いなくても、一般気体定数$R_0 = 8.314$J/（mol・K）と、理想気体の状態方程式$PV = nR_0T$を知っていれば、次のようにも求めることができます。

$PV = nR_0T$ なので、$V = \frac{nR_0T}{P} = \frac{7.5 \times 8.314 \times (20 + 273)}{101.3 \times 10^3} \fallingdotseq 0.180\ m^3 = 180$L

以上の計算で、温度は絶対温度でなければならないことに注意しましょう。また、圧力Pは[Pa]でないと容積Vが[m^3]になりませんので、P = 101.3kPaは101.3×10^3Paに換算して計算しました。

問題19   解答（2）

AとBが正しくありません。空気との接触面積が大きいほど、また、酸化されやすいほど化学反応を起こしやすいので燃えやすくなります。2-23節参照。

問題20   解答（1）

引火点は、火種を近づけたときに燃焼が起こる最低の液温です。その状態では、液面上に燃焼範囲の下限界の濃度の混合気が形成されていることを意味します。2-22節参照。

問題21   解答（2）

CとEが正しい記述です。二酸化炭素消火剤は主に窒息効果で消火をします。

そのため、分子内に酸素を含有している第5類の危険物には適しません。それ以外が正しくない理由は次の通りです。（A）人がいる密閉区間で使用すると酸欠による窒息の恐れがあります。（B）空気より重い（空気の分子量29、二酸化炭素CO_2の分子量44）。（D）主に窒息効果です（液化しているCO_2が放射される際、気化して周りの熱を奪う冷却効果も多少はあります）。2-24節参照。

問題22　　　　　　　　　　　　　　　　　　　　　　　解答（5）

（1）空気は窒素、酸素その他の分子が含まれる混合物です。（2）COとCO_2ですので、異性体ではありません。（3）水H_2Oは、二種類の元素からなるので単体ではありません。（4）CとO_2の混合物ではなく化合物（CO_2）です。2-11節参照。

問題23　　　　　　　　　　　　　　　　　　　　　　　解答（1）

相対的に酸素の割合が増えれば酸化、減れば還元と理解すれば分かりやすい。そう考えると、（2）～（4）はすべて正しいことが分かります。一般に、酸化と還元は同時に起こっています。2-16節参照。

問題24　　　　　　　　　　　　　　　　　　　　　　　解答（4）

静電気を溜めないことが重要ですので、靴、作業着、器具、装備などは電気を通しやすいものにするのが基本です。静電気関連で「絶縁する」と出てきたら、それらは誤った対応です。2-8節参照。

問題25　　　　　　　　　　　　　　　　　　　　　　　解答（1）

異種材料が接触していたり、湿気や酸性が強かったり、土の質が変化していたり、迷走電流がある場所などでは腐食が進みます。2-17節参照。

問題26　　　　　　　　　　　　　　　　　　　　　　　解答（1）

この手の問題は、各類の性質（第1類：酸化性固体、第2類：可燃性固体、…）を知っていれば十分対応できます。ゴロ合わせ『サコさん、カネコさん、資金と印鑑を持参へ』を思い出しましょう。（1）以外が正しくない理由は次の通りです。（2）は、「液体」でなく「固体」です。（3）は多くが水と激しく反応します。（4）は液体と固体の両方があります。（5）は酸化性を有する液体です（自己反応性物質は第5類）。3-1節参照。

問題27

解答 (1)

第1類は基本的に水による消火が適しますが、例外があります。無機過酸化物 (過酸化○○と呼ばれる物品) は、水と反応して酸素O_2を放出しますので、注水はできません。3-1節参照。

問題28

解答 (2)

第1類は、「それ自身は不燃性」の固体です。ちなみに、第6類も「それ自身は不燃性」です (ただし、第6類は液体です)。3-2節参照。

問題29

解答 (5)

水との接触を避けなければならないのは、無機過酸化物だけです。すべてに共通するものではありません。3-2節参照。

問題30

解答 (5)

無色の結晶です。第1類の多くは無色や白色です。色がある物品のみを知っておくと完璧です。3-2節参照。

問題31

解答 (3)

(3) 以外が正しくない理由は次の通りです。(1) 亜鉛粉は、水と反応するので適しません。(2) 三硫化りんをはじめとする硫化りんは、水と作用して有毒で可燃性の硫化水素H_2Sを生じます (燃えてもSO_2等の有害物質を出します)。これに限らず、『硫』と付く物品はSを含有しているので、燃えるとSO_2等の有害物質を生じると理解しておくとよいでしょう。(4) 赤りんは水による消火が適します。(5) 固形アルコールは、第4類の消火のように、泡、粉末、二酸化炭素消火剤等が適応します。3-3節参照。

問題32

解答 (5)

(5) 以外が正しくない理由は次の通りです。(1) 水と作用すると硫化水素 (H_2S) を生じます。りん化水素ではありません。(2) 比重は約2です。(3) 多くは二硫化炭素に溶けます。(4) 消火の際は乾燥砂が適応します。3-3節参照。

問題33　　　　　　　　　　　　　　　　　　　　解答（3）

　硫黄（第2類）は融解しやすいのが特徴ですが、50℃では融解しません。硫黄の融点は115℃です。火災の際には溶けて流動する危険性があるため、水と土砂を用いて流出を防ぎながら消火します。ちなみに、紛らわしいですが、第3類の黄りんは、44℃で融解し、50℃で自然発火します。これらの物品と混同しないようにしましょう。3-3節参照。

問題34　　　　　　　　　　　　　　　　　　　　解答（4）

　第3類で自然発火性が高い物品の中には、保護液中に貯蔵されるものがありますが、目的は、空気との接触を防ぐためです（自然発火するため）。(1)の目的で水中に貯蔵されるのは、第4類の二硫化炭素です。3-4節参照。

問題35　　　　　　　　　　　　　　　　　　　　解答（1）

　第3類は禁水性のものが多いですが、黄りんは例外です。黄りんは、水と土砂を用いて消火します。3-4節参照。

問題36　　　　　　　　　　　　　　　　　　　　解答（1）

　ジエチル亜鉛は、水、アルコール、酸と激しく反応して可燃性ガス（エタンなどの炭化水素）を発生します。3-4節参照。

問題37　　　　　　　　　　　　　　　　　　　　解答（3）

　第4類の蒸気は空気より重く、底部に滞留しやすい。3-5節参照。

問題38　　　　　　　　　　　　　　　　　　　　解答（4）

　棒状の強化液は適応しません。霧状に吹いた場合、強化液消火器が適用できます（ただし、霧状の水は適しません）。3-5節参照。

問題39　　　　　　　　　　　　　　　　　　　　解答（5）

　アクリル酸は第2石油類の水溶性物品です。エタノール、ジエチルエーテルなどの有機溶剤にもよく溶けます。重合しやすいため、重合禁止剤を加えて貯蔵します。3-5節参照。

問題 40

解答 (1)

第5類の物品の比重は1より大きい。3-6節参照。

問題 41

解答 (4)

過酸化ベンゾイルは水には溶けません。3-6節参照。

問題 42

解答 (1)

ニトロ化合物は、「ピクリン酸とトリニトロトルエン」です。つまり、問題文の中ではピクリン酸のみです。「ニトロ」という表示に惑わされないようにしましょう。ちなみに、硝酸エチル、ニトログリセリン、ニトロセルロースはすべて「硝酸エステル類」に属します。3-6節参照。

問題 43

解答 (1)

第6類は、「酸化性液体」ですので、常温常圧では固体はありません。3-7節参照。

問題 44

解答 (4)

硝酸は直射日光によっても分解するので、透明のびん内への貯蔵は避けなければなりません。3-7節参照。

問題 45

解答 (1)

第6類の危険物ですので、「それ自身は不燃性」です。このように、個々の物品の特性をこと細かに知らない場合でも、危険物の分類や全体の特性を知っていると、正答できる問題が多くなります（それらが合格を左右するといえます）。このように、一見すると知らないような細かいことを聞かれたように見える問題ほど、シンプルに考えましょう。3-7節参照。

さくいん

さくいん

さくいん

さくいん

438

参考文献

・「令和3年度版　危険物取扱必携（法令編）」一般財団法人全国危険物安全協会編
　（2021）
・「令和3年度版 危険物取扱必携（実務編）」一般財団法人全国危険物安全協会編（2021）
・「令和3年度版　危険物取扱者試験例題集甲種＋乙種第一・二・三・五・六類」一般
　財団法人全国危険物安全協会編（2021）
・「危険物 の保安管理（一般編）」一般財団法人全国危険物安全協会編（2021）
・「基礎熱力学」斎間厚・増田哲三・江良嘉信・庄司秀夫著、産業図書（1987）
・「基礎から学ぶ熱力学」吉田幸司・岸本健・木村元昭・田中勝之・飯島晃良著、オー
　ム社（2016）
・「JSMEテキストシリーズ、伝熱工学」、一般社団法人日本機械学会編（2005）
・「もういちど読む数研の高校化学」小林正光・野村祐次郎著・数研出版編集部編著、
　数研出版（2011）
・「反応速度論　−化学を新しく理解するためのエッセンス」斎藤勝裕著、三共出版
　（1998）

■著者略歴

飯島　晃良（いいじま　あきら）

日本大学理工学部 教授

2004　富士重工業株式会社（SUBARU）スバル技術本部

2006〜現在　日本大学理工学部機械工学科に勤務。その間、2016年にはカリフォルニア大学バークレー校（UC バークレー）訪問研究者

学位・資格：博士（工学）、技術士（機械部門）、甲種危険物取扱者など

受賞歴（抜粋）：

日本エネルギー学会進歩賞（学術部門）(2022)、第70回自動車技術会 論文賞(2020)、小型エンジン技術国際会議 The Best Paper（最優秀論文賞）(2017)、日本燃焼学会論文賞(2016)、日本エネルギー学会奨励賞(2013)、日本機械学会奨励賞(2009)　など

カバーデザイン	●デザイン集合［ゼブラ］＋坂井 哲也	立体イラスト	●長谷川 貴子
DTP	●株式会社 ウイリング	立体イラスト撮影	●西村 陽一郎

らくらく突破

甲種危険物取扱者

合格テキスト+問題集　第2版

2016年 4月15日　初 版　第1刷発行
2022年 2月23日　第2版　第1刷発行
2024年 2月 9日　第2版　第2刷発行

著　者　　飯島 晃良

発行者　　片岡 巌

発行所　　株式会社技術評論社
　　　　　東京都新宿区市谷左内町 21-13
　　　　　電話　03-3513-6150 販売促進部
　　　　　　　　03-3513-6166 書籍編集部

印刷／製本　昭和情報プロセス株式会社

定価はカバーに表示してあります。

ISBN978-4-297-12571-4 C3058

Printed in Japan

■お問い合わせについて

　お問い合わせ・ご質問前に p.2 に記載されている事項をご確認ください。

　本書に関するご質問は、FAX か書面でお願いします。電話での直接のお問い合わせにはお答えできませんので、あらかじめご了承ください。また、下記の Web サイトでも質問用のフォームを用意しておりますので、ご利用ください。

　ご質問の際には、書名と該当ページ、返信先を明記してください。e-mail をお使いになられる方は、メールアドレスの併記をお願いします。

　お送りいただいた質問は、場合によっては回答にお時間をいただくこともございます。なお、ご質問は本書に書いてあるもののみとさせていただきます。

■お問い合わせ先

〒162-0846

東京都新宿区市谷左内町 21-13

株式会社技術評論社　書籍編集部

「らくらく突破 甲種危険物取扱者 合格テキスト＋問題集 第2版」係

FAX：03-3513-6183

Web：https://gihyo.jp/book

別冊

らくらく突破

甲種危険物取扱者
合格テキスト＋問題集
第2版

飯島　晃良【著】

直前チェック総まとめ

技術評論社

取り外してお使いいただけます。→

ポイント1 指定数量

類別	品名　または　性質		指定数量	危険等級
第1類	第1種酸化性固体		50kg	I
	第2種酸化性固体		300kg	II
	第3種酸化性固体		1,000kg	III
第2類	硫化りん、赤りん、硫黄、　第1種可燃性固体		100kg	II
	鉄粉、　　　　　　　　　　第2種可燃性固体		500kg	III
	引火性固体		1,000kg	
第3類	カリウム、ナトリウム、アルキルアルミニウム、アルキルリチウム		10kg	I
	第1種自然発火性物質および禁水性物質			
	黄りん		20kg	
	第2種自然発火性物質および禁水性物質		50kg	II
	第3種自然発火性物質および禁水性物質		300kg	
第4類	特殊引火物	（ジエチルエーテル、二硫化炭素等）	50L	I
	第1石油類	非水溶性（ガソリン、ベンゼン等）	200L	II
		水溶性（アセトン等）	400L	
	アルコール類	（メタノール、エタノール等）	400L	
	第2石油類	非水溶性（灯油、軽油等）	1,000L	III
		水溶性（酢酸等）	2,000L	
	第3石油類	非水溶性（重油、クレオソート油等）	2,000L	
		水溶性（グリセリン等）	4,000L	
	第4石油類	（ギヤー油、シリンダー油等）	6,000L	
	動植物油類	（ヤシ油、アマニ油等）	10,000L	
第5類		第1種自己反応性物質	10kg	I
		第2種自己反応性物質	100kg	II
第6類	過酸化水素、硝酸等		300kg	I

※ 指定数量の単位は、第4類のみ L で、それ以外は kg です。

各種の申請手続きの比較

手続き	項目		説明	申請先
許可	製造所等の設置・変更		—	市町村長等
認可	予防規程の制定・変更		—	
承認	仮使用		製造所等の変更工事中、工事に無関係な部分を仮に使用する	
	仮貯蔵・仮取扱い		製造所等以外で指定数量以上の危険物を10日以内、仮に貯蔵・取扱いを行う	所轄消防長または消防署長
届出	危険物の「品名・数量・指定数量の倍数変更」		変更しようとする日の10日前までに届出	市町村長等
	・危険物保安統括管理者、危険物保安監督者の選任・解任（**注意** 危険物施設保安員は届出不要） ・製造所等の譲渡、引渡、廃止		所有者や管理者や占有者（所有者等）が「遅滞なく届出」 **注意** 届出をするのは危険物保安監督者ではなく所有者等です	

ポイント 3 危険物取扱者免状の種類

種	取扱い	立会	危険物保安監督者
甲	すべての危険物		実務経験6か月以上あればなれる
乙	取得した類の危険物		（乙は取得した類の監督のみ）
丙	第4類の一部※	立会できない	なれない

※ ガソリン、灯油、軽油、第3石油類（重油、潤滑油および引火点130℃以上）、第4石油類、動植物油類

ポイント 4 免状関係の手続きはすべて<u>都道府県知事</u>宛に行う

手続き	申請要件	申請先		考え方
交付	試験に合格	受験地の	都道府県知事	受験地以外、合否を知らない
書換え	氏名が変わった	交付した居住地の勤務地の		元の免状の情報があるので、交付した知事以外でも対応可能
	本籍地が変わった			
	顔写真撮影から10年超			
再交付	免状の「亡失・滅失・汚損・破損」	交付した書換えした		免状の情報が失われているので、交付か書換えをしたことがある都道府県知事以外は再交付不能
亡失免状発見	発見免状を10日以内に提出	再交付した		

ポイント5 保安講習は危険物取扱作業に従事する危険物取扱者が受ける

保安講習の受講対象者

	危険物取扱者	危険物取扱者でない
危険物取扱作業に従事している	受講が必要	受講不要
危険物取扱作業に従事していない	受講不要	受講不要

受講時期

危険物取扱作業従事の状況		受講時期
継続して危険物取扱作業に従事している		免状交付日または保安講習受講日以降の最初の4月1日から3年以内
新たに危険物取扱作業に従事することになった	下記以外	従事することになった日から1年以内
	危険物の取扱作業に従事することになった日の過去2年以内に免状の交付または保安講習を受けている場合	免状交付日または保安講習受講日以降の最初の4月1日から3年以内

ポイント6 保安距離

※1kV = 1,000V

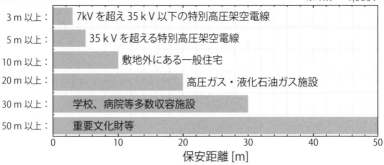

保安距離 [m]

ポイント7 保安距離、保有空地が必要な施設（セットで覚えるとよい）

保安距離が必要	保有空地が必要
製造所	
屋内貯蔵所	
屋外タンク貯蔵所	
屋外貯蔵所	
×（不要）	簡易タンク貯蔵所（屋外設置の場合）
	移送取扱所
一般取扱所	

覚え方 製造所と一般取扱所は対象。屋内○○、屋外○○と名の付く4施設（屋内貯蔵所、屋外貯蔵所、屋内タンク貯蔵所、屋外タンク貯蔵所）のうち、屋内タンク貯蔵所のみ対象外。保有空地は、保安距離が必要な5施設に、2施設を加えた計7施設で必要。

項目	共通の基準
地階	地階は設けない
屋根	軽量な不燃材料でふく（爆風を上部に逃がすため）
出入口／窓	防火設備／窓は網入りガラス（厚さの指定はない）
床	危険物が浸透しない構造で、傾斜をつけ、貯留設備を設ける
換気	低部に滞留する可燃性蒸気を屋外の高所に排出する
避雷設備	指定数量の10倍以上を扱う場合、避雷設備が必要
タンク設備	厚さ3.2mm以上の鋼板で造る。通気管を設ける（圧力タンクの場合は安全装置を設け、最大常用圧の1.5倍の圧力で10分間の水圧試験に耐える）。液体危険物の場合、内容量を自動表示する設備を備える。
配管	最大常用圧の1.5倍以上の水圧試験で異常のないもの

ポイント9 製造所等の種類と覚えておきたい特徴

名称	試験に出やすい特徴
①製造所	**ポイント8** に示した通り。
②屋内貯蔵所	床面積1,000m^{2}以下で床は地盤面以上。天井を設けない。軒高6m未満の平屋建。
③屋外タンク貯蔵所	タンク容量の110%以上の防油堤が必要。
④屋内タンク貯蔵所	タンク容量は指定数量の40倍以下（第4石油類と動植物油類を除く第4類の危険物は20,000L以下）。
⑤地下タンク貯蔵所	タンクとタンク室内面の距離は0.1m以上。タンク間距離は1m以上。タンク上面は、地盤面から0.6m以上深く。
⑥簡易タンク貯蔵所	容量制限600L。設置数は3基まで。ただし、同じ種類の危険物を貯蔵したタンクを2基以上設置できない。
⑦移動タンク貯蔵所	タンク容量30kL以下、4kLごとに仕切り、2kL以上のものには防波板を設置。常置場所が決まっている。移送時は危険物取扱者の乗車が必要でかつ免状を携帯する。
⑧屋外貯蔵所	貯蔵可能物品が限られる（ガソリン、アセトン等引火点0℃未満のものは貯蔵不可）。水はけのよい場所に設置。
⑨給油取扱所	間口10m以上、奥行き6m以上の給油空地を設ける。地下専用タンクに容量制限なし。ただし、地下廃油タンクは10kL以下にする。給油取扱所に、医療・福祉・娯楽施設、立体駐車場の設置不可。
⑩販売取扱所	危険物を容器入りのまま販売する。第1種（指定数量15倍以下）と第2種（15倍を超え40倍以下）がある。
⑪移送取扱所	
⑫一般取扱所	**ポイント8** に示した通り。

危険物施設の保安管理体制

	危険物保安監督者	危険物保安統括管理者	危険物施設保安員
役割	製造所等ごとの保安管理・監督	事業所内の複数製造所等の統括した保安管理	製造所等ごとの設備保安
なれる人	6か月以上の実務経験を持つ甲種・乙種危険物取扱者	特に資格要件なし	
常に選任を要する施設	①製造所、②屋外タンク貯蔵所、③給油取扱所、④移送取扱所、⑤一般取扱所	・第4類を3,000倍以上扱う製造所、一般取扱所 ・第4類を指定数量以上扱う移送取扱所	・指定数量の倍数100倍以上の製造所、一般取扱所 ・すべての移送取扱所
常に選任不要な施設	移動タンク貯蔵所	上記以外	

予防規程と定期点検

	予防規程	定期点検
製造所	指定数量の10倍以上	指定数量10倍以上＋地下タンクあり
一般取扱所		
屋内貯蔵所	指定数量の150倍以上	
屋外タンク貯蔵所	指定数量の200倍以上	
屋外貯蔵所	指定数量の100倍以上	
地下タンク貯蔵所		すべて
移動タンク貯蔵所		すべて
給油取扱所	すべて	地下タンクありの場合
移送取扱所	すべて	すべて

予防規程の内容

・ 製造所等の火災予防のために、事業所が守る自主保安基準

⇒ つまり「火災予防に必要か否か」で判断すれば、予防規程に定めるべき内容か判別できる。

定期点検実施可能者

① 危険物取扱者およびその立会いを受けた者（丙種も立会い可能）

② 危険物施設保安員（施設保安員であれば、危険物取扱者ではなくても実施可能）

点検時期と記録の保存

原則1年に1回実施し、記録は原則3年間保存する（例外あり）。

点検結果を市町村長等に報告する決まりはない。

ポイント 12 危険物の貯蔵・取扱の基準

覚えておきたい貯蔵・取扱・廃棄処理の基準

- 危険物のくず等は1日1回以上処理する。
- 貯留設備に溜まった危険物は随時汲み上げる。
- 危険物が残存する容器を修理する際は、危険物を完全に除去してから行う。
- 危険物を保護液中に保存する場合は、一部たりとも露出させない。
- 危険物を焼却処理する場合は見張人を付けて安全な場所・方法で。
- 危険物を埋没処理する場合は性質に応じた安全な方法で（埋没処理は可能）。
- 危険物を海中や水中に流出させてはならない。

ポイント 13 掲示・表示

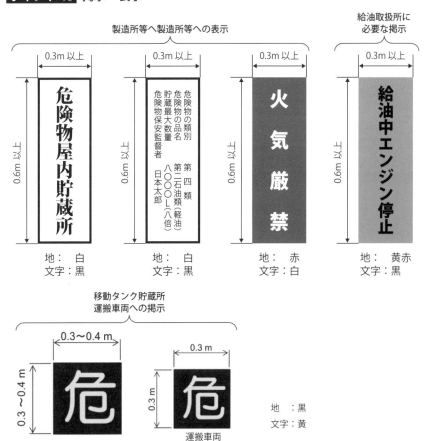

製造所等へ製造所等への表示

給油取扱所に必要な掲示

0.3m 以上　0.6m 以上

危険物屋内貯蔵所

地：白　文字：黒

危険物の類別
危険物の品名
貯蔵最大数量
危険物保安監督者

第四類
第二石油類（軽油）
八〇〇〇L（八倍）
日本太郎

地：白　文字：黒

火気厳禁

地：赤　文字：白

給油中エンジン停止

地：黄赤　文字：黒

移動タンク貯蔵所
運搬車両への掲示

0.3〜0.4 m

危

移動タンク貯蔵所

0.3 m

危

運搬車両
（指定数量以上のときに掲示）

地　：黒
文字：黄

消火設備の種類と覚え方

	第1種	第2種	第3種	第4種	第5種
覚え方	消火栓	スプリンクラー	○○消火設備	大型消火器	小型消火器 他
具体例	屋内消火栓 屋外消火栓	スプリンクラー 設備	泡消火設備 粉末消火設備 など	車輪付きの 大型消火器	小型消火器 乾燥砂　膨張 ひる石など

消火困難性に応じた設置すべき消火設備

消火困難性の区分	設置する消火設備				
	第1種	第2種	第3種	第4種	第5種
著しく消火困難な製造所等	○（いずれか1つ）			○	○
消火困難な製造所等	–	–	–	○	○
その他の製造所等	–	–	–	–	○

製造所等の面積、数量、性状等に無関係に消火設備が定められている施設

製造所等	設置する消火設備
地下タンク貯蔵所	第5種の消火設備（小型消火器など）を2個以上設置
移動タンク貯蔵所	自動車用消火器を2個以上設置
電気設備	電気設備のある場所の面積100m²ごとに1個以上

消火設備から保護対象物までの歩行距離（直線距離ではない）

第4種消火設備の場合→歩行距離30m以下
第5種消火設備の場合→歩行距離20m以下

所要単位

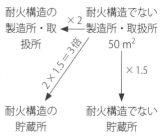

	耐火構造	耐火構造でない （不燃材料）
製造所・取扱所	延面積 100 m²	延面積 50 m²
貯蔵所	延面積 150 m²	延面積 75 m²
危険物	指定数量の10倍	

ポイント 15 警報設備

警報設備の種類	①自動火災報知設備　　②拡声装置 ③消防機関に報知ができる電話　④非常ベル装置　⑤警鐘	
警報設備が	必要	指定数量の10倍以上の危険物を貯蔵または取扱う製造所等
	不要	移動タンク貯蔵所

ポイント 16 運搬

運搬の基準

運搬容器	鋼板、アルミ板、ブリキ板、ガラス等、堅固で容易には破損しないもの	
容器への表示	1. 品名 2. 危険等級 3. 化学名 4. 水溶性か否か 5. 数量 6. 危険物に応じた注意事項	【例】第4類 第1石油類 【例】危険等級Ⅱ 【例】アセトン 【例】水溶性 【例】18L 【例】火気厳禁
積載法	(1) 適した運搬容器に収納し、注入口を上に向け積載する (2) 温度変化等で漏れないように、容器は密栓する (3) 固体危険物は、内容積の95％以下の収容率とする (4) 液体危険物は、98％以下の収容率かつ55℃で漏れないようにする (5) 積み重ねて積載する場合は高さ3m以下 (6) 特殊引火物は遮光する	

類の異なる危険物の混載可否

	第1類	第2類	第3類	第4類	第5類	第6類
第1類		3	4	5	6	⑦
第2類	3		5	(6)	⑦	8
第3類	4	5		⑦	8	9
第4類	5	(6)	⑦		(9)	10
第5類	6	⑦	8	(9)		11
第6類	⑦	8	9	10	11	

 混載OK

数字は縦と横の類の番号を足したもの

1. 類の番号を足すと「7」になる組合せはすべて混載 OK です。
2. 第4類のみ、足して「7」だけでなく、その前後の足して「6」と「9」も混載 OK。

ポイント 17 違反に対する措置

各種の義務違反と措置命令

該当事項	命 令
危険物の貯蔵、取扱いの基準違反	危険物の貯蔵・取扱基準遵守命令
製造所等の位置、構造および設備の基準違反	危険物施設の基準適合命令
危険物保安統括管理者もしくは危険物保安監督者が消防法に基づく命令の規定に違反している。またはこれらの者にその業務を行わせることが公共の安全や災害防止に支障をきたす恐れがある	危険物保安統括管理者または危険物保安監督者の解任命令
火災予防のために必要なとき	予防規程変更命令
危険物の流出その他事故発生時に応急措置を講じていない	危険物施設の応急措置命令
移動タンク貯蔵所にて危険物の流出その他の事故が発生したとき	移動タンク貯蔵所の応急措置命令

ポイント 18 許可の取消または使用停止命令

許可の取消になるのか、あるいは使用停止命令を受けるのかの見分け方

	考え方	対象となるケース
①使用停止（許可は取消されない）	人や動作にかかわる場合が対象	(1) 貯蔵・取扱い基準遵守命令 無視 (2) 危険物保安監督者、危険物保安統括管理者未選任（選任してはいるが、その者に監督させていない場合も含む） (3) 上記 (2) の解任命令無視
②許可の取消または使用停止	設備の不適合（可能性含む）にかかわる場合が対象	(1) 製造所等の無許可での変更（改造） (2) 修理・改造等の命令に従わない (3) 完成検査済証交付前（未許可）に施設を使用 (4) 保安検査、定期点検未実施 （記録がない場合も未実施と同じ扱い）

見分け方

設備は適合しているが、扱い方が不適切 ⇒ ①使用停止（取消されはしない）

設備の基準適合が証明できない場合　　⇒ ②許可の取消または**使用停止**

2 物理学および化学

ポイント1 物質の三態と熱エネルギー

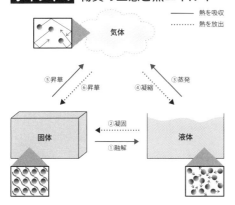

放熱・吸熱の見分け方

固体、液体、気体の順に
分子運動が激しくなる
↓
熱を吸収する

ポイント2 伝熱の三形態

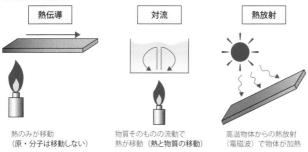

ポイント3 静電気の防止法：以下の対策を理解しましょう

静電気の発生を防ぐ	静電気の蓄積を防ぐ（効果的に逃がす）
・摩擦、攪拌、高速流動などを避ける（作業はゆっくりと）	・作業着、靴、貯蔵容器などは導電性の高いものを使う ・アースを施す　・湿度を上げる　・空気をイオン化する ・十分な緩和時間を置く（静電気が逃げるのを待つ）
【注】第4類の非水溶性物品や第2類の硫黄などは、電気を通しにくいため静電気を蓄積しやすい。	

ポイント4 物理変化と化学変化

	物理変化	化学変化
判別方法	化学式が変化しない	化学式が変化する（化学反応が起こる）
具体例	・相変化（融解、凝固、蒸発等） ・原油の分留　・静電気の発生 ・ばねが伸びる	・可燃物の燃焼　・鉄の錆び ・水の電気分解 ・紙が濃硫酸にふれて黒くなる

ポイント5 物質の種類

(1) 単体・化合物・混合物　　※空気やガソリンは混合物であることに注意しよう。

純物質	単体	1種類（単一）の元素のみから構成される物質 【例】H_2（水素）、酸素（O_2）、窒素（N_2）、オゾン（O_3）、ナトリウム（Na）、リン（P）、ダイヤモンド（C）、グラファイト（C）
	化合物	2種類以上の元素で構成させる物質（1つの化学式で表せる） 【例】H_2O（水）、二酸化炭素（CO_2）、エタノール（C_2H_5OH）、ヘキサン（C_6H_{14}）、塩化ナトリウム（NaCl）
混合物		2種類以上の純物質が混合したもの（1つの化学式で表せない） 【例】空気（N_2、O_2…）、ガソリン、灯油、軽油、重油、食塩水 など

(2) 同位体

同じ原子番号を持つ（原子の数が同じ）ものの、中性子の数が異なる元素同士
【例】ヘリウム、${}_2^4$Heは原子と中性子が共に2個、${}_2^3$Heは原子が2個で中性子が1個

(3) 同素体

同じ元素でできているが、その数、配列などが違うため性質が異なる単体
【例】『酸素（O_2）とオゾン（O_3）』、『炭素とダイヤモンド（C）』、『黄りんと赤りん（P）』、『斜方硫黄と単斜硫黄とゴム状硫黄（S）』など

(4) 異性体

分子式が同じ（元素の数、種類が同じ）であるが、その構造が異なる化合物
【例】『エタノールとジメチルエーテル』⇒ 分子式は共にC_2H_6O 『ノルマルブタンとイソブタン』⇒ 分子式は共にC_4H_{10} 『オルトキシレンとメタキシレンとパラキシレン』⇒ 分子式は共にC_8H_{10}

ポイント6 反応の速度

(1) 活性化エネルギーが大きいと、反応速度が遅くなる

(2) 温度と圧力が増大すると、反応速度が速くなる

(3) 触媒の働きで活性化エネルギーが低下するため、反応速度が増加する（ただし、反応熱は変化しない）

ポイント 7 化学平衡とルシャトリエの法則

化学反応において、正反応と逆反応の反応速度が同じになったとき、反応は見かけ上止まったように見える（化学平衡）。このとき、反応の条件（圧力、濃度、温度）を変化させると、その変化を打ち消す方向に平衡状態が移動する。

状態変化	平衡状態の移動（ルシャトリエの法則）
圧力増加	圧力増加で分子密度が増加するため、圧力が低下する方向、つまり分子数を減少させる方向に平衡が移動する
濃度増加	濃度が減少する方向に平衡が移動する
温度増加	温度を増加させると、温度を低下させる方向、つまり吸熱反応の方向に平衡が移動する

ポイント 8 溶液

$$質量パーセント濃度[\%] = \frac{溶質の質量[g]}{溶液の質量[g]} \times 100$$

$$モル濃度[mol/L] = \frac{溶質の物質量[mol]}{溶液の容積[L]}$$

$$質量モル濃度[mol/kg] = \frac{溶質の物質量[mol]}{溶媒の質量[kg]}$$

沸点上昇：液体に不揮発性物質を溶かすと、沸点が上昇する現象
凝固点降下：溶液の凝固点が溶媒の凝固点より低下する現象

ポイント 9 中和滴定

酸 H^+ と塩基 OH^- から塩と水ができる反応のことを中和という。

体積 V_a [mL] の酸の水溶液（価数 a、モル濃度 n_a [mol/L]）と、体積 V_b [mL] の塩基の水溶液（価数 b、モル濃度 n_b [mol/L]）が過不足なく中和するとき、次の関係が成り立つ。

$$an_aV_a = bn_bV_b$$

ポイント 10 水素イオン指数 pH

$$pH = -\log_{10}[H^+]$$

pH指示薬の変色域とpH指示薬の選択

酸と塩基の組み合わせ	強酸	弱酸	弱塩基	強塩基
強酸＋強塩基	強酸 ━━━━━▶ リトマス ◀━━━━ 強塩基			
強酸＋弱塩基	強酸 ━━▶ メチルオレンジ ◀━━ 弱塩基			
弱酸＋強塩基		弱酸 ━▶ フェノールフタレイン ◀━━ 強塩基		
弱酸＋弱塩基		弱酸 ▶ リトマス ◀ 弱塩基		

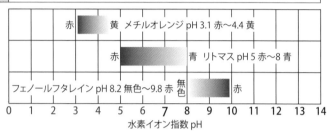

赤　黄 メチルオレンジ pH 3.1 赤〜4.4 黄

青 リトマス pH 5 赤〜8 青

フェノールフタレイン pH 8.2 無色〜9.8 赤 無色　赤

0　1　2　3　4　5　6　7　8　9　10　11　12　13　14
水素イオン指数 pH

ポイント 11　酸化と還元

相対的に酸素の占める比率が増える　⇒　酸化
相対的に酸素の占める比率が減る　⇒　還元

	結び付く	失う
酸素	酸　化	還　元
水素	還　元	酸　化
電子	還　元	酸　化

ポイント 12　イオン化列と金属の腐食防止

(1) イオン化列：左側ほどイオン化しやすい（腐食しやすい）

◀━━━━━ イオン化傾向「大」、反応しやすい、「錆びやすい」

こうりし	かりよう	か	な	ま	あ	あ	て	に	す	な	ひ	ど	す	ぎる	しゃっ	きん
Li	K	Ca	Na	Mg	Al	Zn	Fe	Ni	Sn	Pb	(H)	Cu	Hg	Ag	Pt	Au
リチウム	カリウム	カルシウム	ナトリウム	マグネシウム	アルミニウム	あえん	てつ（鉄）	ニッケル	スズ	なまり（鉛）	Hydrogen	どう（銅）	すいぎん（水銀）	ぎん（銀）	はっきん（白金）	きん（金）

金属の腐食が起きやすい条件
・水分が多い　・塩分が多い　・異種金属が接合している場所 ・中性化が進んだコンクリート（正常なコンクリートは強アルカリ性） ・酸性の強い土壌　・迷走電流が流れている土壌（例：直流電気鉄道の近く）

ポイント 13 炎色反応

アルカリ金属			アルカリ土類金属			
リチウム Li	ナトリウム Na	カリウム K	カルシウム Ca	ストロンチウム Sr	バリウム Ba	銅 Cu
赤	黄	赤紫	橙赤	紅	黄緑	青緑

ポイント 14 実用電池の起電力

| リチウムイオン電池
約4V | > | 鉛蓄電池
約2V | > | マンガン乾電池
アルカリマンガン乾電池
約1.5V | > | ニッケル水素電池
ニッケルカドニウム電池
約1.2V |

ポイント 15 燃焼の三要素と消火法

燃焼の三要素が揃うと燃焼が起こる ^{つまり}＝ 1つでも取り除けば消火できる

燃焼の三要素	消火方法	具体例
可燃物（燃料など）	除去消火	可燃性ガスを吹き飛ばす、元栓を閉める
酸化剤（空気など）	窒息消火	蓋をする。不活性ガスで覆う、砂で覆う
熱源（加熱、点火など）	冷却消火	水をかける
	（負触媒［抑制］消火）	ハロゲン化物消火剤をかける

ポイント 16 燃焼の形態

燃焼の形態	特　徴	具体例
蒸発燃焼	液体や固体から蒸発（または昇華）した可燃性蒸気が空気と混合して燃焼	ガソリン等の第4類の危険物、硫黄、ナフタリン
分解燃焼	可燃物から分解し生じた可燃ガスが燃焼	木材、石炭
表面燃焼	可燃物の表面のみが燃焼	木炭、コークス、金属粉

ポイント 17 粉じん爆発

【粉じん爆発の特徴】
①可燃性気体混合気の着火に比べて最小着火エネルギーが高いため、着火しにくいが、粉じん爆発で生じるエネルギーは、ガス爆発よりも大きい
②粉じん爆発は、開放空間よりも密閉空間の方が起きやすい。また、最初の爆発で舞い上がった粉じんが、次々に爆発する危険性がある
③有機化合物の粉じん爆発では、不完全燃焼により一酸化炭素（CO）が発生

【粉じん爆発が起きやすい条件】
粉子のサイズ　➡　細かいほうが起きやすい
粉じんの濃度　➡　粉じん爆発が起こる一定の濃度範囲が存在する
空気と粉じんの混合状態　➡　よく混ざっているときに起きやすい

ポイント 18 一酸化炭素 CO と二酸化炭素 CO_2 の比較

特性 ＼ ガス種	一酸化炭素CO	二酸化炭素CO_2
常温常圧での状態	無色無臭の気体	
比重（空気に対する）	0.97（分子量28）	1.5（分子量44）
空気中での燃焼性	青白い炎を上げて燃える	燃えない
毒性	有害（CO中毒）	人体に直接は無害
水溶性	ほとんど溶けない	よく溶ける
液化	困難	容易
その他	還元性がある	酸化性がある

ポイント 19 火災の種類と消火薬剤

火災は、普通火災（A火災）、油火災（B火災）、電気火災（C火災）に大別できる。

消火剤		特徴	消火効果	適応する火災		
				普通	油	電気
水	棒状	比熱、蒸発熱が大きく、冷却効果が高い	冷却	○	×	×
	霧状			○	×	○
強化液	棒状	・炭酸カリウムの濃厚な水溶液 ・消火後の再燃防止効果あり ・霧状に用いれば油と電気火災に適用可	冷却（抑制）	○	×	×
	霧状			○	○	○
泡		・泡で燃焼面を覆い、窒息消火する ・水溶性液体には「水溶性液体用泡（耐アルコール泡）」を使用	窒息、冷却	○	○	×
ハロゲン化物		・抑制（負触媒）効果と窒息効果で消火する	抑制、窒息	×	○	○
二酸化炭素		・空気より重い不活性ガスで炎を覆う ・酸欠に注意が必要	窒息	×	○	○
粉末	ABC	・りん酸塩（りん酸アンモニウム）を主成分とし、万能な消火剤	抑制、窒息	○	○	○
	Na	・炭酸水素ナトリウム$NaHCO_3$を主成分とする（BC消火剤）		×	○	○

3 危険物の性質ならびにその火災予防および消火の方法

ポイント1 覚えておきたい各類の物品一覧

特に色文字や太字部分は要チェック。

水溶性のものは*影および下線付き斜体*で表示。水と反応するものは 枠で囲んで 表示。

類（性質）	品　名	物　品　名
第1類 酸化性固体 水溶性のものが多い	塩素酸塩類	塩素酸カリウム、*塩素酸ナトリウム*、*塩素酸アンモニウム*、*塩素酸バリウム*、*塩素酸カルシウム*
	過塩素酸塩類	過塩素酸カリウム、*過塩素酸ナトリウム*、*過塩素酸アンモニウム*
	無機過酸化物 ➡過酸化〇〇	*過酸化カリウム*、*過酸化ナトリウム*、過酸化マグネシウム 、過酸化カルシウム、過酸化バリウム
	亜塩素酸塩類	*亜塩素酸ナトリウム*
	臭素酸塩類	*臭素酸カリウム*
	硝酸塩類	*硝酸カリウム*、*硝酸ナトリウム*、*硝酸アンモニウム*
	よう素酸塩類	*よう素酸ナトリウム*、*よう素酸カリウム*
	過マンガン酸塩類	*過マンガン酸カリウム*、*過マンガン酸ナトリウム*
	重クロム酸塩類	*重クロム酸アンモニウム*、*重クロム酸カリウム*
	その他	*三酸化クロム*、二酸化鉛、次亜塩素酸カルシウム 、*亜硝酸ナトリウム*、ペルオキソ二硫酸カリウム
第2類 可燃性固体	硫化りん	三硫化りん、五硫化りん、七硫化りん
	赤りん	
	硫黄	
	鉄粉	
	金属粉	アルミニウム粉、亜鉛粉
	マグネシウム	
	引火性固体	固形アルコール、ゴムのり、ラッカーパテ
第3類 自然発火性物質および禁水性物質 黄りん以外は水と反応	カリウム、ナトリウム	
	アルキルアルミニウム	
	アルキルリチウム	ノルマルブチルリチウム
	黄りん（水と反応しない）	
	アルカリ金属、アルカリ土類金属	リチウム、カルシウム、バリウム
	有機金属化合物	ジエチル亜鉛
	金属の水素化物	水素化ナトリウム、水素化リチウム
	金属のりん化物	りん化カルシウム

(続き)

類（性質）	品　名	物　品　名
	カルシウム、アルミニウムの炭化物	炭化カルシウム、炭化アルミニウム
	その他	トリクロロシラン
第4類 引火性 液体	特殊引火物	ジエチルエーテル、二硫化炭素、アセトアルデヒド、酸化プロピレン
	第1石油類	ガソリン、ベンゼン、トルエン、酢酸エチル、エチルメチルケトン、アセトン、ピリジン、ジエチルアミン
	アルコール類	メタノール、エタノール、プロパノール
	第2石油類	灯油、軽油、キシレン、酢酸、アクリル酸
	第3石油類	重油、クレオソート油、アニリン、ニトロベンゼン、グリセリン、エチレングリコール
	第4石油類	ギヤー油、シリンダー油
	動植物油類	ヤシ油、アマニ油（よう素価高く自然発火しやすい）
第5類 自己反応 性物質	有機過酸化物	過酸化ベンゾイル、エチルメチルケトンパーオキサイド、過酢酸
	硝酸エステル類	硝酸メチル、硝酸エチル、ニトログリセリン、ニトロセルロース
	ニトロ化合物	ピクリン酸、トリニトロトルエン
	ニトロソ化合物	ジニトロソペンタメチレンテトラミン
	アゾ化合物	アゾビスイソブチロニトリル
	ジアゾ化合物	ジアゾジニトロフェノール
	ヒドラジンの誘導体	硫酸ヒドラジン
	ヒドロキシルアミン	ヒドロキシルアミン
	ヒドロキシルアミン塩類	硫酸ヒドロキシルアミン、塩酸ヒドロキシルアミン
	その他	アジ化ナトリウム、硝酸グアニジン
第6類 酸化性 液体	過塩素酸	
	過酸化水素	
	硝酸	硝酸、発煙硝酸
	その他 （ハロゲン間化合物）	三ふっ化臭素、五ふっ化臭素、五ふっ化よう素

ポイント2 類ごとに共通する特性まとめ

第1類：酸化性固体（20℃、1気圧で固体）

共通する性状・特性	火災予防の方法
・多くは無色の結晶または白色の粉末 ・比重は1より大きい ・それ自体は不燃性だが、加熱や衝撃等で酸素を放出（強酸化剤である） ・無機過酸化物（過酸化○○とよばれるもの）は水と反応して酸素を放出する（特にアルカリ金属（K、Na）の過酸化物）	・密栓して冷暗所に貯蔵 ・熱、摩擦、衝撃、可燃物を避ける
	消火法
	・大量の水で分解温度以下に冷却する ・無機過酸化物は注水厳禁なので乾燥砂や粉末消火剤を用いる

第2類：可燃性固体（20℃、1気圧で固体）

共通する性状・特性	火災予防の方法
・低温で着火・引火しやすく、燃焼が速い ・一般に、比重は1より大きい ・自身または燃焼ガスが有毒なものがある ・微粉状のものは粉じん爆発の危険性がある ・水や酸と接触し、可燃ガス（水素）を生じるものがある（「金属粉」はアルカリとも反応）	・密栓して冷暗所に貯蔵 ・鉄粉、金属粉、マグネシウムは禁水
	消火法
	・原則、乾燥砂などで窒息消火 ・引火性固体は泡、粉末、二酸化炭素消火剤等で窒息消火 ・赤りんと硫黄は注水による冷却消火

第3類：自然発火性物質および禁水性物質（20℃、1気圧で固体または液体）

共通する性状・特性	火災予防の方法
・空気や水と反応し、発火する恐れがある ・空気や水との接触を避けるため、不活性ガス封入容器内や保護液（灯油、水）中に貯蔵する物品が複数ある（**ポイント3** ❹、❺を参照） ・無機化合物と有機化合物の双方がある ・多くは、自然発火性と禁水性の両方の性質を有する 自然発火性のみを有するもの：黄りん 禁水性のみを有するもの　　：リチウム	・密栓して冷暗所に貯蔵 <u>自然発火性物品</u> ・空気との接触を避ける ・保護液中に貯蔵する際、露出させない <u>禁水性物品</u> ・水との接触を避ける
	消火法
	・乾燥砂、膨張ひる石、膨張真珠岩で覆う ・禁水性ではない黄りんのみ、水系（水、泡、強化液）消火剤も利用可能 ・禁水性の物品は、粉末消火剤も利用可 ・第3類のすべてにおいて、「二酸化炭素消火剤」「ハロゲン化物消火剤」は<u>適さない</u>

第4類：引火性液体（20℃、1気圧で液体）

共通する性状・特性	消火法
・蒸気比重はすべて1より大（空気に沈む） ・液体比重の多くは1より小（水に浮く） ・非水溶性が多い（水溶性もある） ・電気の不良導体が多い（良導体もある）	・泡消火剤（水溶性物品には、水溶性液体用泡［耐アルコール泡］消火剤を用いる） ・二酸化炭素消火剤（空気より重い不活性なCO₂で火炎を覆い、窒息させる） ・粉末消火剤
火災予防の方法	・ハロゲン化物消火剤
・火種（炎、火花、熱）との接触を避け、容器を密栓し換気のよい冷暗所に貯蔵 ・可燃性ガスが空気に沈むので、低所の蒸気を屋外の高所に排出する ・静電気を防ぐ。電気設備は防爆構造に	・霧状の強化液消火剤（棒状の強化液は、延焼を拡大するので不適切） **使用できない消火剤**：棒状および霧状の水（水は無条件に適用不可）、棒状の強化液

第5類：自己反応性物質（20℃、1気圧で固体または液体）

共通する性状・特性	火災予防の方法
・比重は1より大きい ・燃焼速度が速く、加熱・衝撃・摩擦等で発火して爆発的に燃える ・有機の窒素化合物が多く、分子内に酸素を含み、外からの酸素供給なしに燃える（自己燃焼する） ・自然発火するものや引火性のものがある ・金属と作用して爆発性の金属塩を形成するものがある	・火気、加熱、衝撃、摩擦などを避ける ・通風のよい冷暗所に貯蔵する
	消火法
	・燃焼が爆発的で、一般的には消火困難 【効果あり】➡冷却消火、大量の水、泡消火剤 【効果なし】➡窒息消火と抑制消火、二酸化炭素消火剤、ハロゲン化物消火剤 【特例】アジ化ナトリウムは禁水性 　　　アジ化ナトリウムには乾燥砂等を使う

第6類：酸化性液体（20℃、1気圧で液体）

共通する性状・特性	火災予防の方法
・多くは無色の液体 ・それ自体は不燃物だが、可燃物の燃焼を促進する強酸化剤である ・いずれも無機化合物である ・水と激しく反応して発熱するものがある ・腐食性があり、皮膚を侵す。蒸気は有毒である	・火気、直射日光を避ける ・酸化されやすい物質と接触させない ・耐酸性の容器を使い、容器は密栓する （過酸化水素は密栓せず通気性を持たせる）
	消火法
	・一般には、水や泡による消火が有効 ・消火時は保護具を着用する 【特例】ハロゲン間化合物は禁水性 ハロゲン間化合物は水と反応して猛毒のふっ化水素を生じるため、注水厳禁 ➡粉末消火剤や乾燥砂を使う

ポイント3 知っておきたい特徴的な物品

❶ 潮解性を有する物品（ほとんどが第1類です）

類	物品名	覚え方
第1類	塩素酸ナトリウム 過塩素酸ナトリウム 過酸化カリウム 硝酸ナトリウム 過マンガン酸ナトリウム 三酸化クロム	・潮解性の多くは「○○ナトリウム」 ・○○ナトリウムの○○は、「塩素酸、過塩素酸、硝酸、過マンガン酸」の4つ。つまり、「過酸化」「亜」「よう素」が付く○○ナトリウムには潮解性がないと理解しよう ・○○カリウムでは、過酸化カリウムのみ
第5類	ヒドロキシルアミン	・第1類以外は、第5類ヒドロキシルアミンのみ

❷ 水に溶ける物品（水と反応してしまう、温水や熱水なら溶けるものは除く）

⇒ **ポイント1** に影および *下線付き斜体* で表示した物品

❸ 水（一部は熱水）と反応してガスを発生する物品

類	品名 または 物品名	発生ガス
第1類	無機過酸化物（過酸化カリウム、過酸化ナトリウムなど、「過酸化○○」と呼ばれる物品）	酸素 O_2
第2類	硫化りん［三硫化りん（熱水）、五硫化りん、七硫化りん］	硫化水素 H_2S
	金属粉（アルミニウム粉、亜鉛粉）、マグネシウム	水素 H_2
第3類	カリウム、ナトリウム、リチウム、カルシウム、バリウム	
	水素化ナトリウム、水素化リチウム	
	アルキルアルミニウム、ジエチル亜鉛	エタン
	アルキルリチウム（ノルマルブチルリチウム）	ブタン
	りん化カルシウム	りん化水素
	炭化カルシウム	アセチレン
	炭化アルミニウム	メタン
第6類	三ふっ化臭素、五ふっ化臭素、五ふっ化よう素	ふっ化水素 （猛毒）

❹ 保護液中に貯蔵される物品

類	品名 または 物品名	保護液
第3類	カリウム、ナトリウム、リチウム、カルシウム、バリウム	灯油（石油）
	黄りん	水
第4類	二硫化炭素	
第5類	ジアゾジニトロフェノール	水中や水とアルコールの混合液中に保存

❺ 容器に不活性ガス（窒素 N_2 など）を封入して貯蔵される物品

類	品名 または 物品名
第3類	アルキルアルミニウム、ノルマルブチルリチウム、ジエチル亜鉛、水素化ナトリウム、水素化リチウム【必要に応じて不活性ガス封入】炭化カルシウム、炭化アルミニウム
第4類	アセトアルデヒド、酸化プロピレン（特殊引火物）

❻ 貯蔵容器に通気性を持たせる物品

類	品名 または 物品名
第5類	エチルメチルケトンパーオキサイド
第6類	過酸化水素

❼ 注水による消火を避ける物品

類	品名 または 物品名
第1類	上記③「水と反応してガスを発生する物品」の通り
第2類	上記③「水と反応してガスを発生する物品」、引火性固体
第3類	黄りん以外のすべての物品
第4類	すべての物品（特に非水溶性物品で比重が1未満のものは火災が拡大する恐れ）
第5類	アジ化ナトリウム（火災時にナトリウム[禁水性]を生じるため）
第6類	上記③「水と反応してガスを発生する物品」の通り

❽ 色や形状が特徴的な物品

類	代表的形状	色などに特徴がある物品(丸カッコ内が色)〔鍵カッコ内が形状〕
第1類	無色や白の結晶か粉末	過酸化カリウム(オレンジ)、過酸化ナトリウム(黄白色)、過マンガン酸カリウムや過マンガン酸ナトリウム(赤紫色)、重クロム酸アンモニウム(橙黄色)、重クロム酸カリウム(橙赤色)、三酸化クロム(暗赤色)、二酸化鉛(黒褐色)
第2類	色付きの物品が多い	硫化りんや硫黄(黄や黄淡色)、赤りん(赤褐色)、鉄粉(灰色)、アルミニウム粉やマグネシウム(銀白色)、亜鉛(灰青色)
第3類	アルカリ金属およびアルカリ土類金属は銀白色、固体が多いが*液体の物品もある*	アルキルアルミニウム[種類によって固体と液体がある]、ノルマルブチルリチウム(黄褐色[*液体*])、黄りん(白や淡黄色)、ジエチル亜鉛(無色[*液体*])、水素化ナトリウム(灰色)、水素化リチウム(白)、りん化カルシウム(暗赤色)、炭化カルシウム(純粋なもの:無色透明または白色、通常:灰色)、炭化アルミニウム(純粋なもの:無色、通常:黄色)、トリクロロシラン(無色[*液体*])
第4類	無色の液体	ガソリン(オレンジに着色)、灯油(無色またはやや黄色)、軽油(淡黄・淡褐色)、重油(褐色・暗褐色)、アニリン(無色または淡い黄色)、クレオソート油(黄・暗緑色)、ニトロベンゼン(淡黄・暗黄色)
第5類	無色や白の固体結晶が多いが*液体の物品もある*	過酢酸(無色[*液体*])、硝酸メチル(無色[*液体*])、硝酸エチル(無色[*液体*])、ニトログリセリン(無色[*油状液体*])、ニトロセルロース[綿や紙状]、ピクリン酸(黄色)、トリニトロトルエン(淡黄色、日光照射で茶褐色に変色)、ジニトロソペンタメチレンテトラミン(淡黄色)、ジアゾジニトロフェノール(黄色の[*不定形粉末*])
第6類	無色の液体	過酸化水素(無色の[*粘性液体*])、発煙硝酸(赤・赤褐色)

❾ 液体比重が1未満(水より軽い)物品

類	品名または物品名(カッコ内は比重の数値)
第1類	なし
第2類	なし
第3類	【固体のもの】カリウム(0.86)、ナトリウム(0.97)、リチウム(0.5)、水素化リチウム(0.82) 【液体のもの】ノルマルブチルリチウム(0.84)
第4類	水より軽いものが多い⇒下記❿液体比重が1を超える第4類の物品を参照
第5類	なし
第6類	なし

❿ 液体比重が1を超える第4類の物品

【特殊引火物】二硫化炭素　【第2石油類】クロロベンゼン、アクリル酸
【第3石油類】クレオソート油、アニリン、ニトロベンゼン、エチレングリコール、グリセリン

⓫ 毒性がある物品（重要なものの抜粋）

類	品名 または 物品名
第1類	三酸化クロム、二酸化鉛
第2類	ゴムのり、ラッカーパテ（有機溶剤中毒の恐れ）
第3類	黄りん（猛毒）、トリクロロシラン
第4類	ベンゼン、トルエン、ピリジン、メタノール
第5類	過酢酸、ニトログリセリン、ピクリン酸、アゾ化合物、硫酸ヒドラジン、ヒドロキシルアミン、ヒドロキシルアミン塩類
第6類	過塩素酸、過酸化水素、硝酸、発煙硝酸、ハロゲン間化合物 第6類はすべて毒性や皮膚への腐食性があると理解しましょう

⓬ 特有の臭気がある物品（重要なものの抜粋）

類	品名 または 物品名
第2類	ゴムのり、ラッカーパテ（有機溶剤が含まれるため）
第3類	黄りん（ニラに似た不快臭）、トリクロロシラン
第4類	【第4類は、基本的に臭気がある。以下は強い臭気や特異臭があるものの抜粋】 二硫化炭素、アセトアルデヒド、酸化プロピレン、ガソリン、ベンゼン、トルエン、アセトン、ピリジン、灯油、軽油、キシレン、酢酸、重油、クレオソート油、アニリン
第5類	エチルメチルケトンパーオキサイド、過酢酸、硝酸メチル、硝酸エチル

⓭ 引火性がある物品（重要なものの抜粋）

類	品名 または 物品名	引火特性（引火点など）
第2類	固形アルコール	40℃以下
	ゴムのり	10℃以下
	ラッカーパテ	10℃程度
第3類	トリクロロシラン	−14℃
第4類	すべて引火性の液体	
第5類	過酢酸	41℃
	硝酸メチル	15℃
	硝酸エチル	10℃